自动化技术轻松入门丛书

西门子 S7 – 200 PLC
基础及典型应用

主　编　刘摇摇

副主编　朱耀武

主　审　黎雪纷

机械工业出版社

本书以西门子公司的 S7-200 系列 PLC 为样机，系统地介绍了 PLC 的基本结构、原理、操作和使用方法。

全书共 9 章。第 1、2 章讲解 PLC 的基础知识、结构和编程软件使用，在介绍基本知识的基础上，通过企业的项目来介绍这些功能的实际应用；第 3~5 章讲解了 S7-200 PLC 的指令系统和使用，大多数指令后都配有经典实例和典型应用；第 6 章讲解了模拟量模块和典型应用；第 7 章通过综合实例和典型项目，讲解了 PLC 应用系统的设计；第 8 章讲解了 S7-200 PLC 的通信和网络以及通信的典型应用；第 9 章讲解了 PLC 对变频器的控制和应用。

本书在编写过程中，重点突出实用性和适用性。对指令系统和工业组态控制都以实例的方式进行讲解和介绍，由浅入深、层次清楚，易于理解、掌握。

本书适合作为应用型本科以及高职高专的电气、机电一体化、自动化等专业的教材，也可作为从事 PLC 应用开发的工程技术人员的培训教材或技术参考书。

图书在版编目(CIP)数据

西门子 S7-200 PLC 基础及典型应用/刘摇摇主编. —北京:机械工业出版社,2014.10

(自动化技术轻松入门丛书)

ISBN 978-7-111-49003-6

Ⅰ. ① 西…　Ⅱ. ① 刘…　Ⅲ. ① plc 技术-教材　Ⅳ. ① TM571.6

中国版本图书馆 CIP 数据核字(2014)第 304396 号

机械工业出版社 (北京市百万庄大街 22 号　邮政编码 100037)
策划编辑:时　静　责任编辑:时　静
责任校对:张艳霞　责任印制:李　洋
三河市宏达印刷有限公司印刷
2015 年 1 月第 1 版第 1 次印刷
184mm×260mm·19.25 印张·465 千字
0001—3500 册
标准书号:ISBN 978-7-111-49003-6
定价:48.00 元

前　言

可编程序控制器（PLC）广泛应用于工业控制。它通过用户存储的应用程序来控制生产过程，具有可靠性高、稳定性好和实时处理能力强的优点。PLC 是把计算机技术与继电器控制技术有机地结合起来，为工业自动化提供近乎完美的现代化自动控制的装置。

在 PLC 选型时，经过反复比较，编者选中了目前流行的、有较高性价比的西门子 S7－200 系列小型 PLC。该型号的 PLC 指令丰富、功能强大，其占有率在国内市场正处于上升趋势。而且该机型的指令及编程运作与计算机通用编程语言更加接近，对学生的知识融合更加有利。

本书全面介绍了 PLC 的配置、编程和控制方面的知识。在编写过程中，力求做到语言通畅、叙述清楚、讲解细致，以便于实际应用和以教学为原则选择内容，并尽可能采用实例对指令知识及应用进行讲解，由浅入深，力争做到通俗、简明、易懂。

全书共分 9 章。第 1 章介绍了 PLC 基础知识和基本原理；第 2 章概述了西门子公司 S7－200 PLC 的系统结构、功能、模块、寻址方式和编程软件；第 3 章详细介绍了 S7－200 PLC 的基本控制功能及典型应用；第 4 章介绍了 S7－200 PLC 数据处理功能及典型应用；第 5 章详细讲解了 S7－200 PLC 的特殊功能指令，并以实例的方式介绍了其应用方法；第 6 章介绍了 S7－200 模拟量模块及典型应用；第 7 章介绍了 PLC 控制系统的综合设计步骤、方法，并给出设计实例以供参考；第 8 章介绍了 S7－200 PLC 的网络通信技术与应用；第 9 章介绍了变频器控制技术及其应用。

本书由刘摇摇（无锡雪浪环境科技股份有限公司）主编，参加编写的有黎雪芬（无锡职业技术学院）、王飞飞（无锡雪浪环境科技股份有限公司）、付东升（无锡信捷电气股份有限公司）和朱耀武（无锡职业技术学院）。其中，第 1、2 章由黎雪芬编写，第 3、4 章由朱耀武编写，第 5、6 章由王飞飞编写，第 8、9 章由刘摇摇编写，第 7 章由付东升编写。无锡雪浪环境科技股份有限公司的工程师对教材的修订提出了宝贵意见，在此表示衷心的感谢。

由于编者水平有限，编写时间仓促，书中难免会有错误和不妥之处，敬请读者批评指正。

编　者

目　　录

前言

第1章　PLC 基本工作原理 ··· 1

　1.1　可编程序控制器的产生和定义 ································· 1

　　1.1.1　可编程序控制器的产生 ································· 1

　　1.1.2　可编程序控制器的定义 ································· 2

　1.2　可编程序控制器的组成与基本结构 ······················· 2

　　1.2.1　PLC 的硬件系统 ··· 2

　　1.2.2　输入/输出接口 ··· 4

　1.3　可编程序控制器的工作原理及主要技术指标 ··········· 7

　　1.3.1　PLC 工作过程 ··· 7

　　1.3.2　PLC 内外部电路 ··· 7

　　1.3.3　可编程序控制器主要技术指标 ····················· 10

　1.4　可编程序控制器的分类、特点、应用及发展 ··········· 10

　　1.4.1　可编程序控制器的分类 ····························· 10

　　1.4.2　可编程序控制器的特点 ····························· 11

　　1.4.3　可编程序控制器的功能 ····························· 12

　　1.4.4　可编程序控制器的发展 ····························· 13

第2章　西门子 S7 - 200 PLC 的组成原理及编程软件介绍 ······· 15

　2.1　S7 - 200 PLC 的硬件结构 ·································· 15

　　2.1.1　基本单元 ··· 15

　　2.1.2　扩展单元 ··· 17

　　2.1.3　电源模块 ··· 19

　2.2　S7 - 200 PLC 的外部接线 ·································· 20

　　2.2.1　端子排 ·· 20

　　2.2.2　漏型输入和源型输入 ································· 21

　　2.2.3　漏型输出和源型输出 ································· 21

　　2.2.4　外部接线实例 ··· 21

　2.3　S7 - 200 PLC 内部元器件 ·································· 22

　　2.3.1　数据储存类型 ··· 22

　　2.3.2　编址方式 ··· 23

　　2.3.3　寻址方式 ··· 24

　　2.3.4　元件功能及地址分配 ································· 25

　2.4　S7 - 200 PLC 编程软件的使用 ·························· 28

　　2.4.1　STEP 7 - Micro/WIN 概述 ·························· 28

2.4.2　STEP 7 – Micro/WIN 主要编程功能 ·········· 34

2.4.3　符号表操作 ·········· 36

2.4.4　通信 ·········· 38

2.4.5　程序的调试与监控 ·········· 39

第3章　西门子 S7 –200 PLC 基本控制功能及典型应用 ·········· 43

3.1　可编程序控制器程序设计语言 ·········· 43

3.1.1　梯形图 ·········· 43

3.1.2　助记符 ·········· 44

3.1.3　布尔表达式 ·········· 45

3.1.4　顺序功能流程图 ·········· 45

3.1.5　功能块图程序设计 ·········· 46

3.2　基本位逻辑指令与应用 ·········· 46

3.2.1　基本位逻辑指令 ·········· 46

3.2.2　基本位逻辑指令典型实例 ·········· 50

3.2.3　编程注意事项及编程技巧 ·········· 55

3.3　定时器指令与应用 ·········· 57

3.3.1　定时器指令 ·········· 58

3.3.2　定时器指令典型实例 ·········· 60

3.4　计数器指令与应用 ·········· 63

3.4.1　计数器指令 ·········· 63

3.4.2　计数器指令典型实例 ·········· 65

3.5　比较指令与应用 ·········· 67

3.5.1　比较指令格式 ·········· 67

3.5.2　比较指令应用举例 ·········· 68

3.6　程序控制类指令与应用 ·········· 69

3.6.1　暂停指令（STOP） ·········· 69

3.6.2　结束指令（END/MEND） ·········· 70

3.6.3　循环、跳转指令 ·········· 70

3.6.4　子程序调用及子程序返回指令 ·········· 73

3.6.5　皮带机运输线 PLC 控制系统设计应用实例 ·········· 77

第4章　西门子 S7 –200 PLC 数据处理功能及典型应用 ·········· 84

4.1　数据处理指令 ·········· 84

4.1.1　数据传送指令及典型应用 ·········· 84

4.1.2　字节交换、字节立即读写指令及典型应用 ·········· 86

4.1.3　移位指令及典型应用 ·········· 87

4.1.4　转换指令及典型应用 ·········· 93

4.2　算术运算、逻辑运算指令 ·········· 98

4.2.1　算术运算指令 ·········· 98

4.2.2　逻辑运算指令 ·········· 102

4.2.3　递增、递减指令 ·· 103

4.3　表功能指令及典型应用 ·· 105

　　4.3.1　填表指令 ·· 106

　　4.3.2　表取数指令 ·· 107

　　4.3.3　表查找指令 ·· 108

　　4.3.4　字填充指令 ·· 109

4.4　西门子 S7 – 200 PLC 数据处理功能及典型应用 ············· 110

　　4.4.1　数据类型转换指令应用举例 ···································· 110

　　4.4.2　上下限位报警控制 ·· 110

　　4.4.3　BCC 校验 ·· 111

第 5 章　西门子 S7 – 200 PLC 特殊功能指令及典型应用 ······· 112

5.1　立即类指令 ·· 112

5.2　中断指令 ··· 113

　　5.2.1　中断源 ··· 113

　　5.2.2　中断指令 ·· 116

　　5.2.3　中断程序 ·· 117

　　5.2.4　中断指令典型应用 ··· 117

5.3　高速计数器与高速脉冲输出 ··· 118

　　5.3.1　高速计数器指令 ·· 118

　　5.3.2　高速脉冲输出 ·· 124

5.4　时钟指令 ··· 132

第 6 章　西门子 S7 – 200 PLC 模拟量模块介绍及典型应用 ····· 134

6.1　西门子 S7 – 200 PLC 的模拟量输入模块及其应用 ·········· 134

　　6.1.1　CPU 224 XP 本体模拟量 ··· 134

　　6.1.2　S7 – 200 PLC 的模拟量输入扩展模块 ······················ 135

　　6.1.3　S7 – 200 PLC 的模拟量输入扩展模块使用 ················· 140

6.2　西门子 S7 – 200 PLC 的模拟量输出模块及其应用 ·········· 145

6.3　西门子 S7 – 200 PLC 的模拟量输入/输出模块 ··············· 146

　　6.3.1　模拟量输入/输出扩展模块 ······································· 146

　　6.3.2　S7 – 200 CPU 的集成 I/O 与扩展模块 I/O 的寻址 ········ 147

6.4　西门子 S7 – 200 PLC 在 PID 中的应用 ······················· 148

　　6.4.1　PID 控制原理简介 ··· 148

　　6.4.2　利用 S7 – 200 PLC 进行电炉的温度控制 ··················· 150

第 7 章　西门子 S7 – 200 PLC 控制系统设计 ······················ 160

7.1　PLC 应用系统的设计 ··· 160

　　7.1.1　应用系统设计概述 ··· 160

　　7.1.2　PLC 控制系统的设计内容及设计步骤 ······················· 161

　　7.1.3　PLC 的硬件设计和软件设计及调试 ·························· 162

　　7.1.4　PLC 程序设计常用的方法 ·· 163

7.1.5　S7 - 200 PLC 的顺序控制指令 ·· 166

7.1.6　顺序控制设计法 ·· 171

7.2　典型实例 ·· 181

7.2.1　送料小车自动往返运动的控制实例 ·· 181

7.2.2　三级皮带输送机的控制实例 ·· 185

7.3　S7 - 200 PLC 的装配、检测和维护 ·· 188

7.3.1　PLC 的安装与配线 ··· 188

7.3.2　PLC 的自动检测功能及故障诊断 ·· 190

7.3.3　PLC 的维护与检修 ··· 191

7.3.4　PLC 应用中若干问题的处理 ·· 191

第8章　西门子 S7 - 200 PLC 的通信与网络 ·· 193

8.1　西门子 S7 - 200 PLC 基本通信与网络简介 ·· 193

8.1.1　通信方式 ··· 193

8.1.2　S7 - 200 PLC CPU 之间的通信 ·· 195

8.1.3　S7 - 200 PLC 与 S7 - 300/400 PLC 之间的通信 ································ 195

8.1.4　S7 - 200 PLC 与西门子驱动装置之间的通信 ···································· 196

8.1.5　S7 - 200 PLC 与第三方 HMI/SCADA 软件之间的通信 ······················ 196

8.1.6　S7 - 200 PLC 与第三方 PLC 之间的通信 ·· 197

8.1.7　S7 - 200 PLC 与第三方 HMI（操作面板）之间的通信 ······················ 197

8.1.8　S7 - 200 PLC 与第三方变频器之间的通信 ······································ 197

8.1.9　S7 - 200 PLC 与其他串行通信设备之间的通信 ································· 197

8.2　西门子 S7 - 200 PLC 的自由口通信应用基础 ·· 197

8.2.1　S7 - 200 PLC 的自由口通信简介 ··· 197

8.2.2　S7 - 200 PLC 自由口通信口硬件 ··· 198

8.2.3　S7 - 200 PLC 自由口通信口特殊字节与指令 ···································· 199

8.2.4　S7 - 200 PLC 与自由口通信相关的中断 ··· 202

8.2.5　S7 - 200 PLC 的自由口通信要点 ··· 202

8.2.6　S7 - 200 PLC 自由口通信实现步骤 ··· 203

8.3　西门子 S7 - 200 PLC 的自由口通信应用实例 ·· 203

8.4　西门子 S7 - 200 PLC 的 PPI 通信的应用 ·· 208

8.4.1　S7 - 200 PLC 的 PPI 主站的定义 ··· 209

8.4.2　S7 - 200 PLC 的 PPI 之间的 PPI 通信 ·· 210

8.5　西门子 S7 - 200 PLC Modbus 通信 ··· 215

8.5.1　S7 - 200 PLC Modbus 通信概述与使用注意事项 ······························· 215

8.5.2　S7 - 200 PLC Modbus 协议使用 ·· 217

8.5.3　S7 - 200 PLC Modbus 通信实例 ·· 224

8.6　西门子 S7 - 200 PLC 以太网通信 ·· 227

8.6.1　S7 - 200 PLC 以太网通信概述与使用注意事项 ································· 227

8.6.2　S7 - 200 PLC CP 243 - 1 模块 ·· 229

8.6.3　S7 – 200 PLC 以太网通信实例 ·············· 230

8.7　西门子 S7 – 200 PLC 与 S7 – 300 PLC 的 PROFIBUS 通信应用及实例 ······ 243

8.7.1　PROFIBUS 通信概述 ·············· 243

8.7.2　S7 – 200 CPU 通过 EM 277 作为 DP 从站连接到 PROFIBUS 网络 ······ 245

8.7.3　S7 – 200 与 S7 – 300 PROFIBUS – DP 通信实例 ·············· 249

第 9 章　西门子变频器控制技术及其应用 ·············· 262

9.1　变频器的工作原理 ·············· 262

9.1.1　调速原理与调速方法 ·············· 262

9.1.2　交直交通用变频器工作原理与基本结构 ·············· 263

9.1.3　变频器分类 ·············· 264

9.2　西门子 MM440 变频器应用 ·············· 264

9.2.1　西门子 MM440 变频器结构和参数设置 ·············· 264

9.2.2　西门子 MM440 变频器的外部运行控制 ·············· 271

9.2.3　西门子 MM440 变频器的模拟量调速控制 ·············· 274

9.2.4　西门子 MM440 变频器的多段调速控制 ·············· 277

9.2.5　西门子 MM440 变频器的 PID 控制 ·············· 281

9.3　西门子 S7 – 200 PLC 与 MM440 变频器的 USS 通信 ·············· 287

9.3.1　USS 通信 ·············· 287

9.3.2　USS 指令 ·············· 289

9.3.3　S7 – 200 PLC 与 MM440 的 USS 通信接线（MM440 的参数设置） ·············· 294

9.3.4　S7 – 200 PLC 与 MM440 变频器 USS 通信实例 ·············· 296

参考文献 ·············· 299

第 1 章

PLC 基本工作原理

本章知识要点:

(1) 可编程序控制器的定义

(2) 可编程序控制器的组成与基本结构

(3) 可编程序控制器的工作原理及主要技术指标

(4) 可编程序控制器的分类

1.1 可编程序控制器的产生和定义

PLC 是一种集计算机技术、自动控制技术和通信技术于一体的新型自动控制装置,并得到了广泛应用,被誉为当代工业自动化的三大支柱(PLC、工业机器人、CAD/CAM)之一。

1.1.1 可编程序控制器的产生

自 20 世纪 60 年代第一台 PLC(可编程序控制器)问世以来,经历了近 40 年的发展,PLC 的种类在不断地更新,应用领域也在不断地扩大。目前,PLC 的应用已经成为现代化设备的象征,并且 PLC 已经成为工业控制的主要手段和重要的基础控制设备之一。

1969 年,美国数字设备公司(GEC)首先研制成功第一台可编程序控制器,并在通用汽车公司的自动装配线上试用成功,从而开创了工业控制的新局面。

1971 年,日本从美国引进了这项新技术,很快研制出了日本第一台可编程序控制器 DSC-8。1973 年,西欧国家也研制出了他们的第一台可编程序控制器。我国从 1974 年开始研制,1977 年开始工业应用。早期的可编程序控制器是为取代继电器控制线路、存储程序指令并完成顺序控制而设计的。主要用于逻辑运算,以及计时、计数等顺序控制,均属开关量控制。所以,通常称为可编程序逻辑控制器(Programmable Logic Controller,PLC)。进入 20 世纪 70 年代,随着微电子技术的发展,PLC 采用了通用微处理器,这种控制器就不再局限于当初的逻辑运算了,功能不断增强。因此,实际上应称之为 PC,即可编程序控制器。但个人计算机(Personal Computer)常简称为 PC(机),为了避免混淆,在大多数期刊书籍上,仍把可编程序控制器简称为 PLC。

至 20 世纪 80 年代,随大规模和超大规模集成电路等微电子技术的发展,以 16 位和

32 位微处理器构成的微机化 PLC 得到了惊人的发展。使 PLC 在概念、设计、性能、价格以及应用等方面都有了新的突破。不仅控制功能增强，功耗和体积减小，成本下降，可靠性提高，编程和故障检测更为灵活方便，而且随着远程 I/O 和通信网络、数据处理以及图像显示的发展，使 PLC 向用于连续生产过程控制的方向发展，成为实现工业生产自动化的一大支柱。

现在所说的可编程序控制器（PLC）是 1980 年以来，美、日、德等国由先前的可编程序逻辑控制器 PLC 进一步发展而来。

1.1.2 可编程序控制器的定义

1982 年，国际电工委员会（International Electrical Committee，IEC）颁布了 PLC 标准草案第一稿，1985 年提交了第 2 稿，并在 1987 年的第 3 稿中对 PLC 作了如下的定义：PLC 是专为在工业环境下应用而设计的一种数字运算操作的电子装置，是带有存储器、可以编制程序的控制器。它能够存储和执行指令，进行逻辑运算、顺序控制、定时、计数和算术等操作，并通过数字式和模拟式的输入输出，控制各种类型的机械和生产过程。PLC 及其有关的外围设备，都应按易于与工业控制系统形成一体、易于扩展其功能的原则设计。

上述的定义表明，PLC 是一种能直接应用于工业环境的数字电子装置，是以微处理器为基础，结合计算机技术、自动控制技术和通信技术，用面向控制过程、面向用户的"自然语言"编程的一种简单易懂、操作方便、可靠性高的新一代通用工业控制装置。

1.2 可编程序控制器的组成与基本结构

PLC 是微机技术和继电器常规控制概念相结合的产物，从广义上讲，PLC 也是一种计算机系统，只不过它比一般计算机具有更强的与工业过程相连接的输入/输出接口，具有更适用于控制要求的编程语言，具有更适应于工业环境的抗干扰性能。因此，PLC 是一种工业控制用的专用计算机，它的实际组成与一般微型计算机系统基本相同，也是由硬件系统和软件系统两大部分组成。

1.2.1 PLC 的硬件系统

PLC 的类型繁多，功能和指令系统也不尽相同，但结构与工作原理则大同小异，通常由 CPU、存储器、基本 I/O 接口电路、外设接口、编程装置、电源等组成。

可编程序控制器的结构多种多样，但其组成的一般原理基本相同，都是以微处理器为核心的结构，其硬件系统如图 1-1 所示。编程装置将用户程序送入可编程序控制器，在可编程序控制器运行状态下，输入单元接收到外部元件发出的输入信号，可编程序控制器执行程序，并根据程序运行后的结果，由输出单元驱动外部设备。

1. CPU 单元

CPU 是可编程序控制器的控制中枢，相当于人的大脑。CPU 一般由控制电路、运算器和寄存器组成。CPU 通过地址总线、数据总线、控制总线与存储单元、输入输出接口电路连接。它以运行用户程序、监控输入/输出接口状态、作出逻辑判断和进行数据处

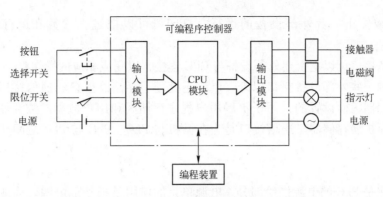

图 1-1　PLC 的硬件系统

理，即读取输入变量、完成用户指令规定的各种操作、将结果送到输出端并响应外部设备（如编程器、计算机、打印机等）的请求以及进行各种内部判断等。

2. 存储器

存储器主要用于存放系统程序、用户程序及工作数据。存放系统软件的存储器称为系统程序存储器；存放应用软件的存储器称为用户程序存储器；存放工作数据的存储器称为数据存储器。

可编程序控制器的存储器由只读存储器（ROM）、随机存储器（RAM）和可电擦写的存储器（EEPROM）三大部分构成，主要用于存放系统程序、用户程序及工作数据。

只读存储器（ROM）用以存放系统程序，可编程序控制器在生产过程中将系统程序固化在 ROM 中，用户是不可改变的。用户程序和中间运算数据存放在随机存储器（RAM）中，RAM 存储器是一种高密度、低功耗、价格便宜的半导体存储器，可用锂电池做备用电源。它存储的内容是易失的，掉电后内容丢失；当系统掉电时，用户程序可以保存在只读存储器（ROM）或由高能电池支持的 RAM 中。EEPROM 兼有 ROM 的非易失性和 RAM 的随机存取优点，用来存放需要长期保存的重要数据。

3. 输入/输出模块单元

PLC 内部输入电路的作用是将 PLC 外部电路（如行程开关、按钮或传感器等）提供的符合 PLC 输入电路要求的电压信号，通过光耦合电路送至 PLC 内部电路。输入电路通常以光电隔离和阻容滤波的方式提高抗干扰能力，输入响应时间一般在 0.1 ~ 15 ms 之间。根据输入信号形式的不同，可分为模拟量 I/O 单元和数字量 I/O 单元两大类。根据输入单元形式的不同，可分为基本 I/O 单元和扩展 I/O 单元两大类。

4. I/O 扩展接口

可编程序控制器利用 I/O 扩展接口使 I/O 扩展单元与 PLC 的基本单元实现连接，当基本 I/O 单元的输入或输出点数不够使用时，可以用 I/O 扩展单元来扩充开关量 I/O 点数和增加模拟量的 I/O 端子。

5. 外部设备接口

PLC 的外部设备主要有编程设备、操作面板、文本显示器和打印机等。PLC 通过编程电缆或使用通信卡与计算机连接，可以实现编程、监控、联网等功能。

操作面板和文本显示器不仅是用于显示系统信息的显示器，还是操作控制单元，它们可以在执行程序的过程中修改某个量的数值，也可直接设置输入或输出量，以便立即启动或停止一台外部设备的运行。打印机可以把过程参数和运行结果以文字形式输出。

外部设备接口可以把上述外部设备与 CPU 连接，以完成相应的操作。

除上述的一些外部设备接口以外，PLC 还设置了存储器接口和通信接口。存储器接口是为扩展存储区而设置的，用于扩展用户程序存储区和用户数据参数存储区，可以根据使用的需要扩展存储器。通信接口是为在微机与 PLC、PLC 与 PLC 之间建立通信网络而设立的接口。

6. 电源

电源单元是 PLC 的电源供给部分。电源单元的作用是把外部电源转换成内部工作电压。外部连接的电源，通过 PLC 内部配有的一个专用开关式稳压电源，将交流/直流供电电源转化为 PLC 内部电路需要的工作电源（DC 5 V、±12 V、24 V），并为外部输入元件（如传感器）提供 DC 24 V 电源（仅供输入端点使用），而驱动 PLC 负载的电源由用户提供。

1.2.2　输入/输出接口

输入/输出接口是 PLC 与工业现场控制或检测元件和执行元件连接的接口电路。PLC 的输入接口有直流输入、交流输入和交直流输入等类型；输出接口有晶体管输出、晶闸管输出和继电器输出等类型，其中晶体管和晶闸管输出为无触点输出型电路，分别用于高频大功率交流负载和高频小功率交流负载，继电器输出为有触点输出型电路，可用于直流或低频交流负载。

现场控制或检测元件输入给 PLC 各种控制信号，如限位开关、操作按钮、选择开关以及其他一些传感器输出的开关量或模拟量等，通过输入接口电路将这些信号转换成 CPU 能够接收和处理的信号。输出接口电路将 CPU 送出的弱电控制信号转换成现场需要的强电信号输出，以驱动电磁阀、接触器等被控设备的执行元件。

1. 输入接口

输入接口用于接收和采集两种类型的输入信号，一类是由按钮、转换开关、行程开关、继电器触头等开关量输入信号；另一类是由电位器、测速发电机和各种变换器提供的连续变化的模拟量输入信号。

现场输入接口电路一般由滤波电路、光耦合电路和微电脑输入接口电路组成，以图 1-2 所示的直流输入接口电路为例，R1 是限流与分压电阻，R2 与 C 构成滤波电路，滤波后的输入信号经光耦合器 T 与内部电路耦合。当输入端的按钮 SB 接通时，光耦合器 T 导通，直流输入信号被转换成 PLC 能处理的 5V 标准信号电平（简称 TTL），同时 LED 输入指示灯亮，表示信号接通。微电脑输入接口电路一般由寄存器、选通电路和中断请求逻辑电路组成，这些电路集成在一个芯片上。交流输入、交直流输入接口电路的组成，与直流输入接口电路组成类似。

滤波电路用以消除输入触点的抖动，光耦合电路可防止现场的强电干扰进入 PLC。由于输入电信号与 PLC 内部电路之间采用光信号耦合，所以两者在电气上完全隔离，使输入接口具有抗干扰能力。现场的输入信号通过光耦合后转换为 5V 的 TTL 送入输入数据寄存器，再经数据总线传送给 CPU。

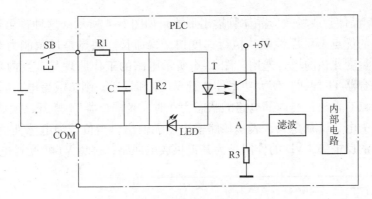

图 1-2　直流输入接口电路

输入/输出接口电路实际上是 PLC 与被控对象间传递输入/输出信号的接口部件。输入/输出接口电路要有良好的电隔离和滤波作用。

2. 输出接口

输出接口电路向被控对象的各种执行元件输出控制信号。常用执行元件有接触器、电磁阀、调节阀（模拟量）、调速装置（模拟量）、指示灯、数字显示装置和报警装置等。输出接口电路一般由微电脑输出接口电路和功率放大电路组成，与输入接口电路类似，内部电路与输出接口电路之间采用光耦合器进行抗干扰电隔离。

微电脑输出接口电路一般由输出数据寄存器、选通电路和中断请求逻辑电路集成在芯片上，CPU 通过数据总线将输出信号送到输出数据寄存器中，功率放大电路是为了适应工业控制要求，将微电脑的输出信号放大。

根据驱动负载元件的不同可将输出接口电路分为三种：

1）小型继电器输出形式，如图 1-3 所示。这种输出形式既可驱动交流负载，又可驱动直流负载。它的优点是适用电压范围比较宽，导通压降小，承受瞬时过电压和过电流的能力强。缺点是动作速度较慢，动作次数（寿命）有一定的限制。建议在输出量变化不频繁时优先选用。图 1-3 所示电路的工作原理是：当内部电路的状态为 1 时，使继电器 K 的线圈通电，产生电磁吸力，触点闭合，则负载得电，同时点亮 LED，表示该路输出点有输出；当内部电路的状态为 0 时，使继电器 K 的线圈无电流，触点断开，则负载断电，同时 LED 熄灭，表示该路输出点无输出。

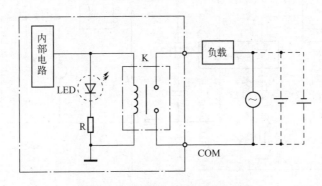

图 1-3　小型继电器输出形式电路

2）大功率晶体管或场效应晶体管输出形式，如图 1-4 所示。这种输出形式只可驱动直流负载。它的优点是可靠性强，执行速度快，寿命长。缺点是过载能力差。适合在直流供电、输出量变化快的场合选用。图 1-4 所示电路的工作原理是：当内部电路的状态为 1 时，光耦合器 T1 导通，使大功率晶体管 VT 饱和导通，则负载得电，同时点亮 LED，表示该路输出点有输出；当内部电路的状态为 0 时，光耦合器 T1 断开，大功率晶体管 VT 截止，则负载失电，LED 熄灭，表示该路输出点无输出。当负载为电感性负载，VT 关断时会产生较高的反电势，VD 的作用是为其提供放电回路，避免 VT 承受过电压。

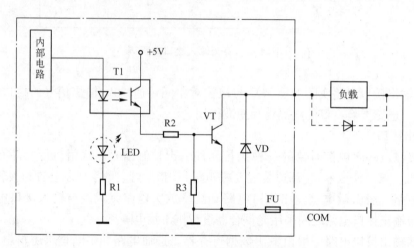

图 1-4 大功率晶体管输出形式电路

3）双向晶闸管输出形式，如图 1-5 所示。这种输出形式适合驱动交流负载。由于双向晶闸管和大功率晶体管同属于半导体材料元件，所以优缺点与大功率晶体管或场效应晶体管输出形式相似，适合在交流供电、输出量变化快的场合选用。图 1-5 所示电路的工作原理是：当内部电路的状态为 1 时，发光二极管导通发光，相当于双向晶闸管施加了触发信号，无论外接电源极性如何，双向晶闸管 T 均导通，负载得电，同时输出指示灯 LED 点亮，表示该输出点接通；当对应 T 的内部继电器的状态为 0 时，双向晶闸管施加了触发信号，双向晶闸管关断，此时 LED 不亮，负载失电。

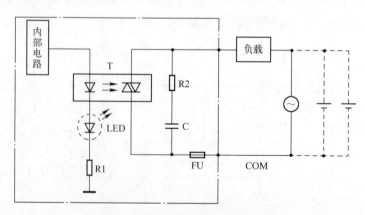

图 1-5 双向晶闸管输出形式电路

1.3　可编程序控制器的工作原理及主要技术指标

1.3.1　PLC工作过程

可编程序控制器是一种专用的工业控制计算机，其工作原理与计算机控制系统的工作原理基本相同。但工作方式与计算机差别很大。编程语言和工作原理都与个人计算机有所不同。

PLC采用周期循环扫描的工作方式。CPU连续执行用户程序和任务的循环序列称为扫描。CPU对用户程序的执行过程是CPU的循环扫描，并用周期性地集中采样、集中输出的方式来完成的。一个扫描周期（工作周期）主要分为以下几个阶段：

1. 输入采样扫描阶段

输入采样扫描阶段是第一个集中批处理过程，在这个阶段中，PLC按顺序逐个采集所有输入端子上的信号，不论输入端子上是否接线，CPU顺序读取全部输入端，将所有采集到的一批输入信号写到输入映像寄存器中，在当前的扫描周期内，用户程序用到的输入信号的状态（ON或OFF）均从输入映像寄存器中去读取，不管此时外部输入信号的状态是否变化。即使此时外部输入信号的状态发生了变化，也只能在下一个扫描周期的输入采样扫描阶段去读取，对于这种采集输入信号的批处理，虽然严格上说每个信号被采集的时间有先有后，但由于PLC的扫描周期很短，这个差异对一般工程应用可忽略，所以，可以认为这些采集到的输入信息是同时的。

2. 执行用户程序扫描阶段

用户程序执行阶段，如果程序用梯形图表示，则总是按先上后下、从左至右的顺序进行扫描，每扫描到一条指令，所需要的输入信息的状态均从输入映像寄存器中去读取，而不是直接使用现场的立即输入信号。对其他信息，则是从PLC的元件映像寄存器中去读取，在执行用户程序中，每一次运算的中间结果都立即写入元件映像寄存器中，对输出继电器的扫描结果，也不是马上去驱动外部负载，而是将其结果写入到输出映像寄存器中。在此阶段，允许对数字量I/O指令和不设置数字滤波的模拟量I/O指令进行处理，在扫描周期的各个部分，均可对中断事件进行响应。

在这个阶段，除了输入映像寄存器外，各个元件映像寄存器的内容是随着程序的执行而不断变化的。

3. 输出刷新扫描阶段

输出刷新扫描阶段是扫描周期的信息处理阶段，当CPU对全部用户程序扫描结束后，将元件映像寄存器中各输出继电器的状态同时送到输出锁存器中，再由输出锁存器经输出端子去驱动各输出继电器所带的负载。

在输出刷新阶段结束后，CPU进入下一个扫描周期，重新执行输入采样，周而复始。

1.3.2　PLC内外部电路

1. 外部电路接线

如图1-6所示是电动机全压起动控制的接触器电气控制线路，控制逻辑由交流接触器 KM 线圈、指示灯 HL1、热继电器常闭触头 FR、停止按钮 SB2、起动按钮 SB1 及接触器常开辅助触头 KM 通过导线连接实现。

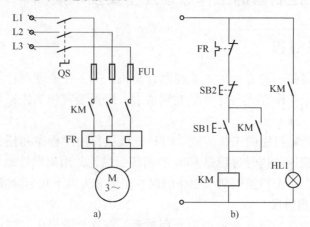

图 1-6 电动机全压起动电气控制线路

a）主电路 b）控制线路

合上 QS 后按下起动按钮 SB1，则线圈 KM 通电并自锁，接通指示灯 HL1 所在支路的辅助触头 KM 及主电路中的主触头，HL1 亮、电动机 M 起动；按下停止按钮 SB2，则线圈 KM 断电，指示灯 HL1 灭，M 停转。

采用西门子公司的一款 S7－200 系列 PLC，实现电动机全压起动控制的外部接线图如图 1-7 所示。主电路保持不变，热继电器常闭触头 FR、停止按钮 SB2、起动按钮 SB1 等

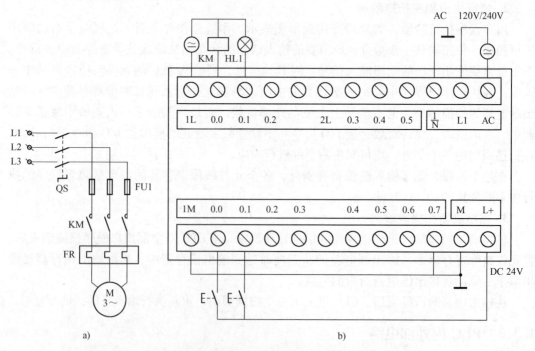

图 1-7 电动机全压起动 PLC 控制接线图

a）主电路 b）I/O 实际接线图

作为 PLC 的输入设备接在 PLC 的输入接口上，而交流接触器 KM 线圈、指示灯 HL1 等作为 PLC 的输出设备接在 PLC 的输出接口上。通过电动机全压控制要求编写并存入程序存储器内的用户程序来实现。

2. 建立内部 I/O 映像区

在 PLC 存储器内开辟了 I/O 映像存储区，用于存放 I/O 信号的状态，分别称为输入映像寄存器和输出映像寄存器，此外 PLC 其他编程元件也有相对应的映像存储器，称为元件映像寄存器。

I/O 映像区的大小由 PLC 的系统程序确定，对于系统的每一个输入点总有一个输入映像区的某一位与之相对应，对于系统的每一个输出点也都有输出映像区的某一位与之相对应，且系统的输入/输出点的编址号与 I/O 映像区的映像寄存器地址号也对应。

PLC 工作时，将采集到的输入信号状态存放在输入映像区对应的位上，运算结果存放到输出映像区对应的位上，PLC 在执行用户程序时所需描述输入继电器的等效触头或输出继电器的等效触头、等效线圈状态的数据取用于 I/O 映像区，而不直接与外部设备发生关系。

I/O 映像区的建立使 PLC 工作时只和内存有关地址单元内所存的状态数据发生关系，而系统输出也只是给内存某一地址单元设定一个状态数据。这样不仅加快了程序执行速度，而且使控制系统与外界隔开，提高了系统的抗干扰能力。

3. 内部等效电路

图 1-8 所示是 PLC 的内部等效电路，以其中的起动按钮 SB1 为例，其接入接口 I0.0 与输入映像区的一个触发器 I0.0 相连接，当 SB1 接通时，触发器 I0.0 就被触发为"1"状态，而这个"1"状态可被用户程序直接引用为 I0.0 触头的状态，此时 I0.0 触头与 SB1 的通断状态相同，则 SB1 接通，I0.0 触头状态为"1"，反之 SB1 断开，I0.0 触头状态为"0"，由于 I0.0 触发器功能与继电器线圈相同且不用硬连接线，所以 I0.0 触发器等效为 PLC 内部的一个 I0.0 软继电器线圈，直接引用 I0.0 线圈状态的 I0.0 触头就等效为一个受 I0.0 线圈控制的常开触头（或称为动合触头）。

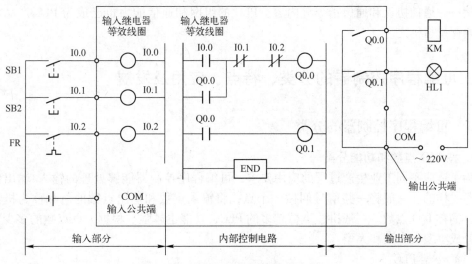

图 1-8　PLC 内部等效电路

同理，停止按钮 SB2 与 PLC 内部的一个软继电器线圈 I0.1 相连接，SB2 闭合，I0.1 线圈的状态为"1"，反之为"0"，而继电器线圈 I0.1 的状态被用户程序取反后引用为 I0.1 触头的状态，所以 I0.1 等效为一个受 I0.1 线圈控制的常闭触头（或称动断触头）。而输出触头 Q0.0、Q0.1 则是 PLC 内部继电器的物理常开触头，一旦闭合，外部相应的 KM 线圈、指示灯 HL1 就会接通。PLC 输出端有输出电源用的公共接口 COM。

1.3.3　可编程序控制器主要技术指标

可编程序控制器的种类很多，用户可以根据控制系统的具体要求选择不同技术性能指标的 PLC。可编程序控制器的技术性能指标主要有以下几个方面：

1. 输入/输出点数

可编程序控制器的 I/O 点数指外部输入、输出端子数量的总和。它是描述 PLC 大小的一个重要参数。

2. 扫描速度

可编程序控制器采用循环扫描方式工作，完成 1 次扫描所需的时间叫做扫描周期。影响扫描速度的主要因素有用户程序的长度和 PLC 的 CPU 的处理速度。PLC 中 CPU 的类型、机器字长等直接影响 PLC 运算精度和运行速度。

3. 存储容量

PLC 的存储器由系统程序存储器、用户程序存储器和数据存储器三部分组成。PLC 存储容量通常指用户程序存储器和数据存储器容量之和，表征系统提供给用户的可用资源，是系统性能的一项重要技术指标。

4. 指令系统

指令系统是指 PLC 所有指令的总和。可编程序控制器的编程指令越多，软件功能就越强，但掌握应用也相对较复杂。用户应根据实际控制要求，选择适合指令功能的可编程序控制器。

5. 通信功能

通信包括 PLC 之间的通信和 PLC 与其他设备之间的通信。通信主要涉及通信模块、通信接口、通信协议和通信指令等内容。PLC 的组网和通信能力也已成为 PLC 产品水平的重要衡量指标之一。

1.4　可编程序控制器的分类、特点、应用及发展

1.4.1　可编程序控制器的分类

1. 按 I/O 点数和功能分类

为了适应不同工业生产过程的应用要求，可编程序控制器能够处理的输入/输出信号数是不一样的。一般将一路信号叫做一个点，将输入点数和输出点数的总和称为机器的点数，简称 I/O 点数。一般讲，点数越多的 PLC，功能也越强。根据 I/O 点数的多少可将 PLC 分成小型、中型和大型。

（1）小型 PLC

I/O 点数小于 256 点，以开关量控制为主，具有体积小、价格低的优点。可用于开关

量的控制、定时/计数的控制、顺序控制及少量模拟量的控制场合，可代替继电器－接触器控制在单机或小规模生产过程中使用。

（2）中型 PLC

I/O 点数在 256～1024 之间，功能比较丰富，兼有开关量和模拟量的控制能力，适用于较复杂系统的逻辑控制和闭环过程的控制。

中型 PLC 除具有小型 PLC 的功能外，还增加了数据处理能力，适用于中小规模的综合控制系统。

（3）大型 PLC

I/O 点数在 1024 点以上。大型 PLC 的功能更加完善，多用于大规模过程控制、集散式控制和工厂自动化网络。

2. 按结构形式分类

通常从 PLC 硬件结构形式上分为整体式结构和模块式结构。

（1）整体式结构

一般的小型 PLC 多为整体式结构，这种可编程序控制器是把 CPU、RAM、ROM、I/O 接口及与编程器或 EPROM 写入器相连的接口、输入/输出端子、电源和指示灯等都装配在一起的整体装置。它的优点是结构紧凑，体积小，成本低，安装方便，缺点是主机的 I/O 点数固定、使用不灵活。西门子公司的 S7－200 系列 PLC 为整体式结构。

（2）模块式结构

模块式结构又叫积木式。这种结构形式的特点是把 PLC 的每个工作单元都制成独立的模块，如 CPU 模块、输入模块、输出模块、电源模块、通信模块等。另外，机器上有一块带有插槽的母板，实质上就是计算机总线。把这些模块按控制系统需要选取后，都插到母板上，就构成了一个完整的 PLC。这种结构的 PLC 的特点是系统构成非常灵活，安装、扩展以及维修都很方便，缺点是体积比较大。常见产品有 OMRON 公司的 C200H、C1000H、C2000H，西门子公司的 S7－300、S7－400、S7－1500 系列等。

1.4.2　可编程序控制器的特点

1. 可编程序控制器的特点

（1）编程简单，使用方便

梯形图是使用最多的可编程序控制器的编程语言，其符号与继电器电路原理图相似。有继电器电路基础的电气技术人员只需很短的时间就可以熟悉梯形图语言，并用来编制用户程序，梯形图语言形象直观，易学易懂。

（2）控制灵活，程序可变，具有很好的柔性

可编程序控制器产品采用模块化形式，配备有品种齐全的各种硬件装置供用户选用，用户能灵活方便地进行系统配置，组成不同功能、不同规模的系统。可编程序控制器用软件功能取代了继电器控制系统中大量的中间继电器、时间继电器及计数器等器件，硬件配置确定后，可以通过修改用户程序，不用改变硬件，方便快速地适应工艺条件的变化，具有很好的柔性。

（3）功能强，扩充方便，性能价格比高

可编程序控制器内有成百上千个可供用户使用的编程元件，有很强的逻辑判断、数

据处理、PID 调节和数据通信功能，可以实现非常复杂的控制功能。如果元件不够，只要加上需要的扩展单元即可，扩充非常方便。与相同功能的继电器系统相比，具有很高的性价比。

（4）控制系统设计及施工的工作量少，维修方便

可编程序控制器的配线与其他控制系统的配线相比少得多，故可以省下大量的配线，减少大量的安装接线时间，开关柜体积缩小，节省大量的费用。可编程序控制器有较强的带负载能力，可以直接驱动一般的电磁阀和交流接触器。一般可用接线端子连接外部接线。可编程序控制器的故障率很低，且有完善的自诊断和显示功能，便于迅速地排除故障。

（5）可靠性高，抗干扰能力强

可编程序控制器是为现场工作设计的，采取了一系列硬件和软件抗干扰措施，硬件措施如屏蔽、滤波、电源调整与保护、隔离以及后备电池等，例如，西门子公司 S7－200 系列 PLC 内部 EEPROM 中，储存用户源程序和预设值在一个较长时间段（190 h）内，所有中间数据可以通过一个超级电容器保持，如果选配电池模块，可以确保停电后中间数据能保存 200 天。软件措施如故障检测、信息保护和恢复、警戒时钟，可以加强对程序的检测和校验。通过硬件、软件措施，可编程序控制器大大提高了系统的抗干扰能力，可以直接用于有强烈干扰的工业生产现场，因此可编程序控制器已被广大用户公认为最可靠的工业控制设备之一。

（6）体积小、重量轻、能耗低，是"机电一体化"特有的产品

一台收录机大小的 PLC 具有相当于 1.8 m 高的继电器控制柜的功能，一般节电 50% 以上。由于 PLC 是工业控制的专用计算机，其结构紧密、紧固、体积小巧，并由于具备很强的抗干扰能力，使之易于装入机械设备内部，因而成为实现"机电一体化"较理想的控制设备。由于 PLC 具备了以上特点，它把微计算机技术与继电器控制技术很好地融合在一起，最新发展的 PLC 产品，还把直接数字控制（DDC）技术加进去，并具有监控计算机联网的功能。因而它的应用几乎覆盖了所有的工业企业，既能改造传统机械产品成为机电一体化的新一代产品，又适用于生产过程控制，实现工业生产的优质、高产、节能与降低成本。

2. PLC 与继电器控制的区别

PLC 与继电器控制的区别主要体现在：组成器件不同，PLC 中是软继电器；触点数量不同，PLC 编程中无触点数的限制；实施控制的方法不同，PLC 是软件编程控制，而继电器控制依靠硬件连线完成。

1.4.3 可编程序控制器的功能

目前，可编程序控制器已经广泛地应用在各个工业部门。随着其性价比的不断提高，应用范围还在不断扩大，主要有以下几个方面的功能：

1. 逻辑控制

可编程序控制器具有"与"、"或"、"非"等逻辑运算的能力，可以实现逻辑运算，用触点和电路的串、并联，代替继电器进行组合逻辑控制，定时控制与顺序逻辑控制。数字量逻辑控制可以用于单台设备，也可以用于自动生产线，其应用领域最为普及，包

括微电子、家电行业也有广泛的应用。

2. 运动控制

可编程序控制器使用专用的运动控制模块或灵活运用指令，使运动控制与顺序控制功能有机地结合在一起。随着变频器、电动机起动器的普遍使用，可编程序控制器可以与变频器结合，运动控制功能更为强大，并广泛地用于各种机械，如金属切削机床、装配机械、机器人以及电梯等场合。

3. 过程控制

可编程序控制器可以接收温度、压力和流量等连续变化的模拟量，通过模拟量 I/O 模块，实现模拟量（Analog）和数字量（Digital）之间的 A – D 转换和 D – A 转换，并对被控模拟量实行闭环 PID（比例 – 积分 – 微分）控制。现代的大中型可编程序控制器一般都有 PID 闭环控制功能，此功能已经广泛地应用于工业生产、加热炉、锅炉等设备，以及轻工、化工、机械、冶金、电力、建材等行业。

4. 数据处理

可编程序控制器具有数学运算、数据传送、转换、排序和查表、位操作等功能，可以完成数据的采集、分析和处理。这些数据可以是运算的中间参考值，也可以通过通信功能传送到别的智能装置，或者将它们保存、打印。数据处理一般用于大型控制系统，如无人柔性制造系统，也可用于过程控制系统，如造纸、冶金及食品工业中的一些大型控制系统。

5. 构建网络控制

可编程序控制器的通信包括主机与远程 I/O 之间的通信、多台可编程序控制器之间的通信、可编程序控制器和其他智能控制设备（如计算机、变频器）之间的通信。可编程序控制器与其他智能控制设备一起，可以组成"集中管理、分散控制"的分布式控制系统。

当然，并非所有的可编程序控制器都具有上述功能，用户应根据系统的需要选择可编程序控制器，这样既能完成控制任务，又可节省资金。

1.4.4　可编程序控制器的发展

1969 年美国数字设备公司（DEC）研制出第一台 PLC。限于当时的元器件条件及计算机发展水平，早期的 PLC 主要由分立元件和中小规模集成电路组成，可以完成简单的逻辑控制及定时、计数功能。20 世纪 70 年代初出现了微处理器。人们很快将其引入可编程序控制器，使 PLC 增加了运算、数据传送及处理等功能，完成了真正具有计算机特征的工业控制装置。为了方便熟悉继电器、接触器系统的工程技术人员使用，可编程序控制器采用和继电器电路图类似的梯形图作为主要编程语言，并将参加运算及处理的计算机存储元件都以继电器命名。此时的 PLC 为微机技术和继电器常规控制概念相结合的产物。

20 世纪 70 年代中末期，可编程序控制器进入实用化发展阶段，计算机技术已全面引入可编程序控制器中，使其功能发生了飞跃。更高的运算速度、超小型体积、更可靠的工业抗干扰设计、模拟量运算、PID 功能及极高的性价比奠定了它在现代工业中的地位。20 世纪 80 年代初，可编程序控制器在先进工业国家中已获得广泛应用。这个时期可编程序控制器发展的特点是大规模、高速度、高性能及产品系列化。这个阶段的另一个特点是世界上生产可编程序控制器的国家日益增多，产量日益上升。这标志着可编程序控制器已步入成熟阶段。

20 世纪末期，可编程序控制器的发展特点是更加适应于现代工业的需要。从控制规模上来说，这个时期发展了大型机和超小型机；从控制能力上来说，诞生了各种各样的特殊功能单元，用于压力、温度、转速、位移等各式各样的控制场合；从产品的配套能力来说，生产了各种人机界面单元、通信单元，使应用可编程序控制器的工业控制设备的配套更加容易。目前，可编程序控制器在机械制造、石油化工、冶金钢铁、汽车、轻工业等领域的应用都得到了长足的发展。

21 世纪，PLC 会有更大的发展。从技术上看，计算机技术的新成果会更多地应用于可编程序控制器的设计和制造上，会有运算速度更快、存储容量更大、智能更强的品种出现；从产品规模上看，会进一步向超小型及超大型方向发展；从产品的配套性上看，产品的品种会更丰富、规格更齐全，完美的人机界面、完备的通信设备会更好地适应各种工业控制场合的需求；从市场上看，各国各自生产多品种产品的情况会随着国际竞争的加剧而打破，会出现少数几个品牌垄断国际市场的局面，会出现国际通用的编程语言；从网络的发展情况来看，可编程序控制器和其他工业控制计算机组网构成大型的控制系统是可编程序控制器技术的发展方向。目前的计算机集散控制系统（Distributed Control System，DCS）中已有大量的可编程序控制器应用。伴随着计算机网络的发展，可编程序控制器作为自动化控制网络和国际通用网络的重要组成部分，将在工业及工业以外的众多领域发挥越来越大的作用。

第 2 章

西门子 S7 - 200 PLC 的组成原理及
编程软件介绍

本章知识要点：

（1）S7 - 200 PLC 的硬件结构
（2）S7 - 200 PLC 的外部接线
（3）S7 - 200 PLC 内部元器件及数据类型
（4）S7 - 200 PLC 元件功能及地址分配
（5）S7 - 200 PLC 编程软件的使用

2.1　S7 - 200 PLC 的硬件结构

德国的西门子（SIEMENS）公司是欧洲最大的电子和电气设备制造商，生产的 SI-MATIC 可编程序控制器在欧洲处于领先地位。其第一代可编程序控制器是于 1975 年投放市场的 SIMATIC S3 系列控制系统。1979 年微处理器技术被应用于可编程序控制器后，产生了 SIMATIC S5 系列，随后在 20 世纪末又推出了 S7 系列产品。

S7 - 200 系列 PLC 是德国西门子公司生产的小型 PLC，属于西门子 S7 - 200/300/400PLC 家族中功能最精简、I/O 点数最少、扩展性能最低的产品。其结构紧凑，功能强大，使用范围可覆盖从替代继电器的简单控制到更复杂的自动化控制。主要运用于与自动检测、自动化控制有关的工业及民用领域，例如各种机床、机械、电力设施、民用设施及环保设备等。

2.1.1　基本单元

从 CPU 模块的功能来看，SIMATIC S7 - 200 系列小型可编程序控制器的发展，大致经历了两代：

第一代产品其 CPU 模块为 CPU 21X，主机都可进行扩展，它具有四种不同结构配置的 CPU 单元：CPU 212、CPU 214、CPU 215 和 CPU 216。

第二代产品其 CPU 模块为 CPU 22X，是在 21 世纪初投放市场的，速度快，具有较强的通信能力。它具有四种不同结构配置的 CPU 单元：CPU 221、CPU 222、CPU 224 和

CPU 226，除 CPU 221 之外，其他都可加扩展模块。

S7 - 200 系列包括 CPU221、CPU222、CPU224、CPU224XP 和 CPU226 共 5 种型号的基本单元，其主要技术指标见表 2-1。外形结构如图 2-1 所示。

表 2-1   S7 - 200 CPU 主要技术指标

特　　性	CPU221	CPU222	CPU224	CPU224XP	CPU226
外形尺寸	90 × 80 × 62	90 × 80 × 62	125 × 80 × 62	125 × 80 × 62	190 × 80 × 62
数据存储器	2048	2048	8192	10240	10240
本机数字量 I/O	6 入/4 出	8 入/6 出	14 入/10 出	14 入/10 出	24 入/16 出
本机模拟量 I/O	—	—	—	2 入/1 出	—
扩展模块数量	—	2	7	7	7
高速计数器个数	4	4	6	6	6
单相高速计数器个数	4 路 30 kHz	4 路 30 kHz	6 路 30 kHz	4 路 30 kHz 或 2 路 200 kHz	4 路 30 kHz
双相高速计数器个数	2 路 20 kHz	2 路 20 kHz	4 路 20 kHz	3 路 20 kHz 或 1 路 100 kHz	2 路 20 kHz
高速脉冲输出	2 路 20 kHz	2 路 20 kHz	2 路 20 kHz	2 路 100 kHz	2 路 20 kHz
RS - 485 通信口	1 个	1 个	1 个	2 个	2 个
支持的通信协议	PPI/MPI/自由口	PPI/MPI/自由口/PROFIBUS - DP			

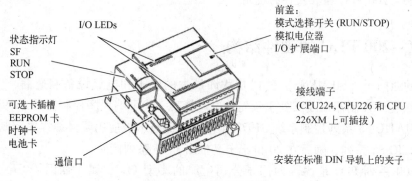

图 2-1   PLC 外形结构图

CPU221 为整体式固定 I/O 结构，无扩展功能，属于微型控制器。其余四种（CPU222、CPU224、CPU224XP 和 CPU226）均为基本单元加扩展的结构，其中 CPU224XP 是 S7 - 200 系列的升级产品，它另外集成有 2 路模拟量输入（10 位，±DC10V），1 路模拟量输出（10 位，DC 0 ~ 10V 或 0 ~ 20 mA），有 2 个 RS - 485 通信接口，高速脉冲输出频率提高到 100 kHz，2 相高速计数器频率提高到 100 kHz。CPU226 适用于复杂的小型控制系统，理论上可扩展到 256 点数字量和 64 路模拟量，有 2 个 RS - 485 通信接口。

S7 - 200 PLC 的 CPU 模块均集成有一定数量的输入点，输入点内部带有双向光耦合输入元件。

S7 - 200 PLC 的 CPU 模块均集成有一定数量的输出点，当采用 CPU 模块为 DC 电源输入时，输出采用直流晶体管驱动；当采用 CPU 模块为 AC 电源输入时，输出采用继电器接点驱动；输出均带有公共端，但点数不一。各类型的型号见表2-2。

表 2-2 CPU 型号

CPU	类 型	电源电压	输入电压	输出电压	输出电流
CPU221	DC 输出 DC 输入	DC 24 V	DC 24 V	DC 24 V	0.75 A，晶体管
	继电器输出 DC 输入	AC 85 ~ 264 V	DC 24 V	DC 24 V AC 24 ~ 230 V	2 A，继电器
CPU222 CPU224 CPU226	DC 输出	DC 24 V	DC 24 V	DC 24 V	0.75 A，晶体管
	继电器输出	AC 85 ~ 264 V	DC 24 V	DC 24 V AC 24 ~ 230 V	2 A，继电器

PLC 通过输入/输出点与现场设备构成一个完整的 PLC 控制系统，因此要综合考虑现场设备的性质以及 PLC 的输入/输出特性，才能更好地利用 PLC 的功能。SIMATIC S7 – 200 CPU 22X 系列 PLC 的 I/O 特性见表2-3。

表 2-3 主机及 I/O 特性

型 号	主机输出类型	主机输入点数	主机输出点数	可扩展模块数
CPU221	DC/继电器	6	4	无
CPU222	DC/继电器	8	6	2
CPU224	DC/继电器	14	10	7
CPU226	DC/继电器	24	16	7

2.1.2 扩展单元

1. 数字量 I/O 扩展单元

S7 – 200 系列 PLC 提供了多种数字量 I/O 扩展单元，包括 EM221、EM222、EM223 扩展单元。外形结构如图 2-2 所示，可提供 8 点、16 点或 32 点数字量 I/O 点，来满足不同的控制需要。除 CPU221 外，其他 CPU 模块均可以配接多个扩展模块，连接时 CPU 模块放在最左侧，扩展模块用扁平电缆与左侧的模块相连。具体数字量输入/输出模块见表2-4。

图 2-2 EM 222 8 点继电器输出外形图

表 2-4 数字量扩展模块

型 号	各组输入点数	各组输出点数
EM221 8 点，DC 24 V 输入	4，4	—
EM221 8 点，AC 230 V 输入	8 点相互独立	—
EM221 16 点，DC 24 V 输入	4，4，4，4	—
EM222 4 点，DC 24 V/5 A 输出	—	4 点相互独立
EM222 4 点，10 A 继电器输出	—	4 点相互独立

（续）

型　　号	各组输入点数	各组输出点数
EM222 8 点，DC 24 V 输出	—	4，4
EM222 8 点，继电器输出	—	4，4
EM222 8 点，AC 230 V 输出	—	8 点相互独立
EM223 4 输入/4 输出，DC 24 V	4	4
EM223 DC24 V 4 输入/继电器 4 输出	4	4
EM223 DC24V 8 输入/继电器 8 输出	4，4	4，4
EM223 8 输入/8 输出，DC 24 V	4，4	4，4
EM223 16 输入/16 输出，DC 24 V	8，8	4，4，8
EM223 DC24V 16 输入/继电器 16 输出	8，8	4，4，4，4

在进行 I/O 扩展时，各扩展模块在 DC 5 V 下所消耗的电流应不大于 CPU 主机模板在 DC 5 V 下所能提供的最大扩展电流。各 CPU 在 DC 5 V 下所能提供的最大扩展电流见表 2-5。

表 2-5　CPU 提供的最大扩展电流

CPU 型号	CPU221	CPU222	CPU224	CPU226
最大扩展电流/mA	0	340	660	100

CPU 22X 系列 PLC 可连接的各扩展模块消耗 DC 5 V 电流见表 2-6。

表 2-6　扩展模块消耗电流

扩展模块编号	扩展模块型号	模块消耗电流/mA）
1	EM 221 DI8XDC 24 V	30
2	EM 222 DOXDC 24 V	50
3	EM 222 DO8X 继电器	40
4	EM 223 DI4/DO 4XDC 24 V	40
5	EM 223 DI4/DO 4XDC 24 V/继电器	40
6	EM 223 DI8/DO 8XDC 24 V	80
7	EM 223 DI8/DO 8XDC 24 V/继电器	80
8	EM 223 DI16/DO 16XDC 24 V	160
9	EM 223 DI16/DO 16XDC 24 V/继电器	150
10	EM 231 AI4X12 位	20
11	EM 231 AI4X 热电偶	60
12	EM 231 AI4XRTD	60
13	EM232 AQ 2X 12 位	30
14	EM 235 AI4、AQ1X12	30
15	EM 277 PROFIBUS－DP	150

2. 模拟量扩展单元

S7 - 200 PLC 有 3 种模拟量扩展模块，见表 2-7，转换位数都为 12 位，EM231 外形图如图 2-3 所示。

表 2-7　模拟量扩展模块

模　　块	EM231	EM232	EM235
点数	4 路模拟量输入	2 路模拟量输出	4 路模拟量输入，1 路模拟量输出

3. 热电偶/热电阻模块

EM231 热电偶/热电阻模块是最常用的模块，具有冷端补偿电路。EM231 热电偶输出的电压范围为 ±80mV，模块输出 15 位加符号位的二进制数。EM231 热电偶可以用于 J、K、E、N、S、T 和 R 型热电偶，用模块下方的 DIP 开关来选择热电偶的类型。EM231 热电阻的接线方式有 2 线、3 线和 4 线 3 种，4 线方式的精度最高，2 线方式受接线误差的影响精度最低；EM231 热电阻模块可以通过 DIP 开关来选择热电阻的类型、接线方式、测量单位和开路故障的方向。

图 2-3　EM231 热电阻
模块外形图

4. 通信扩展模块

EM277 PROFIBUS - DP 模块是常用的通信扩展模块，通过 EM 277 PROFIBUS - DP 扩展从站模块，可将 S7 - 200CPU 连接到 PROFIBUS - DP 网络。EM 277 经过串行 I/O 总线连接到 S7 - 200 CPU，PROFIBUS 网络经过其 DP 通信端口，连接到 EM 277 PROFIBUS - DP 模块。EM 277 PROFIBUS - DP 模块的 DP 端口可连接到网络上的一个 DP 主站上，但仍能作为一个 MPI 从站，与同一网络上如 SIMATIC 编程器或 S7 - 300/S7 - 400 CPU 等其他主站进行通信。

2.1.3　电源模块

外部提供给 PLC 的电源，有 DC 24 V、AC 220 V 两种，根据型号不同有所变化。S7 - 200 的 CPU 单元有一个内部电源模块，S7 - 200 小型 PLC 的电源模块与 CPU 封装在一起，通过连接总线为 CPU 模块和扩展模块提供 5 V 的直流电源，如果容量许可，还可提供给外部 24 V 的直流电源，供本机输入点和扩展模块继电器线圈使用。通常根据下面的原则来确定 I/O 电源的配置。

① 有扩展模块连接时，如果扩展模块对 DC 5 V 电源的需求超过 CPU 的 5 V 电源模块的容量，则必须减少扩展模块的数量。

② 当 +24 V 直流电源的容量不满足要求时，可以增加一个外部 24 V 直流电源给扩展模块供电。此时外部电源不能与 S7 - 200 的传感器电源并联使用，但两个电源的公共端（M）应连接在一起。

S7 - 200 CPU 主要技术指标见表 2-1，I/O 电源的具体参数可以参见表 2-8 ~ 表 2-10。

表 2-8　电源的技术指标

特　　性	24 V 电源	AC 电源
电压允许范围	20.4 ~ 28.8 V	85 ~ 264 V，47 ~ 63 Hz
冲击电流	10 A，28.8 V	20 A，254 V
内部熔断器（用户不能更换）	3 A，250 V 慢速熔断	2 A，250 V 慢速熔断

表 2-9　数字量输入技术指标

项　　目	指　　标	项　　目	指　　标
输入类型	漏型/源型	光电隔离	AC 500 V，1 min
输入电压额定值	DC 24 V	非屏蔽电缆长度	300 m
"1" 信号	15 ~ 35 V，最大 4 mA	屏蔽电缆长度	500 m
"0" 信号	0 ~ 5 V		

表 2-10　数字量输出技术指标

特　　性	DC 24 V 输出	继电器型输出
电压允许范围	20.4 ~ 28.8 V	交流或直流，电压等级最高到 220 V
逻辑 1 信号最大电流	0.75 A（电阻负载）	2 A（电阻负载）
逻辑 0 信号最大电流	10 μA	0
灯负载	5 W	30 W DC/200 W AC
非屏蔽电缆长度	150 m	150 m
屏蔽电缆长度	500 m	500 m

2.2　S7－200 PLC 的外部接线

2.2.1　端子排

图 2-4 所示为 CPU224DC/DC/DC 型号的 PLC。L＋、M 端是电源的输入端，使用 24 V

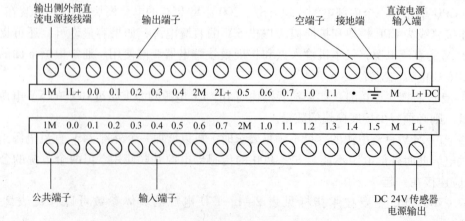

图 2-4　CPU224DC/DC/DC 的接线端子

直流电源，L＋端接直流电源正极，M端接直流电源负极。机内自带直流 24 V 内部电源，为输入器件和扩展单元供电（图中的 24VDC 传感器电源输出）。

图 2-4 下侧 0.0～0.7 和 1.0～1.5 为输入端子，1M 为输入端子 0.0～0.7 的公共端子，2M 为输入端子 1.0～1.5 的公共端子。上侧的 0.0～0.7 和 1.0～1.1 为输出端子，1M 和 1L＋为 0.0～0.4 输出端子提供 DC 24 V 电源的端子，2M 和 2L＋为 0.5～0.7 和 1.0～1.1 输出端子提供 DC 24 V 电源的端子。

2.2.2 漏型输入和源型输入

三菱 FX$_{2N}$ PLC 和西门子 S7－200 PLC 的关于漏型输入和源型输入电路的划分正好相反。对于 S7－200 PLC 来说，漏型输入是指电流是从 PLC 的输入端流进，而从公共端流出；源型输入是指电流从 PLC 公共端流进，而从输入端流出。S7－200 PLC 的 DC 输入端子在接线时可以按漏型输入连接，也可以按源型输入连接，连接图如图 2-5 和 2-6 所示。

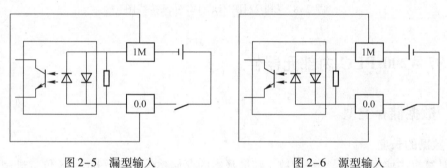

图 2-5　漏型输入　　　　　　　　图 2-6　源型输入

2.2.3 漏型输出和源型输出

S7－200 PLC 和 FX$_{2N}$ PLC 的漏型输出和源型输出的定义相同，对于 S7－200 PLC 来说一般采用源型输出、集电极开路输出，如图 2-7 所示。

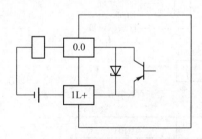

图 2-7　源型集电极开路输出

2.2.4 外部接线实例

以 CPU224DC/DC/DC 型 PLC 为例，如图 2-8 所示，在 PLC 的输入端接入一个按钮 SB1、一个限位开关 SQ1 和一个接近开关 SQ2；输出为一个电磁阀 YV1。

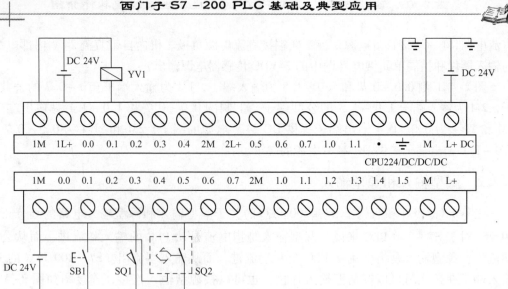

图 2-8　CPU224DC/DC/DC 外部接线图

2.3　S7-200 PLC 内部元器件

2.3.1　数据储存类型

1. 数据的长度

在计算机中使用的都是二进制数，其最基本的存储单位是位（bit），8 位二进制数组成 1 个字节（Byte），其中的第 0 位为最低位（LSB），第 7 位为最高位（MSB），如图 2-9 所示。两个字节（16 位）组成 1 个字（Word），两个字（32 位）组成 1 个双字（Double word），如图 2-9 所示。把位、字节、字和双字占用的连续位数称为长度。

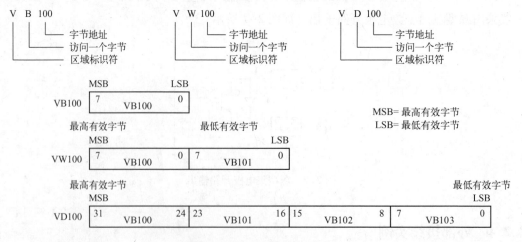

图 2-9　位、字节、字和双字

二进制数的"位"只有 0 和 1 两种取值，开关量（或数字量）也只有两种不同的状态，如触点的断开和接通、线圈的失电和得电等。在 S7-200 梯形图中，可用"位"描述它们，如果该位为 1，则表示对应的线圈为得电状态，触点为转换状态（常开触点闭合、常闭触点断开）；如果该位为 0，则表示对应线圈以及触点的状态与前者相反。

2. 数据类型及数据范围

S7 - 200 系列 PLC 的数据类型可以是字符串、布尔型（0 或 1）、整数型和实数型（浮点数）。布尔型数据指字节型无符号整数；整数型数包括 16 位符号整数（INT）和 32 位符号整数（DINT）。实数型数据采用 32 位单精度数来表示。数据类型、长度及数据范围见表 2-11。

表 2-11　数据类型、长度及数据范围

寻址格式	数据长度（二进制位）	数据类型	取值范围
BOOL（位）	1（位）	布尔数（二进制位）	真（1）；假（0）
BYTE（字节）	8（字节）	无符号整数	0 ~ 255；0 ~ FF（Hex）
INT（整数）	16（字）	有符号整数	-32768 ~ 32767；8000 ~ 7FFF（Hex）
WORD（字）		无符号整数	0 ~ 65535；0 ~ FFFF（Hex）
DINT（双整数）	32（双字）	有符号整数	- 2147483648 ~ 2147483647 8000 0000 ~ 7FFF FFFF（Hex）
DWORD（双字）		无符号整数	0 ~ 4294967295；0 ~ FFFF FFFF（Hex）
REAL（实数）		IEEE 32 位单精度浮点数	-3.402823E + 38 ~ -1.175495E - 38（负数）； +1.175495E - 38 ~ +3.402823E + 38（正数）； 0.0（实数不能绝对准确地表示"零"）
ASCII	8/个（字节）	字符列表	ASCII 字符、汉字内码（每个汉字 2 字节）
STRING（字符串）		字符串	1 ~ 254 个 ASCII 字符、汉字内码 （每个汉字 2 字节）

3. 常数

S7 - 200 的许多指令中经常会使用常数。常数的数据长度可以是字节、字和双字。CPU 以二进制的形式存储常数，书写常数可以用二进制、十进制、十六进制、ASCII 码或实数等多种形式。书写格式如下：

十进制常数：1234；

十六进制常数：16#3AC6；

二进制常数：2#1010 0001 1110 0000 ASCII 码："Show"；

实数（浮点数）：+1.175495E - 38（正数），-1.175495E - 38（负数）。

2.3.2　编址方式

可编程序控制器的编址就是对 PLC 内部的元件进行编码，以便程序执行时可以唯一地识别每个元件。PLC 内部在数据存储区为每一种元件分配一个存储区域，并用字母作为区域标志符，同时表示元件的类型。如：数字量输入写入输入映像寄存器（区标志符为 I），数字量输出写入输出映像寄存器（区标志符为 Q），模拟量输入写入模拟量输入映像寄存器（区标志符为 AI），模拟量输出写入模拟量输出映像寄存器（区标志符为 AQ）。除了输入/输出外，PLC 还有其他元件，V 表示变量存储器；M 表示内部标志位存储器；SM 表示特殊标志位存储器；L 表示局部存储器；T 表示定时器；C 表示计数器；HC 表示高速计数器；S 表示顺序控制存储器；AC 表示累加器。掌握各元件的功能和使用方法是编程的基础。下面将介绍元件的编址方式。

存储器的单位可以是位（bit）、字节（Byte）、字（Word）、双字（DWord 即 Double Word），那么编址方式也可以分为位、字节、字、双字编址。

1. 位编址

位编址的指定方式为：（区域标志符）字节号·位号，例如 I0.1；Q1.0；I1.2。

2. 字节编址

字节编址的指定方式为：（区域标志符）B（字节号），例如 IB1 表示由 I1.0～I1.7 这 8 位组成的字节。

3. 字编址

字编址的指定方式为：（区域标志符）W（起始字节号），且最高有效字节为起始字节。例如 VW2 表示由 VB2 和 VB3 这 2 个字节组成的字。

4. 双字编址

双字编址的指定方式为：（区域标志符）D（起始字节号），且最高有效字节为起始字节。例如 VD0 表示由 VB0 到 VB3 这 4 个字节组成的双字。

2.3.3 寻址方式

1. 直接寻址

直接寻址是在指令中直接使用存储器或寄存器的元件名称（区域标志）和地址编号，直接到指定的区域读取或写入数据。按位、字节、字、双字的寻址方式如图 2-10 所示。

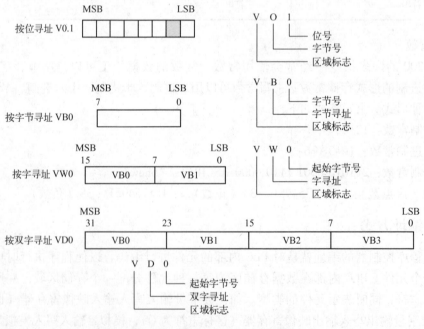

图 2-10 位、字节、字、双字的寻址方式

2. 间接寻址

间接寻址时操作数并不提供直接数据位置，而是通过使用地址指针来存取存储器中

的数据。在 S7 - 200 中允许使用指针对 I、Q、M、V、S、T、C（仅当前值）存储区进行间接寻址。

1）使用间接寻址前，要先创建一指向该位置的指针。指针为双字（32 位），存放的是另一存储器的地址，只能用 V、L 或累加器 AC 作指针。生成指针时，要使用双字传送指令（MOVD），将数据所在单元的内存地址送入指针，双字传送指令的输入操作数开始处加 & 符号，表示某存储器的地址，而不是存储器内部的值。指令输出操作数是指针地址。例如：MOVD &VB200，AC1 指令就是将 VB200 的地址送入累加器 AC1 中。

2）指针建立好后，利用指针存取数据。在使用地址指针存取数据的指令中，操作数前加 " * " 号表示该操作数为地址指针。例如：MOVW * AC1 AC0//MOVW 表示字传送指令，指令将 AC1 中的内容为起始地址的一个字长的数据（即 VB200，VB201 内部数据）送入 AC0 内。如图 2-11 所示。

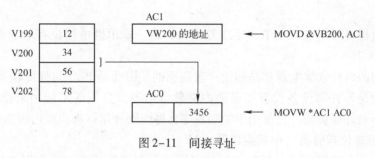

图 2-11 间接寻址

2.3.4 元件功能及地址分配

1. 输入映像寄存器（输入继电器）

（1）输入映像寄存器的工作原理

输入继电器是 PLC 用来接收用户设备输入信号的接口。PLC 中的 "继电器" 与继电器控制系统中的继电器有本质性的差别，是 "软继电器"，它实质是存储单元。每一个 "输入继电器" 线圈都与相应的 PLC 输入端相连（如 "输入继电器" I0.0 的线圈与 PLC 的输入端子 0.0 相连），当外部开关信号闭合，则 "输入继电器的线圈" 得电，在程序中其常开触点闭合，常闭触点断开。由于存储单元可以无限次的读取，所以有无数对常开、常闭触点供编程时使用。编程时应注意，"输入继电器" 的线圈只能由外部信号来驱动，不能在程序内部用指令来驱动。因此，在用户编制的梯形图中，只应出现 "输入继电器" 的触点，而不应出现 "输入继电器" 的线圈。

（2）输入映像寄存器的地址分配

S7 - 200 输入映像寄存器区域有 IB0 ~ IB15 共 16 个字节的存储单元。系统对输入映像寄存器是以字节（8 位）为单位进行地址分配的。输入映像寄存器可以按位进行操作，每一位对应一个数字量的输入点。如 CPU224 的基本单元输入为 14 点，需占用 $2 \times 8 = 16$ 位，即占用 IB0 和 IB1 两个字节。而 I1.6、I1.7 因没有实际输入而未使用，用户程序中不可使用。但如果整个字节未使用如 IB3 ~ IB15，则可作为内部标志位（M）使用。

输入继电器可采用位、字节、字或双字来存取。输入继电器位存取的地址编号范围为 I0.0 ~ I15.7。

2. 输出映像寄存器（输出继电器）

（1）输出映像寄存器的工作原理

"输出继电器"是用来将输出信号传送到负载的接口，每一个"输出继电器"线圈都与相应的 PLC 输出相连，并有无数对常开和常闭触点供编程时使用。除此之外，还有一对常开触点与相应 PLC 输出端相连（如输出继电器 Q0.0 有一对常开触点与 PLC 输出端子 0.0 相连）用于驱动负载。输出继电器线圈的通断状态只能在程序内部用指令驱动。

（2）输出映像寄存器的地址分配

S7-200 输出映像寄存器区域有 QB0~QB15 共 16 个字节的存储单元。系统对输出映像寄存器也是以字节（8 位）为单位进行地址分配的。输出映像寄存器可以按位进行操作，每一位对应一个数字量的输出点。如 CPU224 的基本单元输出为 10 点，需占用 2×8 $= 16$ 位，即占用 QB0 和 QB1 两个字节。但未使用的位和字节均可在用户程序中作为内部标志位使用。

输出继电器可采用位、字节、字或双字来存取。输出继电器位存取的地址编号范围为 Q0.0~Q15.7。

以上介绍的两种软继电器都是和用户有联系的，因而是 PLC 与外部联系的窗口。下面所介绍的则是与外部设备没有联系的内部软继电器。它们既不能用来接收用户信号，也不能用来驱动外部负载，只能用于编制程序，即线圈和接点都只能出现在梯形图中。

3. 内部标志位存储器（中间继电器）M

内部标志位存储器，用来保存控制继电器的中间操作状态，其作用相当于继电器控制中的中间继电器，内部标志位存储器在 PLC 中没有输入/输出端与之对应，其线圈的通断状态只能在程序内部用指令驱动，其触点不能直接驱动外部负载，只能在程序内部驱动输出继电器的线圈，再用输出继电器的触点去驱动外部负载。

内部标志位存储器可采用位、字节、字或双字来存取。内部标志位存储器位存取的地址编号范围为 M0.0~M31.7，共 32 个字节。

4. 特殊标志位存储器 SM

PLC 中还有若干特殊标志位存储器，特殊标志位存储器位提供大量的状态和控制功能，用来在 CPU 和用户程序之间交换信息，特殊标志位存储器能以位、字节、字或双字来存取，CPU224 的 SM 的位地址编号范围为 SM0.0~SM179.7，共 180 个字节。其中SM0.0~SM29.7 的 30 个字节为只读型区域。

常用的特殊存储器的用途如下：

SM0.0：运行监视。SM0.0 始终为"1"状态。当 PLC 运行时可以利用其触点驱动输出继电器，在外部显示程序是否处于运行状态。

SM0.1：初始化脉冲。每当 PLC 的程序开始运行时，SM0.1 线圈接通一个扫描周期，因此 SM0.1 的触点常用于调用初始化程序。

SM0.3：开机进入 RUN 时，接通一个扫描周期，可用在启动操作之前，给设备提前预热。

SM0.4、SM0.5：占空比为 50% 的时钟脉冲。当 PLC 处于运行状态时，SM0.4 产生周期为 1 min 的时钟脉冲，SM0.5 产生周期为 1 s 的时钟脉冲。若将时钟脉冲信号送入计数器作为计数信号，可起到定时器的作用。

SM0.6：扫描时钟，1 个扫描周期闭合，另一个为 OFF，循环交替。

SM0.7：工作方式开关位置指示，开关放置在 RUN 位置时为 1。

其他特殊存储器的用途可查阅相关手册或查看 STEP 7 - Micro/WIN 编程软件中的帮助文件。

5. 变量存储器 V

变量存储器主要用于存储变量。可以存放数据运算的中间运算结果或设置参数，在进行数据处理时，变量存储器会被经常使用。变量存储器可以是位寻址，也可按字节、字、双字为单位寻址，其位存取的编号范围根据 CPU 的型号有所不同，CPU221/222 为 V0.0 ~ V2047.7，共 2 KB 存储容量；CPU224/226 为 V0.0 ~ V5119.7，共 5 KB 存储容量。

6. 局部变量存储器 L

局部变量存储器 L 用来存放局部变量，局部变量存储器 L 和变量存储器 V 十分相似，主要区别在于全局变量是全局有效，即同一个变量可以被任何程序（主程序、子程序和中断程序）访问。而局部变量只是局部有效，即变量只和特定的程序相关联。

S7 - 200 有 64 个字节的局部变量存储器，其中 60 个字节可以作为暂时存储器，或给子程序传递参数。后 4 个字节作为系统的保留字节。PLC 在运行时，根据需要动态地分配局部变量存储器，在执行主程序时，64 个字节的局部变量存储器分配给主程序，当调用子程序或出现中断时，局部变量存储器分配给子程序或中断程序。

局部存储器可以按位、字节、字和双字直接寻址，其位存取的地址编号范围为 L0.0 ~ L63.7。

7. 定时器 T

PLC 所提供的定时器作用相当于继电器控制系统中的时间继电器。每个定时器可提供无数对常开和常闭触点供编程使用。其设定时间由程序设置。

每个定时器有一个 16 位的当前值寄存器，用于存储定时器累计的时基增量值（1 ~ 32767），另有一个状态位表示定时器的状态。若当前值寄存器累计的时基增量值大于等于设定值时，定时器的状态位被置"1"，该定时器的常开触点闭合。

定时器的定时精度分别为 1 ms 、10 ms 和 100 ms 三种，CPU222、CPU224 及 CPU226 的定时器地址编号范围为 T0 ~ T225，它们的分辨率和定时范围并不相同，用户应根据所用 CPU 的型号及时基，正确选用定时器的编号。

8. 计数器 C

计数器用于累计计数输入端接收到的由断开到接通的脉冲个数。计数器可提供无数对常开和常闭触点供编程使用，其设定值由程序赋予。

计数器的结构与定时器基本相同，每个计数器有一个 16 位的当前值寄存器用于存储计数器累计的脉冲数，另有一个状态位表示计数器的状态，若当前值寄存器累计的脉冲数大于等于设定值时，计数器的状态位被置"1"，该计数器的常开触点闭合。计数器的地址编号范围为 C0 ~ C255。

9. 顺序控制继电器 S（状态元件）

顺序控制继电器是使用步进顺序控制指令编程时的重要状态元件，通常与步进指令一起使用，以实现顺序功能流程图的编程。顺序控制继电器的地址编号范围为 S0.0 ~ S31.7。

10. 高速计数器 HC

一般计数器的计数频率受扫描周期的影响，不能太高。而高速计数器可用来累计比CPU 的扫描速度更快的事件。高速计数器的当前值是一个双字长（32 位）的整数，且为只读值。

高速计数器的地址编号范围根据 CPU 的型号有所不同，CPU221/222 各有 4 个高速计数器，CPU224/226 各有 6 个高速计数器，编号为 HC0 ~ HC5。

11. 累加器 AC

累加器是用来暂存数据的寄存器，它可以用来存放运算数据、中间数据和结果。CPU提供了 4 个 32 位的累加器，其地址编号为 AC0 ~ AC3。累加器的可用长度为 32 位，可采用字节、字、双字的存取方式，按字节、字只能存取累加器的低 8 位或低 16 位，双字可以存取累加器全部的 32 位。

12. 模拟量输入/输出映像寄存器（AI/AQ）

S7 - 200 的模拟量输入电路是将外部输入的模拟量信号转换成 1 个字长的数字量存入模拟量输入映像寄存器区域，区域标志符为 AI。

模拟量输出电路是将模拟量输出映像寄存器区域的 1 个字长（16 位）数值转换为模拟电流或电压输出，区域标志符为 AQ。

在 PLC 内的数字量字长为 16 位，即两个字节，故其地址均以偶数表示，如 AIW0、AIW2…；AQW0、AQW2…。

对模拟量输入/输出是以 2 个字（W）为单位分配地址，每路模拟量输入/输出占用 1个字（2 个字节）。如有 3 路模拟量输入，需分配 4 个字（AIW0、AIW2、AIW4、AIW6），其中没有被使用的字 AIW6，不可被占用或分配给后续模块。如果有 1 路模拟量输出，需分配 2 个字（AQW0、AQW2），其中没有被使用的字 AQW2，不可被占用或分配给后续模块。

模拟量输入/输出的地址编号范围根据 CPU 型号的不同而有所不同，CPU222 为AIW0 ~ AIW30/AQW0 ~ AQW30；CPU224/226 为 AIW0 ~ AIW62/AQW0 ~ AQW62。

2.4 S7 - 200 PLC 编程软件的使用

2.4.1 STEP 7 - Micro/WIN 概述

S7 - 200 PLC 使用 STEP 7 - Micro/WIN 编程软件进行编程。STEP 7 - Micro/WIN编程软件是基于 Windows 的应用软件，功能强大，主要用于开发程序，也可用于适时监控用户程序的执行状态，加上汉化后的程序，可在全汉化的界面下进行操作。

1. STEP 7 - Micro/WIN 的安装

（1）系统要求

操作系统：STEP 7 - Micro/WIN V3.2 支持 Windows 2000、Windows XP；STEP 7 - Micro/WIN V4.0 支持 Windows XP、Windows 7。

计算机配置：IBM486 以上兼容机，内存 256 MB 以上，VGA 显示器。

通信电缆：用一根 PC/PPI 电缆实现可编程序控制器与计算机的通信。

（2）硬件连接

典型的单台 PLC 与 PC 的连接，只需要用一根 PC/PPI 电缆，如图 2-12 所示。PC/PPI 电缆的两端分别为 RS - 232 和 RS - 485 接口，RS - 232 端连接到个人计算机 RS - 232 通信口 COM1 或 COM2 接口上，RS - 485 端接到 S7 - 200 CPU 通信口上。现在，工程技术人员外出调试程序，所用计算机多为个人笔记本电脑，而笔记本电脑本身少有带 RS - 232 通信口的。为了方便用户使

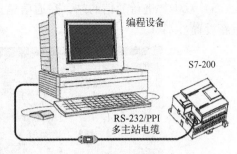

图 2-12　PLC 与计算机的连接

用，S7 - 200 编程电缆又有 USB 接口的编程电缆，USB/PPI 电缆为现在使用的主流电缆。

（3）编程软件的安装

首先安装英文版本的编程软件：先将储存软件的光盘放入光驱，双击编程软件中的安装程序 SETUP. EXE，根据安装提示完成安装。现在，STEP 7 - Micro/WIN 编程软件，最新版为 STEP 7 - Micro/WIN V4.0 SP9 支持 WIN7。

首次运行 STEP 7 - Micro/WIN 软件时系统默认语言为英语，可根据需要修改编程语言。如将英语改为中文，其具体操作如下：运行 STEP 7 - Micro/WIN 编程软件，在主界面执行菜单 Tools→Options→General 选项，然后在对话框中选择 Chinese，即可将 English 改为中文。改变语言后，必须退出 STEP 7 - Micro/WIN 软件，然后重新进入即可。

（4）建立 S7 - 200 CPU 的通信

PC/PPI 电缆中间有通信模块，模块外部设有波特率设置开关，有 5 种支持 PPI 协议的波特率可以选择，分别为：1.2 Kbit/s、2.4 Kbit/s、9.6 Kbit/s、19.2 Kbit/s、38.4 Kbit/s。系统的默认值为 9.6 Kbit/s。PC/PPI 电缆波特率设置开关（DIP 开关）的位置应与软件系统设置的通信波特率相一致。DIP 开关如图 2-13 所示，DIP 开关上有 5 个键，1、2、3 号键用于设置波特率，4 号和 5 号键用于设置通信方式。1、2、3 号键设置为 010，未使用调制解调器时，4、5 号键均应设置为 0。如果使用 USB/PPI 电缆，则不需要以上设置。

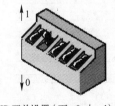

DIP 开关设置（下 =0, 上 =1）

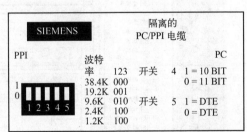

图 2-13　DIP 开关的设置

设置连接好硬件并安装完软件后，可以按下面的步骤进行在线连接：

1）在 STEP 7 - Micro/WIN 运行时，单击"浏览条"中的"通信"图标，或选择菜单"查看"→"组件"→"通信"命令，则会出现一个如图 2-14 所示的"通信"对话框。

2）双击对话框中的"双击刷新"图标，STEP 7 - Micro/WIN 编程软件将检查所连接的所有 S7 - 200 CPU 站。

3）双击要进行通信的站，在通信建立对话框中，可以显示所选的通信参数，也可以重新设置。

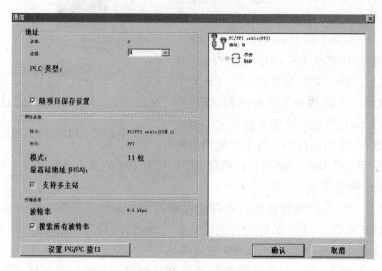

图2-14　"通信"对话框

2. STEP 7－Micro/WIN 软件介绍

STEP 7－Micro/WIN 的主界面如图 2-15 所示。主界面一般可以分为以下几个部分：菜单条、工具条、浏览条、指令树、用户窗口、输出窗口和状态条。除菜单条外，用户可根据需要通过检视菜单和窗口菜单，决定其他窗口的取舍和样式的设置。

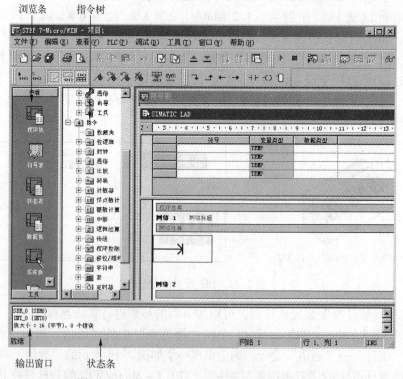

图2-15　STEP 7－Micro/WIN 编程软件的主界面

（1）主菜单

主菜单包括：文件、编辑、查看、PLC、调试、工具、窗口和帮助 8 个主菜单项。各主菜单项的功能如下：

1）文件（File）。文件下拉菜单包括新建（New）、打开（Open）、关闭（Close）、保存（Save）、另存为（Save As）、设置密码（Set Password）、导入（Import）、导出（Export）、上载（Upload）、下载（Download）、新建库、添加/删除库、页面设置（Page Setup）、打印（Print）、打印预览和退出等操作。

上载：在运行 STEP 7 - Micro/WIN 的个人计算机和 PLC 之间建立通信后，从 PLC 将程序上载至运行 STEP 7 - Micro/WIN 的个人计算机。

下载：在运行 STEP 7 - Micro/WIN 的个人计算机和 PLC 之间建立通信后，将程序下载至该 PLC。下载之前，PLC 应位于"停止"模式。

2）编辑（Edit）。编辑下拉菜单包括撤销、剪切、复制、粘贴、全选、插入、删除、查找、替换以及转到等功能操作，与字处理软件 word 相类似，主要用于程序编辑工具。

3）查看（View）。查看菜单用于设置软件的开发环境，功能包括：选择不同的程序编辑器 STL、梯形图、FBD；可以进行数据块、符号表、状态图表、系统块、交叉引用以及通信参数的设置；可以选择程序注解、网络注解显示与否；可以选择浏览条、指令树及输出窗口的显示与否；可以对程序块的属性进行设置。

4）PLC。PLC 菜单用于与 PLC 联机时的操作。如用软件改变 PLC 的运行方式（运行、停止）、对用户程序进行编译、清除 PLC 程序、电源起动重置、查看 PLC 的信息、时钟、存储卡的操作、程序比较以及 PLC 类型选择等操作。其中对用户程序进行编译可以离线进行。

PLC 有两种操作模式：STOP（停止）和 RUN（运行）模式。在 STOP（停止）模式中可以建立/编辑程序，在 RUN（运行）模式中建立、编辑、监控程序操作和数据，进行动态调试。若使用 STEP 7 - Micro/WIN 软件控制 RUN/STOP（运行/停止）模式，在 STEP 7 - Micro/WIN 和 PLC 之间必须建立通信。另外，PLC 硬件模式开关必须设为 TERM（终端）或 RUN（运行）。

5）调试（Debug）。调试菜单用于联机时的动态调试，有单次扫描（First Scan）、多次扫描（Multiple Scans）、程序状态（Program Status）以及用程序状态模拟运行条件（读取、强制、取消强制和全部取消强制）等功能。

6）工具。工具菜单提供复杂指令向导（PID、NETR/NETW、HSC 指令）、TD200 设置向导、设置程序编辑器的风格以及在工具菜单中添加常用工具等功能。

7）窗口。窗口菜单功能是打开一个或多个窗口，并进行窗口之间不同排放形式，如水平、层叠或垂直。

8）帮助。帮助菜单可以提供 S7 - 200 的指令系统及编程软件的所有信息，并提供在线帮助、网上查询及访问等功能，也可按〈F1〉键。

（2）工具条

1）标准工具条，如图 2-16 所示。从左至右包括新建、打开、保存、打印、预览、粘贴、拷贝、撤销、编译、全部编译、上载、下载等按钮。

图 2-16　标准工具条

2）调试工具条，如图 2-17 所示。从左至右包括 PLC 运行模式、PLC 停止模式、程序状态打开/关闭状态、图状态打开/关闭状态、状态图表单次读取、状态图表全部写入等按钮。

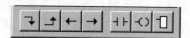

图 2-17　调试工具条

3）公用工具条，如图 2-18 所示。从左至右依次为插入网络、删除网络、切换 POU 注解、切换网络注解、切换符号信息表、切换书签、下一个书签、上一个书签、清除全部书签、建立表格未定义符号、常量说明符。

图 2-18　公用工具条

4）LAD 指令工具条，如图 2-19 所示。从左至右依次为插入向下直线、插入向上直线、插入左行、插入右行、插入触点、插入线圈、插入指令盒。

图 2-19　LAD 指令工具条

（3）浏览条（Navigation Bar）

浏览条为编程提供按钮控制，可以实现窗口的快速切换，即对编程工具执行直接按钮存取，包括程序块、符号表、状态表、数据块、系统块、交叉引用、通信和设置 PG/PC 接口。单击上述任意按钮，则主窗口切换成此按钮对应的窗口。

用菜单命令"查看"→"框架"→"浏览条"，浏览条可在打开（可见）和关闭（隐藏）之间切换。

用菜单命令"工具"→"选项"，选择"浏览条"标签，可在浏览条中编辑字体。

浏览条中的所有操作都可用"指令树"视窗完成，或通过"查看"→"组件"菜单来完成。

（4）指令树

指令树以树型结构提供编程时用到的所有快捷操作命令和 PLC 指令。可分为项目分支和指令分支。项目分支用于组织程序项目，用鼠标右键单击"程序块"文件夹，插入新子程序和中断程序，用鼠标右键单击"状态表"或"符号表"文件夹，插入新状态表或符号表。

（5）用户窗口

可同时或分别打开 6 个用户窗口，分别为：交叉引用、数据块、状态表、符号表、程序编辑器以及局部变量表。图 2-15 中打开了 2 个用户窗口，分别为：符号表和程序编辑器。

1）交叉引用。在程序编译成功后，可用下面的方法之一打开"交叉引用"窗口：用菜单"查看"→"组件"→"交叉引用"；单击浏览条中的"交叉引用"按钮。

如图 2-20 所示，"交叉引用"表列出在程序中使用的各操作数所在的 POU、网络或行位置，以及每次使用各操作数的语句表指令。通过交叉引用表还可以查看哪些内存区域已经被使用，作为位还是作为字节使用。在运行方式下编辑程序时，可以查看程序当前正在使用的跳变信号的地址。交叉引用表不下载到可编程序控制器，在程序编译成功后，才能打开交叉引用表。在交叉引用表中双击某操作数，可以显示出包含该操作数的那一部分程序。

	元素	块	位置	关联
1	I0.0	主 (OB1)	网络 2	-|/|-
2	I0.1	主 (OB1)	网络 1	-|/|-
3	I0.2	SBR_0 (SBR0)	网络 1	-| |-
4	I0.2	SBR_1 (SBR1)	网络 1	-| |-
5	I0.3	SBR_0 (SBR0)	网络 7	-| |-
6	I0.3	SBR_0 (SBR0)	网络 10	-| |-

图 2-20　交叉引用表

2）数据块。"数据块"窗口可以设置和修改变量存储器的初始值和常数值，并加注必要的注释说明。

3）状态表。将程序下载至 PLC 之后，可以建立一个或多个状态图表，在联机调试时，打开状态图表，监视各变量的值和状态。状态图表并不下载到可编程序控制器，只是监视用户程序运行的一种工具。

可在状态图表的地址列输入需监视的程序变量地址，在 PLC 运行时，打开状态图表窗口，在程序扫描执行时，连续、自动地更新状态图表的数值。

4）符号表。符号表是程序员用符号编址的一种工具表。在编程时不采用元件的直接地址作为操作数，而用有实际含义的自定义符号名作为编程元件的操作数，这样可使程序更容易理解。符号表则建立了自定义符号名与直接地址编号之间的关系。程序被编译后下载到可编程序控制器时，所有的符号地址被转换成绝对地址，符号表中的信息不下载到可编程序控制器。

5）程序编辑器。用菜单命令"文件"→"新建"，"文件"→"打开"或"文件"→"导入"，打开一个项目。然后用下面方法之一打开"程序编辑器"窗口，建立或修改程序。

6）局部变量表。程序中的每个 POU 都有自己的局部变量表，局部变量存储器（L）有 64 个字节。局部变量表用来定义局部变量，局部变量只在建立该局部变量的 POU 中才有效。在带参数的子程序调用中，参数的传递就是通过局部变量表传递的。

在用户窗口将水平分裂条下拉即可显示局部变量表，将水平分裂条拉至程序编辑器窗口的顶部，局部变量表不再显示，但仍旧存在。

（6）输出窗口

输出窗口用来显示 STEP 7 - Micro/WIN 程序编译的结果，如编译结果有无错误、错误编码和位置等。选择菜单"查看"→"框架"→"输出窗口"命令在窗口打开或关闭输出窗口。

（7）状态条

状态条提供有关在 STEP 7 - Micro/WIN 中操作的信息。

2.4.2　STEP 7 - Micro/WIN 主要编程功能

1. 编程元素及项目组件

S7 - 200 的三种程序组织单位（POU）指主程序、子程序和中断程序。STEP 7 - Micro/WIN 为每个控制程序在程序编辑器窗口提供分开的制表符，主程序总是第一个制表符，后面是子程序或中断程序。

一个项目（Project）包括的基本组件有程序块、数据块、系统块、符号表、状态图表以及交叉引用表。程序块、数据块和系统块须下载到 PLC，而符号表、状态图表和交叉引用表不下载到 PLC。

程序块由可执行代码和注释组成，可执行代码由一个主程序和可选子程序或中断程序组成。程序代码被编译并下载到 PLC，程序注释被忽略。

2. 创建项目文件

创建项目文件有两种方法，其中方法一：可用菜单命令文件—新建命令；方法二：可用工具条中的"新建"按钮来完成。

新项目文件名系统默认项目 1，可以通过工具栏中的"保存"按钮保存并重新命名。每一个项目文件包括的基本组件有程序块、数据块、系统块、符号表、状态图表、交叉引用及通信，其中程序块中包括 1 个主程序、1 个子程序（SBR_0）和 1 个中断程序（INT_0）。

3. 确定 PLC 类型

选择菜单"PLC"→"类型"命令，系统弹出如图 2-21 所示的"PLC 类型"对话框，单击"读取 PLC"按钮，由 STEP 7 - Micro/WIN 自动读取正确的数值。单击"确定"按钮，确认 PLC 类型，

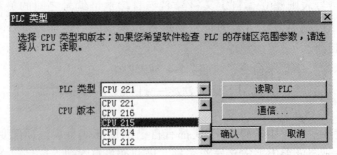

图 2-21　"PLC 类型"对话框

4. 输入程序

新建项目后就可以进行输入程序，本书主要介绍梯形图的相关操作。

（1）输入指令

梯形图的元素主要有接点、线圈和指令盒，梯形图的每个网络必须从接点开始，以

线圈或没有 ENO 输出的指令盒结束。线圈不允许串联使用。

　　梯形图指令输入，首先要进入梯形图编辑器：选择菜单"查看"→"梯形图"命令；在梯形图编辑器中输入指令。输入指令可以通过指令树、工具条按钮、快捷键等方法再实现。通过指令树方法：在指令树中选择需要的指令，拖放到需要位置；或将光标放在需要的位置，在指令树中双击需要的指令；通过工具条按钮方法：将光标放到需要的位置，单击工具栏指令按钮，打开一个通用指令窗口，选择需要的指令。

　　使用功能键：F4 = 接点，F6 = 线圈，F9 = 指令盒，打开一个通用指令窗口，选择需要的指令。

　　当编程元件图形出现在指定位置后，再点击编程元件符号的 ???，输入操作数。红色字样显示语法出错，当把不合法的地址或符号改变为合法值时，红色消失。若数值下面出现红色的波浪线，表示输入的操作数超出范围或与指令的类型不匹配。

　　（2）上下线的操作

　　将光标移到要合并的触点处，单击上行线或下行线按钮。

　　（3）输入程序注释

　　LAD 编辑器中共有四个注释级别：项目组件（POU）注释、网络标题、网络注释、项目组件属性。

　　项目组件（POU）注释：单击"网络 1"上方的灰色方框中，输入 POU 注释。

　　单击"切换 POU 注释"⬛按钮或者用菜单命令"查看"→"POU 注释"选项，可在 POU 注释"打开"（可视）或"关闭"（隐藏）之间切换。

　　每条 POU 注释所允许使用的最大字符数为 4096。可视时，始终位于 POU 顶端，并在第一个网络之前显示。

　　网络标题：将光标放在网络标题行，输入一个便于识别该逻辑网络的标题。网络标题中可使用的最大字符数为 127。

　　网络注释：将光标移到网络标号下方的灰色方框中，可以输入网络注释。网络注释是对网络的内容进行的简单说明，以便于对程序的理解和阅读。网络注释中允许使用的最大字符数为 4096。

　　单击"切换网络注释"⬛按钮或者用菜单命令"检视"→网络注释，可在网络注释"打开"（可视）和"关闭"（隐藏）之间切换。

　　（4）程序的编辑

　　1）剪切、复制、粘贴或删除多个网络。通过用〈SHIFT〉键 + 鼠标单击，可以选择多个相邻的网络，进行剪切、复制、粘贴或删除等操作。注意：不能选择部分网络，只能选择整个网络。

　　2）编辑单元格、指令、地址和网络。用光标选中需要进行编辑的单元，单击右键，弹出快捷菜单，可以进行插入或删除行、列、垂直线或水平线的操作。删除垂直线时把方框放在垂直线左边单元上，删除时选"行"，或按〈DEL〉键。进行插入编辑时，先将方框移至欲插入的位置，然后选"列"。

　　（5）程序的编译

　　程序经过编译后，方可下载到 PLC。编译的方法如下：

　　单击"编译"按钮⬛或选择菜单命令"PLC"→"编译"，编译当前被激活的窗口中的程序块或数据块。

单击"全部编译" 图 按钮或选择菜单命令"PLC"→"全部编译"，编译全部项目元件（程序块、数据块和系统块）。使用"全部编译"，与哪一个窗口是活动窗口无关。

编译结束后，输出窗口显示编译结果。

5. 数据块编辑

数据块用来对变量存储器 V 赋初值，可用字节、字或双字赋值。注解（前面带双斜线）是可选项目。如图 2-22 所示。编写的数据块，被编译后，下载到可编程序控制器，注释被忽略。

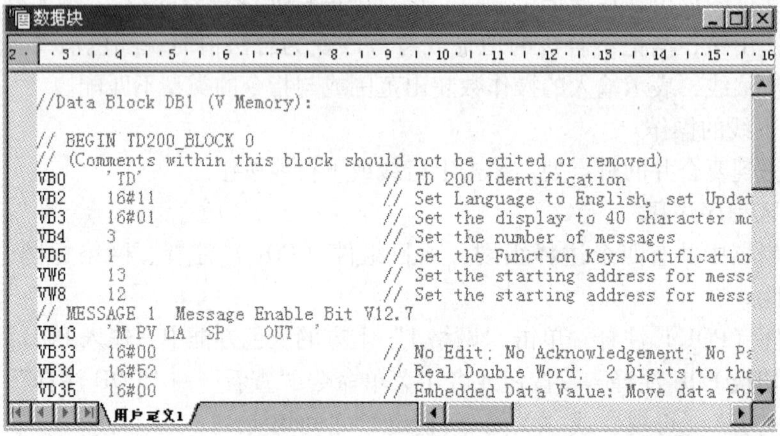

图 2-22　数据块

数据块的第一行必须包含一个明确地址，以后的行可包含明确或隐含地址。在单地址后键入多个数据值或键入仅包含数据值的行时，由编辑器指定隐含地址。编辑器根据先前的地址分配及数据长度（字节、字或双字）指定适当的 V 内存数量。

数据块编辑器是一种自由格式文本编辑器，键入一行后，按〈ENTER〉键，数据块编辑器格式化行（对齐地址列、数据、注解；捕获 V 内存地址）并重新显示。数据块编辑器接受大小写字母并允许使用逗号、制表符或空格，作为地址和数据值之间的分隔符。

在数据块编辑器中使用"剪切"、"复制"和"粘贴"命令将数据块源文本送入或送出 STEP 7 – Micro/WIN。

数据块需要下载至 PLC 后才起作用。

2.4.3　符号表操作

1. 在符号表中符号赋值的方法

1）建立符号表：单击浏览条中的"符号表" 按钮。符号表如图 2-23 所示。

2）在"符号"列键入符号名（如：启动），最大符号长度为 23 个字符。注意：在给符号指定地址之前，该符号下有绿色波浪下划线。在给符号指定地址后，绿色波浪下划线自动消失。如果选择同时显示项目操作数的符号和地址，较长的符号名在 LAD、FBD 和 STL 程序编辑器窗口中被一个波浪号（~）截断。可将鼠标放在被截断的名称上，在工具提示中查看全名。

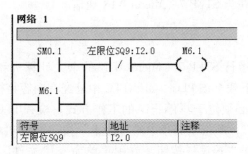

图 2-23　符号表

3）在"地址"列中键入地址（例如：I0.0）。

4）键入注解（此为可选项：最多允许 79 个字符）。

5）符号表建立后，使用菜单命令"查看"→"符号寻址"，直接地址将转换成符号表中对应的符号名。并且可通过菜单命令"工具"→"选项"→"程序编辑器"标签→"符号寻址"选项，来选择操作数显示的形式。如选择"显示符号和地址"则对应的梯形图如图 2-24 所示。

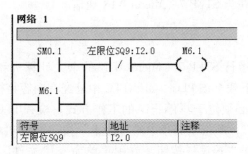

图 2-24　带符号表的梯形图

6）使用菜单命令"查看"→"符号信息表"，可选择符号表的显示与否。"检视"→"符号编址"，可选择是否将直接地址转换成对应的符号名。

在 STEP 7－Micro/WIN 中，可以建立多个符号表（SIMATIC 编程模式）或多个全局变量表（IEC 1131－3 编程模式）。但不允许将相同的字符串多次用作全局符号赋值，在单个符号表中和几个表内均不得如此。

2．在符号表中插入行

使用下列方法之一在符号表中插入行：菜单命令"编辑"→"插入"→"行"：将在符号表光标的当前位置上方插入新行。

用鼠标右键单击符号表中的一个单元格：选择弹出菜单中的命令"插入"→"行"。将在光标的当前位置上方插入新行。

若在符号表底部插入新行：将光标放在最后一行的任意一个单元格中，按"↓"键。

3．建立多个符号表

默认情况下，符号表窗口显示一个符号名称（USR1）的标签。可用下列方法建立多个符号表。

从"指令树"用鼠标右键单击"符号表"文件夹，在弹出菜单命令中选择"插入符号表"。

打开符号表窗口，使用"编辑"菜单，或用鼠标右键单击，在弹出菜单中选择"插入"→"表格"。

插入新符号表后，新的符号表标签会出现在符号表窗口的底部。在打开符号表时，要选择正确的标签。双击或鼠标右键单击标签，可为标签重新命名。

2.4.4 通信

1. 通信网络的配置

通过下面的方法测试通信网络：

1) 在 STEP 7 - Micro/WIN 中，单击浏览条中的"通信"图标，或用菜单命令"查看"→"组件"→"通信"。

2) 从"通信"对话框（如图 2-14 所示）的右侧窗格，单击显示"双击刷新"的蓝色文字。

如果建立了个人计算机与 PLC 之间的通信，则会显示一个设备列表。

STEP 7 - Micro/WIN 在同一时间仅与一个 PLC 通信，会在 PLC 周围显示一个红色方框，说明该 PLC 目前正在与 STEP 7 - Micro/WIN 通信。

2. 上载、下载

（1）下载

如果已经成功地在运行 STEP 7 - Micro/WIN 的个人计算机和 PLC 之间建立了通信，就可以将编译好的程序下载至该 PLC。如果 PLC 中已经有内容将被覆盖。下载步骤如下：

1) 下载之前，PLC 必须位于"停止"的工作方式。检查 PLC 上的工作方式指示灯，如果 PLC 没有在"停止"，单击工具条中的"停止"按钮，将 PLC 至于停止方式。

2) 单击工具条中的"下载"按钮，或用菜单命令"文件"→"下载"。出现"下载"对话框。

3) 根据默认值，在初次发出下载命令时，"程序代码块"、"数据块"和"CPU 配置"（系统块）复选框都被选中。如果不需要下载某个块，可以清除该复选框。

4) 单击"确定"按钮，开始下载程序。如果下载成功，将出现一个确认框会显示以下信息：下载成功。

5) 如果 STEP 7 - Micro/WIN 中的 CPU 类型与实际的 PLC 不匹配，会显示以下警告信息："为项目所选的 PLC 类型与远程 PLC 类型不匹配。继续下载吗?"

6) 此时应纠正 PLC 类型选项，选择"否"，终止下载程序。

7) 用菜单命令"PLC"→"类型"，调出"PLC 类型"对话框。单击"读取 PLC"按钮，由 STEP 7 - Micro/WIN 自动读取正确的数值。单击"确定"按钮，确认 PLC 类型。

8) 单击工具条中的"下载"按钮，重新开始下载程序，或用菜单命令"文件"→"下载"。

下载成功后，单击工具条中的"运行"按钮，或"PLC"→"运行"，PLC 进入 RUN（运行）工作方式。

（2）上载

用下面的方法从 PLC 将项目元件上载到 STEP 7 - Micro/WIN 32 程序编辑器：

1）单击"上载"按钮。

2）选择菜单命令"文件"→"上载"。

3）按快捷键组合〈Ctrl〉+〈U〉。

执行的步骤与下载基本相同，选择需要上载的块（程序块、数据块或系统块），单击"上载"按钮，上载的程序将从 PLC 复制到当前打开的项目中，随后即可保存上载的程序。

2.4.5　程序的调试与监控

在运行 STEP 7 – Micro/WIN 编程设备和 PLC 之间建立通信并向 PLC 下载程序后，便可运行程序，收集状态进行监控和调试程序。

1. 选择工作方式

PLC 有运行和停止两种工作方式。在不同的工作方式下，PLC 进行调试的操作方法不同。单击工具栏中的"运行"按钮▶或"停止"按钮▪可以进入相应的工作方式。

（1）选择 STOP 工作方式

在 STOP（停止）工作方式中，可以创建和编辑程序，PLC 处于半空闲状态：停止用户程序执行；执行输入更新；用户中断条件被禁用。PLC 操作系统继续监控 PLC，将状态数据传递给 STEP 7 – Micro/WIN，并执行所有的"强制"或"取消强制"命令。当 PLC 位于 STOP（停止）工作方式可以进行下列操作：

1）使用状态图或程序状态检视操作数的当前值（因为程序未执行，这一步骤等同于执行"单次读取"）。

2）可以使用图状态或程序状态强制数值。使用图状态写入数值。

3）写入或强制输出。

4）执行有限次扫描，并通过状态图或程序状态观察结果。

（2）选择运行工作方式

当 PLC 位于 RUN（运行）工作方式时，不能使用"首次扫描"或"多次扫描"功能。可以在状态图表中写入和强制数值，或使用 LAD 或 FBD 程序编辑器强制数值，方法与在 STOP（停止）工作方式中强制数值相同。还可以执行下列操作（不能在 STOP 工作方式使用）：

1）使用图状态收集 PLC 数据值的连续更新。如果希望使用单次更新，图状态必须关闭，才能使用"单次读取"命令。

2）使用程序状态收集 PLC 数据值的连续更新。

3）使用 RUN 工作方式中的"程序编辑"编辑程序，并将改动下载至 PLC。

2. 程序状态显示

当程序下载至 PLC 后，可以用"程序状态"功能操作和测试程序网络。

（1）启动程序状态

在程序编辑器窗口，显示希望测试的程序部分和网络。PLC 置于 RUN 工作方式，启动程序状态监控改动 PLC 数据值。方法如下：

单击"程序状态打开/关闭"按钮圈或用菜单命令"调试"→"程序状态"，在梯形图中显示出各元件的状态。在进入"程序状态"的梯形图中，用彩色块表示位操作数的线圈得电或触点闭合状态。如：┤■├表示触点闭合状态，┤(■)├表示位操作数的线圈得电。

在菜单命令"工具"→"选项"打开的窗口中，可选择设置梯形图中功能块的大小、显示的方式和彩色块的颜色等。

运行中的梯形图内的各元件的状态将随着程序执行的过程连续更新变换。

（2）用程序状态模拟进程条件（读取、强制、取消强制和全部取消强制）

通过在程序状态中从程序编辑器向操作数写入或强制新数值的方法，可以模拟进程条件。单击"程序状态"按钮，开始监控数据状态，并启用调试工具。

1）写入操作数：直接单击操作数（不要单击指令），然后用鼠标右键直接单击操作数，并从弹出菜单选择"写入"。

2）强制单个操作数：直接单击操作数（不是指令），然后从"调试"工具条单击"强制"图标。

直接用鼠标右键单击操作数（不是指令），并从弹出菜单选择"强制"。

3）单个操作数取消强制：直接单击操作数（不是指令），然后从"调试"工具条单击"取消强制"图标。

直接用鼠标右键单击操作数（不是指令），并从弹出菜单选择"取消强制"。

4）全部强制数值取消强制：从"调试"工具条单击"全部取消强制"图标。

强制数据用于立即读取或立即写入指令指定 I/O 点，CPU 进入 STOP 状态时，输出将为强制数值，而不是系统块中设置的数值。

（3）识别强制图标

被强制的数据处将显示一个图标。

1）黄色锁定图标表示显示强制：即该数值已经被"明确"或直接强制为当前正在显示的数值。

2）灰色隐去锁定图标表示隐式：该数值已经被"隐含"强制，即不对地址进行直接强制，但内存区落入另一个被明确强制的较大区域中。例如，如果 VW0 被显示强制，则 VB0 和 VB1 被隐含强制，因为它们包含在 VW0 中。

3）半块图标表示部分强制。例如，VB1 被明确强制，则 VW0 被部分强制，因为其中的一个字节 VB1 被强制。

3. 状态图显示

可以建立一个或多个状态图，用来监管和调试程序操作。打开状态图可以观察或编辑图的内容，启动状态图可以收集状态信息。

（1）打开状态图

用以下方法可以打开状态图：

1）单击浏览条上的"状态图"按钮。

2）使用菜单命令"检视"→"元件"→"状态图"。

3）打开指令树中的"状态图"文件夹，然后双击"图"图标。

如果在项目中有多个状态图，使用"状态图"窗口底部的"图"标签，可在状态图之间移动。

（2）状态图的创建和编辑

1）建立状态图。如果打开一个空状态图，可以输入地址或定义符号名，从程序监管或修改数值。按以下步骤定义状态图，如图2-25所示。

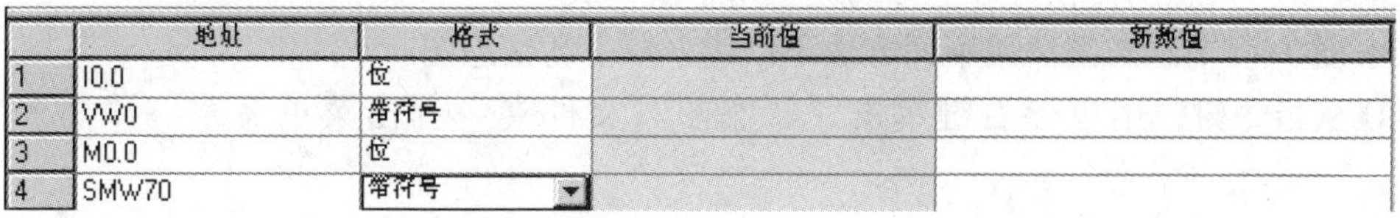

	地址	格式	当前值	新数值
1	I0.0	位		
2	VW0	带符号		
3	M0.0	位		
4	SMW70	带符号 ▼		

图2-25　状态图举例

在"地址"列输入存储器的地址（或符号名）。

在"格式"列选择数值的显示方式。如果操作数是位（例如，I、Q或M），格式中被设为位。如果操作数是字节、字或双字，选中"格式"列中的单元格，并双击或按"空格"键或"ENTER"键，浏览有效格式并选择适当的格式。定时器或计数器数值可以显示为位或字。如果将定时器或计数器地址格式设置为位，则会显示输出状态（输出打开或关闭）。如果将定时器或计数器地址格式设置为字，则使用当前值。

还可以按下面的方法更快地建立状态图，如图2-26所示。

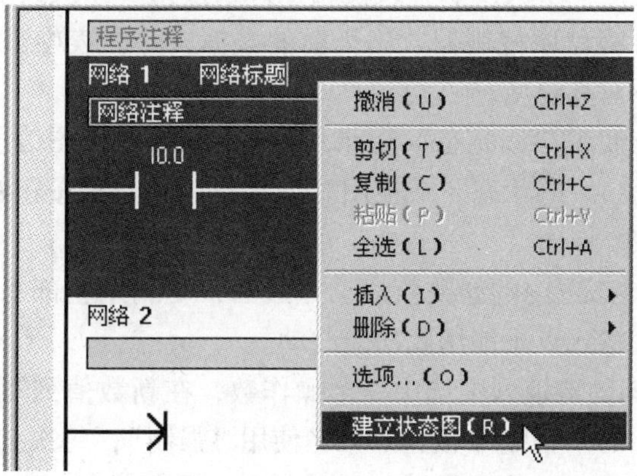

图2-26　选中程序代码建立状态图

选中程序代码的一部分，单击鼠标右键→弹出菜单→"建立状态图"。新状态图包含选中程序中每个操作数的一个条目。条目按照其在程序中出现的顺序排列，状态图有一个默认名称。新状态图被增加在状态图编辑器中的最后一个标记之后。

每次选择建立状态图时，只能增加头150个地址。一个项目最多可存储32个状态图。

2）编辑状态图。在状态图修改过程中，可采用下列方法：

插入新行：使用"编辑"菜单或用鼠标右键单击状态图中的一个单元格，从弹出菜单中选择"插入"→"行"。新行被插入在状态图中光标当前位置的上方。还可以将光标放在最后一行的任何一个单元格中，并按下箭头键，在状态图底部插入一行。

删除一个单元格或行：选中单元格或行，用鼠标右键单击，从弹出菜单命令中选择"删除"→"选项"。如果删除一行，其后的行（如果有）则向上移动一行。

选择一整行（用于剪切或复制）：单击行号。

选择整个状态图：在行号上方的左上角单击一次。

3）建立多个状态图。用下面方法可以建立一个新状态图：

① 从指令树，用鼠标右键单击"状态图"文件夹→弹出菜单命令→"插入"→"图"。

② 打开状态图窗口，使用"编辑"菜单或用鼠标右键单击，在弹出菜单中选择"插入"→"图"。

（3）状态图的启动与监视

1）状态图启动和关闭。开启状态图连续收集状态图信息，用下面的方法：

菜单命令"调试"→"图状态"或使用工具条按钮"图状态" 。再操作一次可关闭状态图。

状态图启动后，便不能再编辑状态图。

2）单次读取与连续图状态。状态图被关闭时（未启动），可以使用"单次读取"功能，方法如下：

菜单命令"调试"→"单次读取"或使用工具条按钮"单次读取" 60°。

单次读取可以从可编程序控制器收集当前的数据，并在表中当前值列显示出来，且在执行用户程序时并不对其更新。

状态图被启动后，使用"图状态"功能，将连续收集状态图信息。

菜单命令"调试"→"图状态"或使用"图状态"工具条按钮。

3）写入与强制数值。

① 全部写入：对状态图内的新数值改动完成后，可利用全部写入将所有改动传送至可编程序控制器。物理输入点不能用此功能改动。

② 强制：在状态图的地址列中选中一个操作数，在新数值列写入模拟实际条件的数值，然后单击工具条中的"强制"按钮。一旦使用"强制"，每次扫描都会将强制数值应用于该地址，直至对该地址"取消强制"。

③ 取消强制：和"程序状态"的操作方法相同。

第 3 章

西门子 S7 – 200 PLC 基本控制功能及典型应用

本章知识要点：

(1) 梯形图、语句表、顺序功能流程图、功能块图等常用设计语言的简介

(2) 基本位逻辑指令的应用和典型实例

(3) 定时器指令、计数器指令的功能、应用及典型实例

(4) 比较指令的功能和典型实例

(5) 程序控制类指令的功能、应用及典型实例

3.1 可编程序控制器程序设计语言

现代 PLC 一般具有多种编程语言可供选择，常见的有梯形图、助记符、布尔表达式、功能图、功能表图及高级语言等几种。

梯形图和语句表是基本程序设计语言，它通常由一系列指令组成，用这些指令可以完成大多数简单的控制功能，例如，代替继电器、计数器及计时器完成顺序控制和逻辑控制等，通过扩展或增强指令集，它们也能执行其他的基本操作。

S7 – 200 系列 PLC 使用 STEP 7 – Micro/Win 编程软件，该软件支持 SIMATIC 和 IEC1131 – 3 两种基本类型的指令集，SIMATIC 是 PLC 专用的指令集，执行速度快，可使用梯形图、语句表、功能块图编程语言。IEC1131 – 3 是可编程序控制器编程语言标准，IEC1131 – 3 指令集中指令较少，只能使用梯形图和功能块图两种编程语言。SIMATIC 指令集的某些指令不是 IEC1131 – 3 中的标准指令。SIMATIC 指令和 IEC1131 – 3 中的标准指令系统并不兼容。下面将重点介绍 SIMATIC 指令。

3.1.1 梯形图

梯形图编程语言是由原继电器控制系统演变而来的，与电气逻辑控制原理图非常相似。在工业过程控制领域，电气技术人员对继电器逻辑控制技术较为熟悉，因此，由这种逻辑控制技术发展而来的梯形图受到了欢迎，并得到了广泛的应用。梯形图与操作原理图相对应，具有直观性和对应性；与原有的继电器逻辑控制技术的不同点是，梯形图

中的能流不是实际意义的电流，内部的继电器也不是实际存在的继电器，因此，应用时，需与原有继电器逻辑控制技术的有关概念区别对待。梯形图是 PLC 的主要编程语言，绝大多数 PLC（特别是中、小型 PLC）均具有这种编程语言，只是一些符号的规定有所不同而已。梯形图指令有以下 3 个基本形式：

1. 触点

触点符号代表输入条件，如外部开关、按钮及内部条件等，触点符号有常开触点⊣⊢和常闭触点⊣/⊢。CPU 运行扫描到触点符号时，到触点位指定的存储器位访问（即 CPU 对存储器的读操作）。该位数据（状态）为 1 时，表示"能流"能通过。计算机读操作的次数不受限制，用户梯形图中，常开触点和常闭触点可以使用无数次。

2. 线圈

线圈表示输出结果，通过输出接口电路来控制外部的指示灯、接触器等及内部的输出条件等。线圈左侧接点组成的逻辑运算结果为 1 时，"能流"可以达到线圈，使线圈得电动作，CPU 将线圈的位地址指定的存储器的位置位为 1，逻辑运算结果为 0，线圈不通电，存储器的位置 0。即线圈代表 CPU 对存储器的写操作。PLC 采用循环扫描的工作方式，所以在梯形图中，每个线圈只能使用一次。

3. 指令盒

指令盒代表一些较复杂的功能。如定时器、计数器或数学运算指令等。当"能流"通过指令盒时，执行指令盒所代表的功能。

梯形图按照逻辑关系可分成网络段，分段只是为了阅读和调试方便。梯形图示例如图 3-1a 所示。

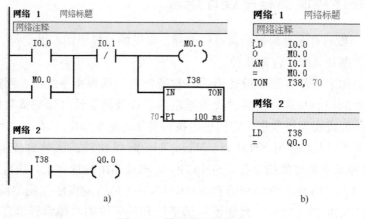

图 3-1　梯形图和语句表

3.1.2　助记符

助记符也称语句表，它是用布尔助记符来描述程序的一种程序设计语言，与计算机的汇编语言很相似，但比汇编语言简单得多。

助记符程序设计语言具有下列特点：

① 采用助记符来表示操作功能，具有容易记忆、便于掌握的特点。

② 在编程器的键盘上采用助记符表示，具有便于操作的特点，可在无计算机的场合

进行编程设计。

③ 用编程软件可以将语句表和梯形图相互转换，如图 3-1a 所示的梯形图转换为如图 3-1b 所示的助记符程序。

助记符是用若干个容易记忆的字符来代表 PLC 的某种操作功能。各 PLC 生产厂家使用的助记符不尽相同，表 3-1 列出了 5 种 PLC 的常见指令符号。

表 3-1　PLC 常见指令符号

功能或逻辑运算		OMRON C 系列	三菱 K 系列	西门子 S5 系列	GE - 1	西　屋
起点	常开触点	LD	LD	A	STR	RD
	常闭触点	LD NOT	LDI	AN	STR NOT	RD NOT
与		AND	AND	U	AND	AND
与非		AND NOT	ANI	UN	AND NOT	AND NOT
或		OR	OR	O	OR	OR
或非		OR NOT	ORI	ON	OR NOT	OR NOT
输出		OUT	OUT	=	OUT	WR
与括弧		AND LD	ANB	A（）	AND STR	AND MEM
或括弧		OR LD	ORB	O（）	OR STR	OR MEM
主控		ILC	MC	MCR	MCS	WR MCR
取消主控		ILC	MCK	MCR（E）	MCR	WR NOT MCR

3.1.3　布尔表达式

布尔表达式是一种找出输入量、辅助量（内部元件）以及输出量之间的关系，用布尔表达式或逻辑方程表达出来的编程方法。现今有少部分 PLC 采用这种编程方法，它配有专用的布尔表达式编程器。

布尔表达式编程法也是一种较好的编程方法，若没有专用编程器，采用此法先找出系统的布尔表达式组，然后再转换成梯形图编程。

3.1.4　顺序功能流程图

顺序功能流程图程序设计是近年来发展起来的一种程序设计。采用顺序功能流程图的描述，控制系统被分为若干个子系统，从功能入手，使系统的操作具有明确的含义，便于设计人员和操作人员设计思想的沟通，便于程序的分工设计和检查调试。顺序功能流程图的主要元素是步、转换、转换条件和动作，如图 3-2 所示。顺序功能流程图程序设计的特点是：

① 以功能为主线，条理清楚，便于对程序操作的理解和沟通。

② 对大型的程序可分工设计，采用较为灵活的程序结构，可节省程序设计时间和调试时间。

③ 常用于系统的规模较大、程序关系较复杂的场合。

④ 只有在活动步的命令和操作被执行后，才对活动步后的

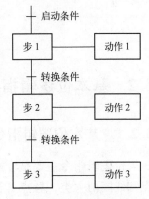

图 3-2　顺序功能图

转换进行扫描，因此，整个程序的扫描时间要大大缩短。

功能表图在 PLC 编程过程中有 2 种用法：

① 直接根据功能表图的原理设计 PLC 程序，编程主要通过 CRT 终端，直接使用功能表图输入控制要求。这种 PLC 的工作原理已不像小型机那样，程序从头到尾循环扫描，而只扫描那些与当前状态有关的条件，从而大大减少了扫描时间，提高了 PLC 的运行速度。目前已有此类产品，如 GE 公司（美）、西门子公司（德）、Telemecanique 公司（法）、富士 FACOM 公司（日）等，多数在大、中型 PLC 上应用。

② 用功能表图描述 PLC 所要完成的控制功能（即作为工艺说明语言使用），然后再据此利用具有一定规则的技巧画出梯形图。这种用法，因为有功能表图易学易懂、描述简单清楚、设计时间少等优点，已经成为用梯形图设计程序的一种前置手段，是当前 PLC 梯形图设计的主要方法，也是一种先进的设计方法。

3.1.5　功能块图程序设计

功能块图是一种建立在布尔表达式之上的图形语言。实质上是一种将逻辑表达式用类似于"与"、"或"、"非"等逻辑电路结构图表达出来的图形编程语言，有数字电路基础的人很容易掌握。这种编程语言及专用编程器也只有少量 PLC 机型采用。例如西门子公司的 S7系列 PLC 采用 STEP 编程语言，就有功能块图编程法。用 STEP 7 - Micro/Win 编程软件将图 3-1 所示的梯形图转换为 FBD 程序，如图 3-3 所示。方框的左侧为逻辑运算的输入变量，右侧为输出变量，输入输出端的小圆圈表示"非"运算，信号自左向右流动。

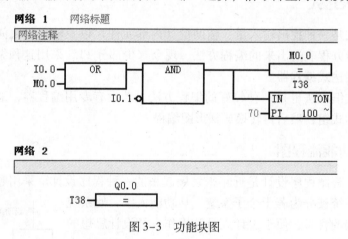

图 3-3　功能块图

3.2　基本位逻辑指令与应用

3.2.1　基本位逻辑指令

位逻辑指令主要是位操作及运算指令，也是 PLC 常用的基本指令，梯形图指令有触点和线圈两大类，触点又分常开触点和常闭触点两种形式；语句表指令有与、或以及输出等逻辑关系，位操作指令能够实现基本的位逻辑运算和控制。

1. 逻辑取（装载）及线圈驱动指令

（1）指令功能

LD（load）：常开触点逻辑运算的开始。对应梯形图则为在左侧母线或线路分支点处初始装载一个常开触点。

LDN（load not）：常闭触点逻辑运算的开始（即对操作数的状态取反），对应梯形图则为在左侧母线或线路分支点处初始装载一个常闭触点。

＝（OUT）：输出指令，对应梯形图则为线圈驱动，可用于继电器、辅助继电器、定时器和计数器等。对同一元件只能使用一次。

（2）指令格式

指令格式如图 3-4 所示，右边为指令，左边为对应的梯形图。

（3）使用说明

在使用逻辑取指令过程中需要注意：触点代表 CPU 对存储器的读操作，常开触点和存储器的位状态一致，常闭触点和存储器的位状态相反。存储器 I0.0 的状态为 1，则对应的常开触点 I0.0 接通，表示能流可以通过；而对应的常闭触点 I0.0 断开，表示能流不能通过。存储器 I0.0 的状态为 0，则对应的常开触点 I0.0 断开，表示能流不能通过；而对应的常闭触点 I0.0 接通，表示能流可以通过。用户程序中同一触点可使用无数次。LD、LDN 指令用于与输入公共母线（输入母线）相连的接点，也可与 OLD、ALD 指令配合使用于分支回路的开头。LD/LDN 的指令用于 I、Q、M、SM、T、C、V、S。

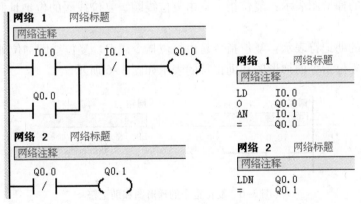

图 3-4　LD/LDN 和 OUT 指令格式

在使用线圈驱动指令过程中需要注意：线圈代表 CPU 对存储器的写操作，若线圈左侧的逻辑运算结果为"1"，表示能流能够达到线圈，CPU 将该线圈所对应的存储器的位置位为"1"，若线圈左侧的逻辑运算结果为"0"，表示能流不能够达到线圈，CPU 将该线圈所对应的存储器的位写入"0"用户程序中。线圈驱动指令用于 Q、M、SM、T、C、V、S。但不能用于输入映像寄存器 I。输出端不带负载时，控制线圈应尽量使用 M 或其他，而不用 Q。线圈驱动可以并联使用任意次，但不能串联。

2. 置位/复位指令 S/R

（1）置位指令

置位指令的梯形图表示：置位指令是由置位线圈、置位线圈的位地址和置位线圈数目 n 构成的。

置位指令的助记符表示：置位指令是由置位指令码 S、置位线圈的位地址和置位线圈数目 n 构成的。置位指令的梯形图和助记符的表示如图 3-5 所示。

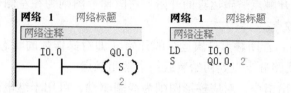

图 3-5　置位指令的梯形图和助记符

置位指令的功能：使能输入有效后，从起始位 S - bit 开始的 N 个位置 "1" 并保持。当置位信号（图中为 I0.0）为 1 时，被置位线圈（图中为 Q0.0 和 Q0.1）置 1。当置位信号变为 0 以后，被置位位的状态可以保持，直到使其复位信号的到来。

置位指令的注意问题：在执行置位指令时，应当注意被置位的线圈数目是从指令中指定的位元件开始共有 n 个。图 3-5 中，若 n = 2，被置位的线圈为 Q0.0 和 Q0.1。

操作数范围：

- 置位线圈 bit：I、Q、M、SM、T、C、V、S、L（位）。
- 置位线圈数目 n：VB、IB、QB、MB、SB、LB、AC、常数、* VD、* AC、* LD。

（2）复位指令

复位指令的梯形图表示：复位指令是由复位线圈、复位线圈的位地址和复位线圈数 n 构成的。

复位指令的助记符表示：复位指令是由复位指令码 R、复位线圈的位地址和复位线圈数 n 构成的。复位指令的梯形图和助记符的表示如图 3-6 所示。

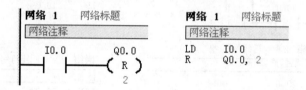

图 3-6　复位指令的梯形图和助记符

复位指令的功能：使能输入有效后从起始位 S - bit 开始的 N 个位清 "0" 并保持。当复位信号（图中为 I0.0）为 1 时，被复位位（图中为 Q0.0 和 Q0.1）置 0。当复位信号变为 0 以后，被复位位的状态可以保持，直到使其置位信号的到来。

复位指令的注意问题：在执行复位指令时，应当注意被复位的线圈数目是从指令中指定的位元件开始共有 n 个。图 3-6 中，若 n = 2，被复位的线圈为 Q0.0 和 Q0.1。

操作数范围：

- 复位线圈 bit：I、Q、M、SM、T、C、V、S、L（位）。
- 复位线圈数目 n：VB、IB、QB、MB、SB、LB、AC、常数、* VD、* AC、* LD

（3）置位、复位指令应用举例

置位、复位指令梯形图、助记符和时序图如图 3-7 所示。

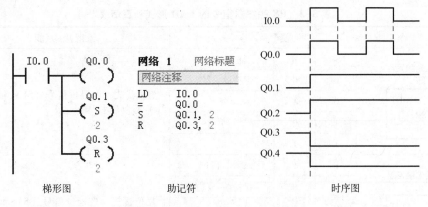

图 3-7　置位、复位指令应用举例

当 I0.0 常开触点接通，Q0.0 置 1 但不保持，Q0.1 和 Q0.2 置 1 并保持，Q0.3 和 Q0.4 置 0。

3. 脉冲生成指令 EU/ED

（1）指令功能

EU 指令（上升沿）：在 EU 指令前的逻辑运算结果有一个上升沿时（由 OFF→ON）产生一个宽度为一个扫描周期的脉冲，这个脉冲可以用来启动后面的输出线圈、启动下一个控制程序、启动一个运算过程、结束一段控制等。产生脉冲只存在一个扫描周期，接受这一脉冲控制的元件应写在这一脉冲出现的语句之后。

ED 指令（下降沿）：在 ED 指令前有一个下降沿时产生一个宽度为一个扫描周期的脉冲，这个脉冲可以像 EU 指令一样，用来启动其后线圈、启动下一个控制程序、启动一个运算过程、结束一段控制等。下降沿脉冲只存在一个扫描周期，接受这一脉冲控制的元件应写在这一脉冲出现的语句之后。

（2）指令格式指令格式见表 3-2。

表 3-2　EU/ED 指令格式

STL	LAD	操 作 数
EU（Edge Up）	─┤P├─	无
ED（Edge Down）	─┤N├─	无

4. RS 触发器指令

RS 触发器指令分为置位优先触发器指令 SR 和复位优先触发器指令 RS 两种。

置位优先触发器是一个置位优先的锁存器。当置位信号（S1）和复位信号（R）都为真时，输出为"1"。

复位优先触发器是一个复位优先的锁存器。当置位信号（S）和复位信号（R1）都为真时，输出为"0"。

RS 触发器指令的 LAD 形式和真值表见表 3-3，bit 参数用于指定被置位或者被复位的 BOOL 参数。

表3-3　RS触发器指令的LAD形式和真值表

指　令	真　值　表			指　令　功　能
置位优先触发器 bit S1　OUT SR R	S1	R	输出（bit）	置位优先，当置位信号（S1）和复位信号（R）都为1时，输出为1
	0	0	保持前一状态	
	0	1	0	
	1	0	1	
	1	1	1	
复位优先触发器 bit S1　OUT SR R	S	1	输出（bit）	复位优先，当置位信号（S）和复位信号（R1）都为1时，输出为0
	0	0	保持前一状态	
	0	1	0	
	1	0	1	
	1	1	0	

RS触发器指令用法如图3-8所示。

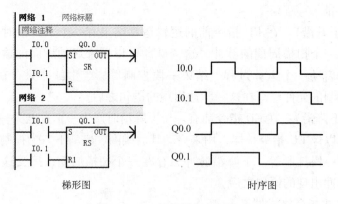

梯形图　　　　　　　时序图

图3-8　RS触发器指令用法

3.2.2　基本位逻辑指令典型实例

1. 电动机起停控制电路

电动机起停电气控制电路如图3-9所示，合上电源开关QS，引入电源，按下起动按钮SB2，KM线圈通电，常开主触点闭合，电动机接通电源起动。同时，与起动按钮并联的接触器开触点也闭合，当松开SB2时，KM线圈通过其本身常开辅助触点继续保持通电，从而保证了电动机连续运转。当需电动机停止时，可按下停止按钮SB1，切断KM线圈电路，KM常开主触点与辅助触点均断开，切断电动机电源电路和控制电路，电动机停止运转。

采用PLC进行电动机的控制，主电路与传统继电接触器控制的主电路一样，不同的是控制电路。由于采用PLC，用户只需将输入设备（如起动按钮SB2和停止按钮SB1）接到PLC的输入端口，再接上电源；输出设备（即被控对象如接触器KM的线圈）接到PLC的输出端口，再接上电源，电动机启停PLC控制接线图如图3-10所示。

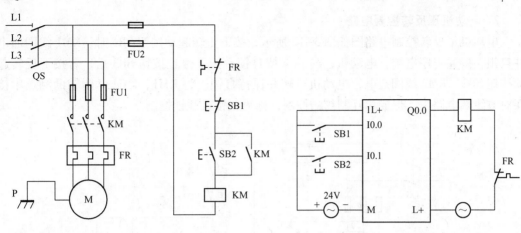

图 3-9　电动机起停电气控制电路　　　　图 3-10　PLC 控制硬件接线图

（1）I/O 分配表

在进行接线盒编程前，首先要确定输入/输出设备与 PLC 的 I/O 口的对应关系问题，即要进行 I/O 分配工作。具体讲，就是将每一个输入设备对应一个 PLC 的输入点，将每一个输出设备对应一个 PLC 的输出点。为了绘制 PLC 接线图和编写梯形图，I/O 分配后应形成一张 I/O 分配表，明确表示有哪些输入/输出设备，它们各起什么作用，对应的是 PLC 的哪些点，电动机起停控制的 I/O 分配表见表 3-4。

表 3-4　电动机起停控制的 I/O 分配表

输　　入			输　　出		
功能	元件	地址	功能	元件	地址
停止	SB1	I0.0	接触器	KM	Q0.0
起动	SB2	I0.1			

（2）PLC 接线图

电动机起停 PLC 控制接线图如图 3-10 所示。输入设备接入 PLC 的方法比较简单，即将两端输入设备的一个输入点接到指定的 PLC 输入端口上，另一个输入点接到 PLC 的公共端上。输出设备接线方法相同，主要应根据输出设备的工作特性（如工作电压的类型和数值）做好分组工作，同时应将电源接入电路中。

（3）编写梯形图

PLC 梯形图主要是根据输入设备的信息（通与断信号）按照控制要求形成驱动输出设备的信号，控制被控对象。电动机起停 PLC 控制是典型的起保停控制电路，其梯形图如图 3-11 所示。当按下起动按钮 SB2，I0.1 接通，Q0.0 得电并自锁，同时 KM 得电，电动机 M 起动；当按下停止按钮 SB1，I0.0 常闭断开，KM 断电，电动机 M 断电。在这里需要注意的是，如果 SB1 采用的是常闭触点，则 I0.0 就应该采用常开触点。

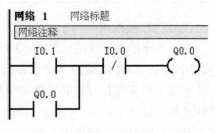

图 3-11　梯形图

2. 电动机正反转控制电路

电动机正反转控制电路图如图 3－12 所示，按下正转起动按钮 SB1 时，KM1 线圈通电并自锁，接通正序电源，电动机正转并保持自锁；按下停止按钮 SB3 后，若按下反转起动按钮 SB2，KM2 线圈通电，电动机反转并保持自锁。将 KM1、KM2 常闭辅助触点串接在对方线圈电路中，形成相互制约的控制，称为互锁或联锁控制。

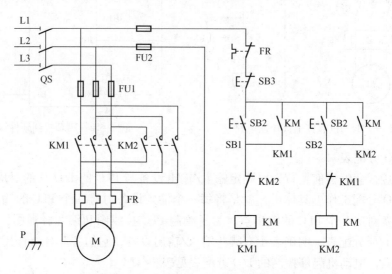

图 3－12　电动机正反转电气控制电路

（1）I/O 分配表

电动机正反转控制电路有两个起动按钮，一个停止按钮，需要 3 个输入点；有 KM1 和 KM2 控制电动机正反转，需要 2 个输出点，其 I/O 分配表见表 3－5。

表 3－5　电动机正反转控制的 I/O 分配表

输　　　入			输　　　出		
功能	元件	地址	功能	元件	地址
正转起动	SB1	I0.0	接触器	KM1	Q0.0
反转起动	SB2	I0.1	接触器	KM2	Q0.1
停止	SB3	I0.2			

（2）PLC 接线图

PLC 外部硬件接线图如图 3－13 所示，外部硬件输出电路中 KM1 的线圈串接了 KM2 的常闭触点，KM2 的线圈串接了 KM1 的常闭触点，形成相互制约的互锁控制。常有工程师认为这里的互锁是没有必要的，因为可以通过内部软件继电器实现互锁，但是 PLC 内部软件继电器互锁相差一个扫描周期。如 Q0.0 虽然断开了，可能会出现 KM1 的触点还未断开，在没有外部硬件的互锁情况下，KM2 的触点有可能接通，这样会引起主电路短路。因此不仅要有软继电器互锁，还要在外部硬件输出电路中进行互锁，这就是常说的"软硬件双重互锁"。硬件进行互锁，还能避免因接触器 KM1 和 KM2 的主触点熔焊而引起的主电路短路。

（3）编写梯形图

编写正反转 PLC 控制梯形图有多种方法，其中一种是直接采用启保停基本电路实现，梯形图如图 3-14 所示；另一种是采用"置位/复位"指令，其梯形图如图 3-15 所示。

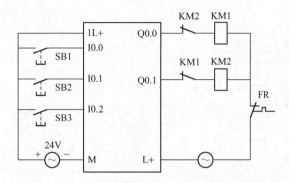

图 3-13　电动机正反转 PLC 控制硬件接线图

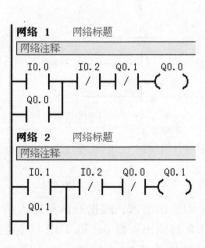

图 3-14　起保停基本方法梯形图

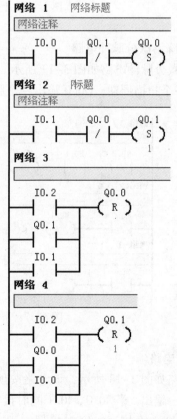

图 3-15　"置位/复位"指令梯形图

3. 微分脉冲电路

（1）上升沿微分脉冲电路

上升沿微分脉冲电路如图 3-16 所示。PLC 是以循环扫描方式工作的，PLC 第一次扫描时，输入 I0.0 由 OFF→ON 时，M0.0、M0.1 线圈接通，Q0.0 线圈接通。在第一个扫描周期中，第一行的 M0.1 的常闭接点保持接通，因为扫描该行时，M0.1 线圈的状态为断开。在一个扫描周期其状态只刷新一次。等到 PLC 第二次扫描时，M0.1 的线圈为接通状态，其对应的 M0.1 常闭接点断开，M0.0 线圈断开，Q0.0 线圈断开，所以 Q0.0 接通时间为一个扫描周期。

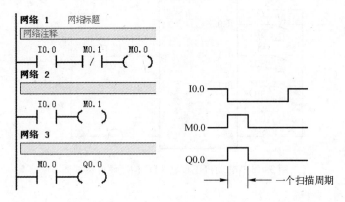

图 3-16　上升沿微分脉冲电路

（2）下降沿微分脉冲电路

下降沿微分脉冲电路如图 3-17 所示。PLC 第一次扫描时，输入 I0.0 由 ON→OFF 时，M0.0 接通一个扫描周期，Q0.0 输出一个脉冲。

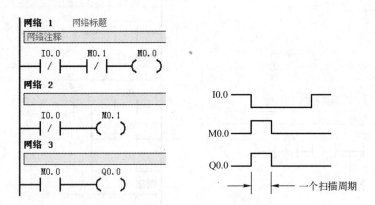

图 3-17　下降沿微分脉冲电路

4. 比较电路

比较电路如图 3-18 所示，该电路按预先设定的输出要求，根据对两个输入信号的比较，决定某一输出。若 I0.0、I0.1 同时接通，Q0.0 有输出；I0.0、I0.1 均不接通，Q0.1 有输出；若 I0.0 不接通，I0.1 接通，则 Q0.2 有输出；若 I0.0 接通，I0.1 不接通，则 Q0.3 有输出。

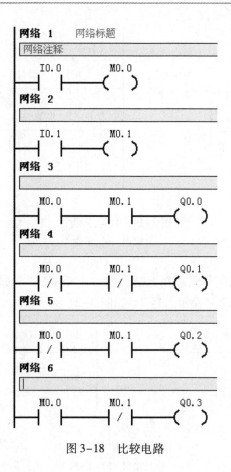

图 3-18　比较电路

3.2.3　编程注意事项及编程技巧

1. 梯形图语言中的语法规定

梯形图作为一种编程语言，绘制时应当有一定的规定。另一方面，可编程序控制器的基本指令具有有限的数量，也就是说，只有有限的编程元件的符号组合可以为指令表达。不能为指令表达的梯形图从编程语法上来说就是不正确的，尽管这些"不正确的"梯形图有时能正确地表达某些正确的逻辑关系。为此，在编辑梯形图时，要注意以下几点：

① 梯形图的各种符号，要以左母线为起点，右母线为终点（有些 PLC 系统无母线），从左向右分行绘出。每一行的开始是触点群组成的"工作条件"，最右边是线圈表达的"工作结果"。一行写完，自上而下依次再写下一行。

② 触点应画在水平线上，不能画在垂直分支线上。如图 3-19a 所示，像图中触点 3 被画在垂直线上，便很难正确识别它与其他触点的关系，也难于判断通过触点 3 对输出线圈的控制方向。因此，应根据自左至右、自上而下的原则和对输出线圈 Q0.0 的几种可能控制路径画成如图 3-19b 所示的形式。

③ 不包含触点的分支应放在垂直方向上，不可放在水平位置，以便于识别触点的组合和对输出线圈的控制路径。

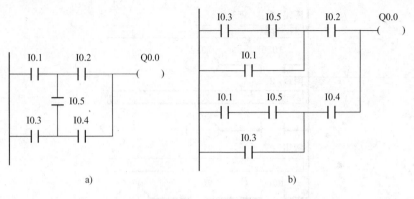

图 3-19　梯形图程序
a）错误　b）正确

④ 串联触点多的支路应尽量放在上部，即"上重下轻"，如图 3-20 所示；并联触点多的支路应靠近左母线，即"左重右轻"，如图 3-21 所示。

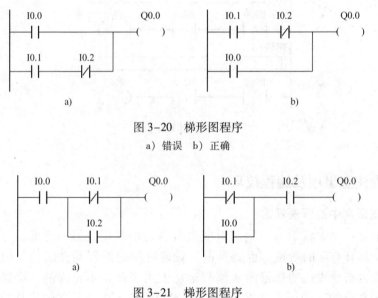

图 3-20　梯形图程序
a）错误　b）正确

图 3-21　梯形图程序
a）错误　b）正确

⑤ 对于用 ALD、OLD 等指令难以编程的复杂电路，可重复使用一些触点画出其等效电路，然后再进行编程，如图 3-22 所示。

2. 编写梯形图注意事项

在梯形图中，线圈前边的触点代表线圈输出的条件，线圈代表输出。在编写梯形图的过程中应注意以下事项：

① 在同一程序中，某个线圈的输出条件可以非常复杂，但却应是唯一且集中表达的。由 PLC 的操作系统引出的梯形图编绘法则规定，某一线圈在梯形图中只能出现一次。如果在同一程序中同一元件的线圈使用两次或多次，称为双线圈输出。可编程序控制器程序顺序扫描执行的原则规定，这种情况出现时，前面的输出无效，最后一次输出才是有

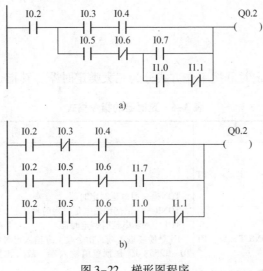

图 3-22　梯形图程序

a) 错误　b) 正确

效的。本事件的特例是：同一程序的两个绝不会同时执行的程序段中可以有相同的输出线圈。

② 触点不能放在线圈的右边；梯形图中不能出现输入继电器的线圈；同时，输出线圈不能串联，但可以并联。

③ 线圈不能直接与左母线相连。如果需要，可以通过特殊位存储器 SM0.0（该位始终为 1，当 PLC 运行时，SM0.0 自动处于接通状态，当 PLC 停止运行时，SM0.0 处于断开状态）来连接，如图 3-23 所示。

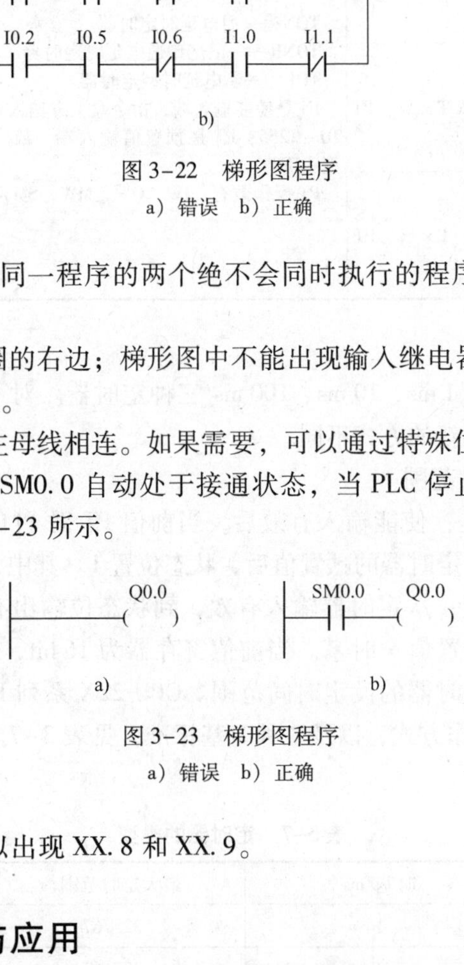

图 3-23　梯形图程序

a) 错误　b) 正确

④ 地址编号中不可以出现 XX.8 和 XX.9。

3.3　定时器指令与应用

S7 - 200 系列 PLC 的定时器是对内部时钟累计时间增量计时的。每个定时器均有一个 16 bit 的当前值寄存器用以存放当前值（16 位符号整数）；一个 16 bit 的预置值寄存器用以存放时间的设定值；还有一位状态位，反映其触点的状态。

定时器是 PLC 的重要元件，S7 - 200 PLC 共有三种定时器。定时器可分为接通延时定时器（TON）、断开延时定时器（TOF）和带有记忆接通延时定时器（TONR）。这些定时器分布于整个 T 区。

3.3.1 定时器指令

1. 工作方式

S7－200 系列 PLC 定时器按工作方式分为三大类定时器。其指令格式见表3-6。

表3-6 定时器的指令格式

LAD	STL	说　明
???? ─┤IN　TON├ ????─┤PT	TON　T××，PT	
???? ─┤IN　TONR├ ????─┤PT	TONR T××，PT	TON——通电延时定时器 TONR——记忆型通电延时定时器 TOF——断电延时型定时器 IN 是使能输入端，指令盒上方输入定时器的编号（T××），范围为 T0－T255；PT 是预置值输入端，最大预置值为 32767；PT 的数据类型：INT
???? ─┤IN　TOF├ ????─┤PT	TOF　T××，PT	PT 操作数有：IW，QW，MW，SMW，T，C，VW，SW，AC，常数

2. 时基

按时基脉冲分，则有 1 ms、10 ms、100 ms 三种定时器。对不同的时基标准，定时精度、定时范围和定时器刷新的方式不同。

（1）定时精度和定时范围

定时器的工作原理是：使能输入有效后，当前值 PT 对 PLC 内部的时基脉冲增 1 计数，当计数值大于或等于定时器的预置值后，状态位置 1。其中，最小计时单位为时基脉冲的宽度，又为定时精度；从定时器输入有效，到状态位输出有效，经过的时间为定时时间，即：定时时间 = 预置值 × 时基。当前值寄存器为 16 bit，最大计数值为 32767，由此可推算不同分辨率的定时器的设定时间范围。CPU 22X 系列 PLC 的 256 个定时器分属 TON（TOF）和 TONR 工作方式，以及 3 种时基标准，见表3-7。可见时基越大，定时时间越长，但精度越差。

表3-7 定时器的类型

工作方式	时基/ms	最大定时范围/s	定时器号
	1	32.767	T0，T64
TONR	10	327.67	T1－T4，T65－T68
	100	3276.7	T5－T31，T69－T95
	1	32.767	T32，T96
TON/TOF	10	327.67	T33－T36，T97－T100
	100	3276.7	T37－T63，T101－T255

（2）1 ms、10 ms、100 ms 定时器的刷新方式不同

1 ms 定时器每隔 1 ms 刷新一次，与扫描周期和程序处理无关，即采用中断刷新方式。

因此当扫描周期较长时，在一个周期内可能被多次刷新，其当前值在一个扫描周期内不一定保持一致。

10 ms 定时器则由系统在每个扫描周期开始自动刷新。由于每个扫描周期内只刷新一次，故而每次程序处理期间，其当前值为常数。

100 ms 定时器则在该定时器指令执行时刷新。下一条执行的指令，即可使用刷新后的结果，非常符合正常的思路，使用方便可靠。但应当注意，如果该定时器的指令不是每个周期都执行，定时器就不能及时刷新，可能导致出错。

3. 定时器指令工作原理

下面从原理应用等方面分别叙述通电延时型、有记忆的通电延时型和断电延时型三种定时器的使用方法。

（1）通电延时定时器（TON）指令工作原理

程序及时序分析如图 3-24 所示。当 I0.1 接通时，即使能端（IN）输入有效时，驱动 T33 开始计时，当前值从 0 开始递增，计时到设定值 PT 时，T33 状态位置 1，其常开触点 T33 接通，驱动 Q0.0 输出，其后当前值仍增加，但不影响状态位。当前值的最大值为 32767。当 I0.0 分断时，使能端无效时，T33 复位，当前值清 0，状态位也清 0，即回复原始状态。若 I0.0 接通时间未到设定值就断开，T33 则立即复位，Q0.0 不会有输出。

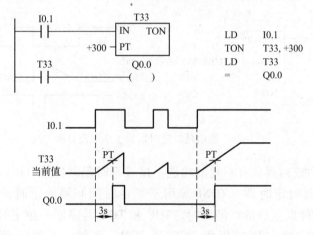

图 3-24　通电延时定时器工作原理分析

（2）记忆型通电延时定时器（TONR）指令工作原理

使能端（IN）输入有效时（接通），定时器开始计时，当前值递增，当前值大于或等于预置值（PT）时，输出状态位置 1。使能端输入无效（断开）时，当前值保持（记忆），使能端（IN）再次接通有效时，在原记忆值的基础上递增计时。

TONR 记忆型通电延时型定时器采用线圈复位指令 R 进行复位指令，当复位线圈有效时，定时器当前位清零，输出状态位置 0。

程序分析如图 3-25 所示。如 T3，当输入 IN 为 1 时，定时器计时；当 IN 为 0 时，其当前值保持并不复位；下次 IN 再为 1 时，T3 当前值从原保持值开始往上加，将当前值与设定值 PT 比较，当前值大于等于设定值时，T3 状态位置 1，驱动 Q0.0 有输出，以后即使 IN 再为 0，也不会使 T3 复位，要使 T3 复位，必须使用复位指令。

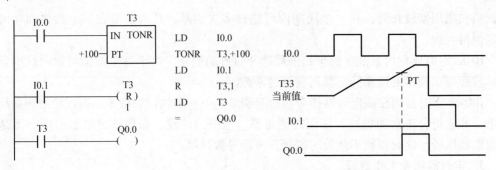

图 3-25 记忆型通电延时定时器工作原理分析

（3）断电延时型定时器（TOF）指令工作原理

断电延时型定时器用来在输入断开，延时一段时间后，才断开输出。使能端（IN）输入有效时，定时器输出状态位立即置 1，当前值复位为 0。使能端（IN）断开时，定时器开始计时，当前值从 0 递增，当前值达到预置值时，定时器状态位复位为 0，并停止计时，当前值保持。

如果输入断开的时间，小于预定时间，定时器仍保持接通。IN 再接通时，定时器当前值仍设为 0。断电延时定时器的应用程序及时序分析如图 3-26 所示。

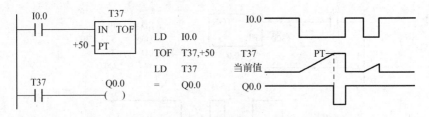

图 3-26 断电延时定时器的工作原理分析

以上介绍的 3 种定时器具有不同的功能。接通延时定时器（TON）用于单一间隔的定时；有记忆接通延时定时器（TONR）用于累计时间间隔的定时；断开延时定时器（TOF）用于故障事件发生后的时间延时。TOF 和 TON 共享同一组定时器，不能重复使用。即不能把一个定时器同时用作 TOF 和 TON。例如，不能既有 TON/T32，又有 TOF/T32。

3.3.2 定时器指令典型实例

1. 自制脉冲源的设计

在实际应用中，经常会遇到需要产生一个周期确定而占空比可调的脉冲系列，这样的脉冲用两个接通延时的定时器即可实现。试设计一个周期为 10 s，占空比为 0.5 的脉冲系列，该脉冲的产生由输入端 I0.0 控制。

分析：采用定时器 T37 和 T38 组成如图 3-27 所示。当 I0.0 由 0 变为 1 时，因 T 没有接通，而 T37 接通，故 T37 被起动并且开始计时，当 T37 的当前值 PV 达到设定值 PT 时，T37 的状态由 0 变为 1。由于 T37 为 1 状态，这时 T38 被起动，T38 开始计时，当 T38 的当前值 PV 达到其设定值 PT 时，T38 瞬间由 0 变为 1 状态。T38 的 1 状态使得 T37 的起动信号变为 0 状态，则 T37 的当前值 PV = 0，T37 的状态变为 0。T37 的 0 状态使得 T38 变为 0，则又重新起动 T37 开始了下一个周期的运行。从上分析可知，T38 计时开始到 T38 的 PV 值达到 PT 期间，T37 的状态为 1，这个脉冲宽度取决于 T38 的 PT 值，而 T37 计时开始至达到设定值期间，T37 的状态为 0，两个定时器的 PT 相加就是脉冲的周期。

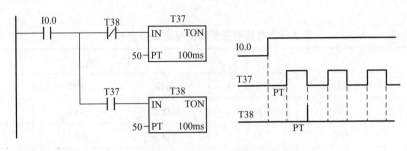

图 3-27　自制脉冲源梯形图

2. 星（Y）-三角（△）降压起动控制

（1）星（Y）-三角降压起动控制电路

星（Y）三角降压起动控制电路如图 3-28 所示，合上 QS，按下 SB2，接触器 KM1 线圈通电，KM1 常开主触点闭合，KM1 辅助触点闭合并自锁。同时 Y 形控制接触器 KM2 和时间继电器 KT 的线圈通电，KM2 主触点闭合，电动机作 Y 连接起动。KM2 常闭互锁触点断开，使 △ 形控制接触器 KM3 线圈不能得电，实现电气互锁。经过一定时间后，时间继电器的常闭延时触点打开，常开延时触点闭合，使 KM2 线圈断电，其常开主触点断开，常闭互锁触点闭合，使 KM3 线圈通电，KM3 常开触点闭合并自锁，电动机恢复 △ 连接全压运行。KM3 的常闭互锁触点分断，切断 KT 线圈电路，并使 KM2 不能得电，实现电气互锁。必须指出，KM2 和 KM3 实行电气互锁的目的，是为了避免 KM2 和 KM3 同时通电吸合而造成严重的短路事故。

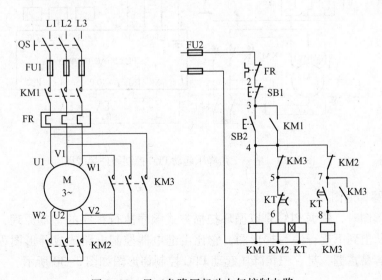

图 3-28　星三角降压起动电气控制电路

（2）I/O 分配表

根据控制要求可知：星－三角降压起动控制电路有一个起动按钮 SB2 和一个停止按钮 SB1，这两个按钮是 PLC 输入设备，需要 2 个输入点；接触器 KM1、KM2 和 KM3 是 PLC 的输出设备，用以执行电动机星－三角降压起动的任务，需要 3 个输出点，其 I/O 分配表见表 3-8。

表 3-8　电动机正反转控制的 I/O 分配表

输　入			输　出		
功能	元件	地址	功能	元件	地址
停止	SB1	I0.0	接触器	KM1	Q0.1
起动	SB2	I0.1	接触器	KM2	Q0.2
			接触器	KM3	Q0.3

（3）PLC 接线图

星－三角降压起动 PLC 外部硬件的接线图如图 3-29 所示，外部硬件输出电路中 KM2 的线圈串接了 KM3 的常闭触点，KM3 的线圈串接了 KM2 的常闭触点，形成相互制约的互锁控制。

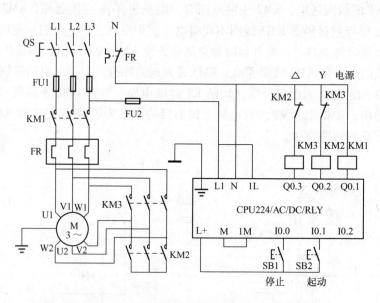

图 3-29　星－三角降压起动 PLC 控制硬件接线图

（4）编写梯形图

编写梯形图时，依据 PLC 是以循环扫描方式顺序执行程序的基本原理，按照动作的先后顺序，从上到下逐行编写梯形图，它比由继电器控制电路改成梯形图程序往往更加清楚，更加容易掌握，星－三角降压起动 PLC 控制梯形图如图 3-30 所示。

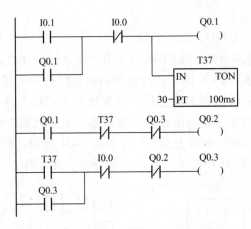

图3-30　星-三角降压启动梯形图

3.4　计数器指令与应用

计数器利用输入脉冲上升沿累计脉冲个数。结构主要由一个16 bit的预置值寄存器、一个16 bit的当前值寄存器和一位状态位组成。当前值寄存器用以累计脉冲个数，计数器当前值大于或等于预置值时，状态位置1。

3.4.1　计数器指令

S7-200系列PLC有三类计数器：CTU-加计数器、CTUD-加/减计数器、CTD-减计数器。

1. 计数器指令格式

计数器指令格式见表3-9。

表3-9　计数器的指令格式

STL	LAD	指令使用说明
CTU Cxxx, PV	???? CU CTU R ????-PV	
CTD Cxxx, PV	???? CD CTD LD ????-PV	（1）梯形图指令符号中：CU为加计数脉冲输入端；CD为减计数脉冲输入端；R为加计数复位端；LD为减计数复位端；PV为预置值 （2）Cxxx为计数器的编号，范围为：C0~C255 （3）PV预置值最大范围：32767；PV的数据类型：INT；PV操作数为：VW, T, C, IW, QW, MW, SMW, AC, AIW, K （4）CTU/CTUD/CD指令使用要点：STL形式中CU, CD, R, LD的顺序不能错；CU, CD, R, LD信号可为复杂逻辑关系
CTUD Cxxx, PV	???? CU CTUD CD R ????-PV	

2. 计数器工作原理分析

（1）加计数器指令（CTU）

当 R = 0 时，计数脉冲有效；当 CU 端有上升沿输入时，计数器当前值加 1。当计数器当前值大于或等于设定值（PV）时，该计数器的状态位 C – bit 置 1，即其常开触点闭合。计数器仍计数，但不影响计数器的状态位，直至计数达到最大值（32767）。当 R = 1 时，计数器复位，即当前值清零，状态位 C – bit 也清零。加计数器计数范围：0 ~ 32767。

加计数器指令应用示例的程序及运行时序如图 3-31 所示，当 I0.0 第 5 次闭合时，计数器位被置位，输出线圈 Q0.0 接通；当 I0.1 闭合时，计数器位被复位，Q0.0 断开。

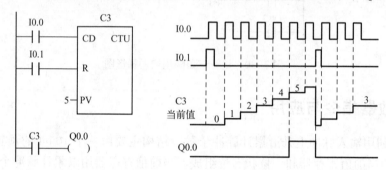

图 3-31　加计数器应用示例

（2）加/减计数指令（CTUD）

当 R = 0 时，计数脉冲有效；当 CU 端（CD 端）有上升沿输入时，计数器当前值加 1（减 1）。当计数器当前值大于或等于设定值时，C – bit 置 1，即其常开触点闭合。当 R = 1 时，计数器复位，即当前值清零，C – bit 也清零。加减计数器计数范围：–32768 ~ 32767。

加减计数器指令应用示例的程序及运行时序如图 3-32 所示。

利用加/减计数器输入端的通断情况，分析 Q0.0 的状态。当 I0.0 接通 4 次时（4 个上升沿）C10 常开触点闭合，Q0.0 上电；当 I0.0 接通 5 次时，C10 的计数为 5；接着当 I0.1 接通 2 次，此时 C10 的计数为 3，C48 常开触点断开，Q0.0 断电；接着当 I0.0 接通 2 次，此时 C48 的计数为 5，C10 的计数大等于 4 时，C10 常开触点闭合，Q0.0 上电；当 I0.2 接通时计数器复位，C10 的计数等于 0，C48 常开触点断开，Q0.0 断电。

（3）减计数指令（CTD）

当复位 LD 有效时，LD = 1，计数器把设定值（PV）装入当前值存储器，计数器状态位复位（置 0）。当 LD = 0，即计数脉冲有效时，开始计数，CD 端每来一个输入脉冲上升沿，减计数的当前值从设定值开始递减计数，当前值等于 0 时，计数器状态位置位（置 1），停止计数。

减计数器指令应用示例的程序及运行时序如图 3-33 所示。

利用减计数器输入端的通断情况，分析 Q0.0 的状态。当 I2.0 接通时，计数器状态位复位，预置值 3 装入当前值寄存器；当 I1.0 接通 3 次时，前值等于 0，Q0.0 上电；当前值等于 0 时，尽管 I1.0 接通，前值仍然等于 0。当 I2.0 接通期间，I1.0 接通，当前值不变。

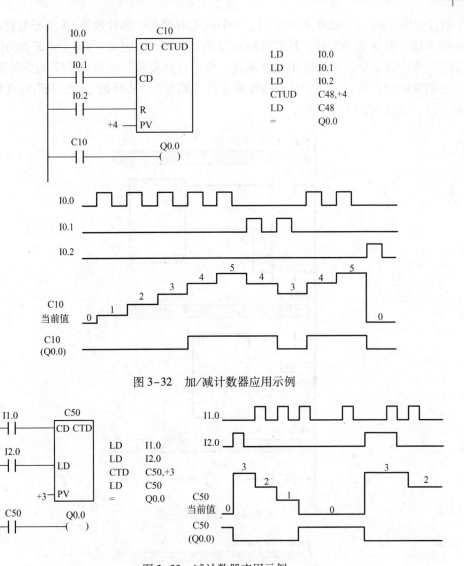

图 3-32 加/减计数器应用示例

图 3-33 减计数器应用示例

3.4.2 计数器指令典型实例

1. 计数器的扩展

S7－200 系列 PLC 计数器最大的计数范围是 32767，若需更大的计数范围，则需进行扩展，如图 3-34 所示为计数器扩展电路。图中是两个计数器的组合电路，C1 形成了一个设定值为 200 次的自复位计数器。计数器 C1 对 I0.0 的接通次数进行计数，I0.0 的触点每闭合 200 次，C1 自复位重新开始计数，同时，连接到计数器 C2 端的 C1 常开触点闭合，使 C2 计数 1 次，当 C2 计数到 1500 次时，I0.0 共接通 200×1500 次 =300000 次，C2 的常开触点闭合，线圈 Q0.0 通电。该电路的计数值为两个计数器设定值的乘积，C 总 = C1×C2。

2. 定时器的扩展

S7－200 的定时器的最长定时时间为 3276.7 s，如果需要更长的定时时间，可使用图 3-35 所示的电路。图 3-35 中最上面一行电路是一个脉冲信号发生器，脉冲周期等于

T37 的设定值（60 s）。I0.0 为 OFF 时，100 ms 定时器 T37 和计数器 C1 处于复位状态，它们不能工作。I0.0 为 ON 时，其常开触点接通，T37 开始定时，60s 后 T37 定时时间到，其当前值等于设定值，它的常闭触点断开，使它自己复位，复位后 T37 的当前值变为 0，同时它的常闭触点接通，使它自己的线圈重新"通电"，又开始定时，T37 将这样周而复始地工作，直到 I0.0 变为 OFF。

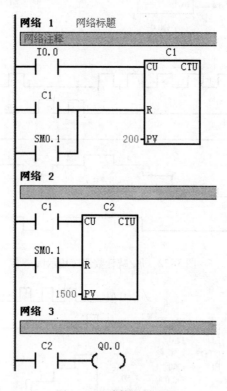

图 3-34　计数器梯形图

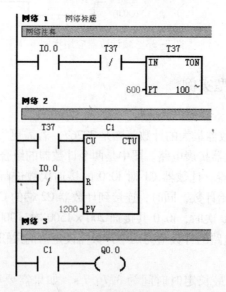

图 3-35　定时器的扩展

T37 产生的脉冲送给 C1 计数器，记满 120 个数（即 2h）后，C1 当前值等于设定值 120，它的常开触点闭合。设 T37 和 C1 的设定值分别为 KT 和 KC，对于 100 ms 定时器，总的定时时间为：T = 0.1KTKC(s)。

3. 展厅人数控制系统

现有一展厅，最多可容纳 60 人同时参观。展厅进口与出口各装一传感器，每有 1 人进出，传感器给出一个脉冲信号。试编程实现，当展厅内不足 60 人时，绿灯亮，表示可以进入；当展厅满 60 人时，红灯亮，表示不准进入。展厅人数控制系统的梯形图，如图 3-36 所示。

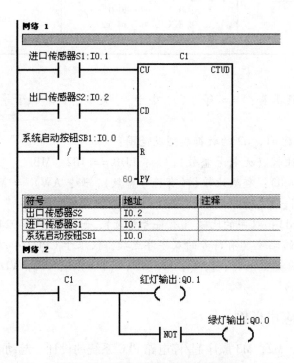

图 3-36　展厅人数控制系统梯形图

3.5　比较指令与应用

比较指令是将两个操作数按指定的条件比较，操作数可以是整数，也可以是实数，在梯形图中，用带参数和运算符的触点表示比较指令。比较条件成立时，触点就闭合，否则断开。比较触点可以装入，也可以串、并联。比较指令为上、下限控制提供了极大的方便。

3.5.1　比较指令格式

指令格式见表 3-10。

表 3-10　比较指令格式

LAD	STL	功　　能
┤XX□├ (n1/n2)	LD□XX　　n1,n2	比较触点连接母线
I0.0 ┤├ ┤XX□├ (n1/n2)	LD　　　　I0.0 A□XX　　n1,n2	比较触点的"与"
I0.0 ┤├ ┤XX□├ (n1/n2)	LD　　　　I0.0 O□XX　　n1,n2	比较触点的"并"

说明：

"xx"表示比较运算符：== 等于、〈 小于、〉大于、〈 = 小于等于、〉= 大于等于、〈〉不等于。

"□"表示操作数 n1，n2 的数据类型及范围：

B(Byte)：字节比较（无符号整数），如：LDB == IB2　MB2

I(INT) / W(Word)：整数比较，（有符号整数），如：AW〉= MW2　VW12

注意：LAD 中用"I"，STL 中用"W"。

DW(Double Word)：双字的比较（有符号整数），如：OD = VD24　MD1

R(Real)：实数的比较（有符号的双字浮点数，仅限于 CPU214 以上）

n1，n2 操作数的类型包括：I，Q，M，SM，V，S，L，AC，VD，LD，常数；n2 为被比较数。

3.5.2　比较指令应用举例

三台电动机 M1，M2，M3 顺序起/停电路 PLC 系统的设计。起动时：先起动 M1，20 s 后 M2 起动，20 s 后 M3 起动；停止时：先停 M3，10 s 后停 M2，再过 10 s 后 M1 停。

1. I/O 分配表

根据控制要求可知：电动机顺序启/停电路有一个起动按钮 SB2 和一个停止按钮 SB1，这两个按钮是 PLC 的输入设备，需要 2 个输入点；接触器 KM1、KM2 和 KM3 是 PLC 的输出设备，用以执行电动机顺序起/停的任务，需要 3 个输出点，其 I/O 分配见表 3-11。

表 3-11　电动机顺序启/停的 I/O 分配表

输　　入			输　　出		
功能	元件	地址	功能	元件	地址
停止	SB1	I0.0	接触器	KM1	Q0.1
起动	SB2	I0.1	接触器	KM2	Q0.2
			接触器	KM3	Q0.3

2. 编写梯形图

编写梯形图时，可以采用基本指令，也可以采用比较指令，但是采用比较指令简单易懂，电动机顺序起/停控制的梯形图如图 3-37 所示。

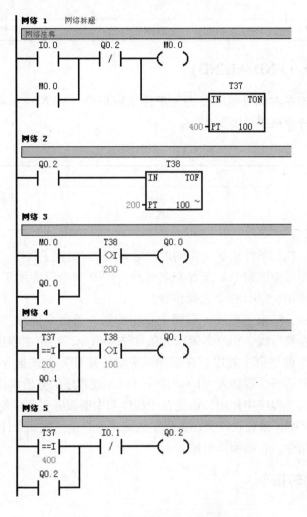

图 3-37　电动机顺序起/停控制梯形图

3.6　程序控制类指令与应用

程序控制类指令用于程序运行状态的控制，主要包括系统控制、跳转、循环、子程序调用以及顺序控制等指令。

3.6.1　暂停指令（STOP）

STOP：暂停指令，执行条件成立，停止执行用户程序，令 CPU 工作方式由 RUN 转到 STOP。在中断程序中执行 STOP 指令，该中断立即终止，并且忽略所有挂起的中断，继续扫描程序的剩余部分，在本次扫描的最后，将 CPU 由 RUN 切换到 STOP。暂停指令格式见表 3-12。

表 3-12　暂停指令格式

LAD	STL	功　能
——(STOP)	STOP	暂停程序执行

3.6.2　结束指令（END/MEND）

结束指令直接连在左侧母线时，为无条件结束指令（MEND），不连在左侧母线时，为条件结束指令。指令格式见表 3-13。

表 3-13　结束指令格式

LAD	STL	功　能
——(END) ├——(END)	END MEND	条件结束指令 无条件结束指令

条件结束指令，执行条件成立（左侧逻辑值为 1）时结束主程序，返回主程序的第一条指令执行。在梯形图中该指令不连在左侧母线。END 指令只能用于主程序，不能在子程序和中断程序中使用。END 指令无操作数。

无条件结束指令，结束主程序，返回主程序的第一条指令执行。在梯形图中无条件结束指令直接连接左侧母线。用户必须以无条件结束指令，结束主程序。条件结束指令，用在无条件结束指令前结束主程序。在编程结束时一定要写上该指令，否则出错；在调试程序时，在程序的适当位置插入 MEND 指令可以实现程序的分段调试。

结束指令只能在主程序中使用，不能在子程序和中断服务程序中使用。

STEP 7 - Micro/WIN 编程软件会在主程序的结尾处自动生成无条件结束指令，用户不得输入无条件结束指令，否则编译出错。

3.6.3　循环、跳转指令

1. 循环指令

（1）指令格式

程序循环结构用于描述一段程序的重复循环执行。由 FOR 和 NEXT 指令构成程序的循环体。FOR 指令标记循环的开始，NEXT 指令为循环体的结束指令。指令格式如图 3-38 所示。

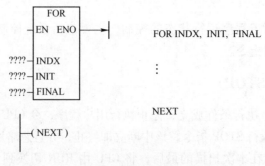

图 3-38　FOR/NEXT 指令格式

在 LAD 中，FOR 指令为指令盒格式，EN 为使能输入端。

INDX 为当前值计数器，操作数为：VW，IW，QW，MW，SW，SMW，LW，T，C，AC。

INIT 为循环次数初始值，操作数为：VW，IW，QW，MW，SW，SMW，LW，T，C，AC，AIW，常数。

FINAL 为循环计数终止值。操作数为：VW，IW，QW，MW，SW，SMW，LW，T，C，AC，AIW，常数。

工作原理：使能输入 EN 有效，循环体开始执行，执行到 NEXT 指令时返回，每执行一次循环体，当前值计数器 INDX 增 1，达到终止值 FINAL 时，循环结束；使能输入无效时，循环体程序不执行。每次使能输入有效，指令自动将各参数复位。

FOR/NEXT 指令必须成对使用，循环可以嵌套，最多为 8 层。

（2）循环指令示例（如图 3-39 所示）

当 I0.0 为 ON 时，1 所示的外循环执行 3 次，由 VW200 累计循环次数。当 I0.1 为 ON 时，外循环每执行一次，2 所示的内循环执行 3 次，且由 VW210 累计循环次数。

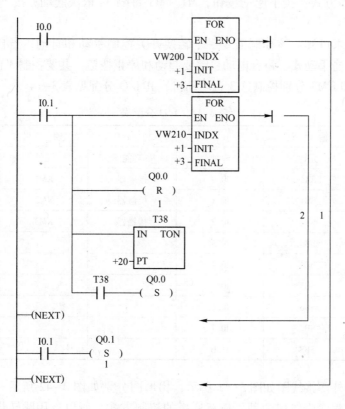

图 3-39 循环指令示例

2. 跳转指令及标号

（1）指令格式

跳转指令在使能输入有效时，把程序的执行跳转到同一程序指定的标号（n）处执行；使能输入无效时，程序顺序执行。JMP 与 LBL（跳转的目标标号）配合实现程序的跳转。跳转标号 n：0 ~ 255。指令格式示例如图 3-40 所示。

必须强调的是：跳转指令及标号必须同在主程序内或在同一子程序内，同一中断服务程序内，不可由主程序跳转到中断服务程序或子程序，也不可由中断服务程序或子程序跳转到主程序。

图 3-40 中，当 JMP 条件满足（即 I0.0 为 ON 时）程序跳转执行 LBL 标号以后的指令，而在 JMP 和 LBL 之间的指令一概不执行，在这个过程中，即使 I0.1 接通也不会有 Q0.1 输出。当 JMP 条件不满足时，则当 I0.1 接通时 Q0.1 有输出。

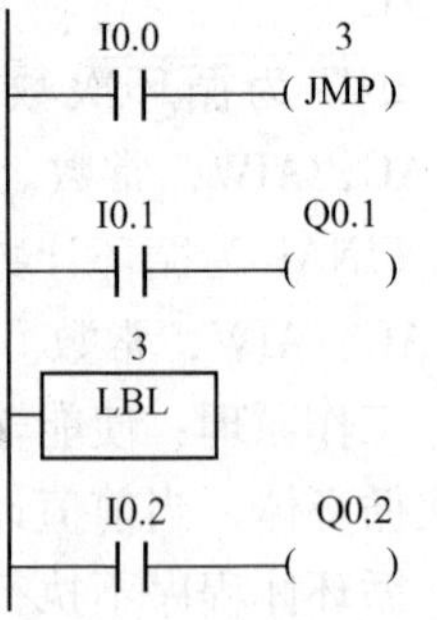

（2）应用举例

图 3-40 跳转指令示例

JMP、LBL 指令在工业现场控制中，常用于工作方式的选择。如有 3 台电动机 M1 ~ M3，具有两种起停工作方式：

1）手动操作方式：分别用每个电动机各自的起停按钮控制 M1 ~ M3 的起停状态。

2）自动操作方式：按下起动按钮，M1 ~ M3 每隔 3s 依次起动；按下停止按钮，M1 ~ M3 同时停止。

根据控制要求可知：该控制需要一个转换开关控制手动和自动；当自动时，需要起动和停止按钮；当手动式，每台电动机需要起动和停止按钮。共要控制 3 台电动机，接触器 KM1、KM2 和 KM3 分别控制这 3 台电动机，其 I/O 分配见表 3-14。

表 3-14　I/O 分配表

输 入			输 出		
功能	元件	地址	功能	元件	地址
手/自动选择	SA1	I0.0	接触器	KM1	Q0.0
起动	SB1	I0.1	接触器	KM2	Q0.1
停止	SB2	I0.2	接触器	KM3	Q0.2
M1 起动	SB3	I0.3			
M1 停止	SB4	I0.4			
M2 起动	SB5	I0.5			
M2 停止	SB6	I0.6			
M3 起动	SB7	I0.7			
M3 停止	SB8	I1.0			

PLC 控制的外部接线图如图 3-41 所示，梯形图分别如图 3-42 所示。从控制要求可以看出，需要在程序中体现两种可任意选择的控制方式，所以运用跳转指令的程序结构可以满足控制要求。如图 4-42 所示，当操作方式选择开关闭合时，I0.0 的常开触点闭合，跳过手动程序段不执行；I0.0 常闭触点断开，选择自动方式的程序段执行。而操作方式选择开关断开时的情况与此相反，跳过自动方式程序段不执行，选择手动方式程序段执行。

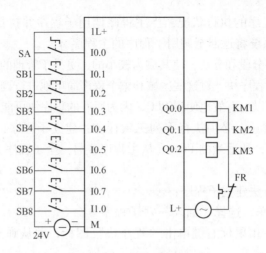

图 3-41　PLC 接线图

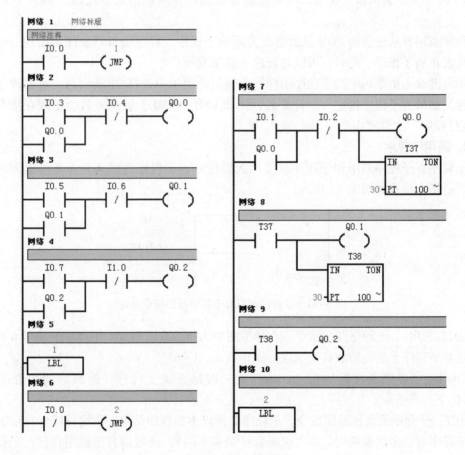

图 3-42　PLC 梯形图

3.6.4　子程序调用及子程序返回指令

在程序设计中，通常将具有特定功能，并且多次使用的程序段作为子程序。主程序中用指令决定具体子程序的执行状况，当主程序调用子程序并执行时，子程序执行全部指令直至结束，然后系统将返回至调用子程序的主程序。

子程序用于为程序分段和分块，使其成为较小的、更易于管理的块。在程序中调试和维护时，通过使用较小的程序块，对这些区域和整个程序简单地进行调试和排除故障。只在需要时才调用程序块，可以更有效地使用 PLC，因为所有的程序块可能无须执行每次扫描。

在程序中使用子程序，必须执行下列三项任务：建立子程序；在子程序局部变量表中定义参数（如果有）；从适当的 POU（从主程序或另一个子程序）调用子程序。

1. 建立子程序

可采用下列一种方法建立子程序：

① 从"编辑"菜单，选择"插入"→"子程序"命令。

② 从"指令树"，用鼠标右键单击"程序块"图标，并从弹出菜单选择"插入"→"子程序"。

③ 从"程序编辑器"窗口，用鼠标右键单击，并从弹出菜单选择"插入"→"子程序"。

程序编辑器从先前的 POU 显示更改为新的子程序。程序编辑器底部会出现一个新标签，代表新的子程序。此时，可以对新的子程序编程。

用右键双击指令树中的子程序图标，在弹出的菜单中选择/重新命名，可修改子程序的名称。如果为子程序指定一个符号名，例如 USR_NAME，该符号名会出现在指令树的"子例行程序"文件夹中。

2. 调用子程序

子程序有子程序调用和子程序返回两大类指令，子程序返回又分为条件返回和无条件返回。指令格式如图 3-43 所示。

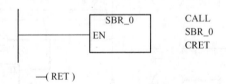

图 3-43　子程序调用及子程序返回指令格式

CALL SBRn：子程序调用指令。在梯形图中为指令盒的形式。子程序的编号 n 从 0 开始，随着子程序个数的增加自动生成。操作数 n：0~63。

CRET：子程序条件返回指令，条件成立时结束该子程序，返回原调用处的指令 CALL 的下一条指令。

RET：子程序无条件返回指令，子程序必须以本指令作结束。由编程软件自动生成。

子程序可以多次被调用，也可以嵌套（最多 8 层），还可以自己调用自己。子程序调用指令用在主程序和其他调用子程序的程序中，子程序的无条件返指令在子程序的最后网络段，梯形图指令系统能够自动生成子程序的无条件返回指令，用户无须输入。

3. 带参数的子程序调用指令

（1）子程序的参数

子程序可能有要传递的参数（变量和数据），这时可以在子程序调用指令中包含相应参数，它可以在子程序与调用程序之间传送。如果子程序仅用要传递的参数和局部变量，则为带参数的子程序（可移动子程序）。为了移动子程序，应避免使用任何全局变量/符号（I、Q、M、SM、AI、AQ、V、T、C、S、AC 内存中的绝对地址），这样可以导出子程序并将其导入另一个项目。子程序中的参数必须有一个符号名（最多为 23 个字符）、一个变量类型和一个数据类型。子程序最多可传递 16 个参数。传递的参数在子程序局部变量表中定义，如图 3-44 所示。

	符号	变量类型	数据类型	注释
	EN	IN	BOOL	
L0.0	RUN	IN	BOOL	
L0.1	OFF2	IN	BOOL	
L0.2	OFF3	IN	BOOL	
L0.3	F_ACK	IN	BOOL	
LB8	Error	OUT	BYTE	
LW9	Status	OUT	WORD	
LD11	Speed	OUT	REAL	

图 3-44 局部变量表

（2）变量的类型

局部变量表中的变量有 IN、OUT、IN/OUT 和 TEMP 4 种类型。

IN（输入）型：将指定位置的参数传入子程序。如果参数是直接寻址（例如 VB10），在指定位置的数值被传入子程序；如果参数是间接寻址，（例如 * AC1），地址指针指定地址的数值被传入子程序；如果参数是数据常量（16#1234）或地址（&VB100），常量或地址数值被传入子程序。

IN_OUT（输入－输出）型：将指定参数位置的数值被传入子程序，并将子程序的执行结果的数值返回至相同的位置。输入/输出型的参数不允许使用常量（例如 16#1234）和地址（例如 &VB100）。

OUT（输出）型：将子程序的结果数值返回至指定的参数位置。常量（例如 16#1234）和地址（例如 &VB100）不允许用作输出参数。

在子程序中可以使用 IN、IN/OUT 以及 OUT 类型的变量和调用子程序 POU 之间传递参数。

TEMP 型：是局部存储变量，只能用于子程序内部暂时存储中间运算结果，不能用来传递参数。

（3）数据类型

局部变量表中的数据类型包括：能流、布尔（位）、字节、字、双字、整数、双整数和实数型。

能流：能流仅用于位（布尔）输入。能流输入必须用在局部变量表中其他类型的输入之前。只有输入参数允许使用。在梯形图中表达形式为用触点（位输入）将左侧母线和子程序的指令盒连接起来。图 3-45 中的使能输入（EN）和 IN1 输入使用布尔逻辑。

布尔：该数据类型用于位输入和输出。图 3-45 中的 IN3 是布尔输入。

字节、字、双字：这些数据类型分别用于 1、2 或 4 个字节不带符号的输入或输出参数。

整数、双整数：这些数据类型分别用于 2 或 4 个字节带符号的输入或输出参数。

实数：该数据类型用于单精度（4 个字节）IEEE 浮点数值。

（4）建立带参数子程序的局部变量表

局部变量表隐藏在程序显示区，将梯形图显示区向下拖动，可以露出局部变量表，在局部变量表输入变量名称、变量类型和数据类型等参数以后，双击指令树中子程序（或选择单击快捷键〈F9〉，在弹出的菜单中选择子程序项），在梯形图显示区显示出带参数的子程序调用指令盒。

局部变量表变量类型的修改方法：用光标选中变量类型区，单击鼠标右键得到一个下拉菜单，单击选中的类型，在变量类型区光标所在处可以得到选中的类型。

子程序传递的参数放在子程序的局部存储器（L）中，局部变量表最左列是系统指定的每个被传递参数的局部存储器地址。

（5）带参数子程序调用指令格式

带参数子程序调用的 LAD 指令格式如图 3-45 所示。系统保留局部变量存储器 L 内存的 4 个字节（LB60～LB63），用于调用参数。

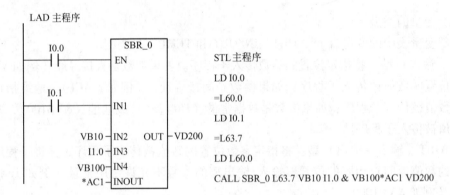

图 3-45　带参数子程序调用

需要说明的是：该程序只能在 STL 编辑器中显示，因为用作能流输入的布尔参数，未在 L 内存中保存。子程序调用时，输入参数被复制到局部存储器。子程序完成时，从局部存储器复制输出参数到指令的输出参数地址。

如果在使用子程序调用指令后，然后修改该子程序的局部变量表，调用指令则无效。必须删除无效调用，并用反映正确参数的最新调用指令代替该调用子程序和调用程序共用累加器。不会因使用子程序对累加器执行保存或恢复操作。

子程序调用时，输入参数被复制到局部存储器。子程序完成时，从局部存储器复制输出参数到指令的输出参数地址。

在带参数的"调用子程序"指令中，参数必须与子程序局部变量表中定义的变量完全匹配。参数顺序必须以输入参数开始，其次是输入/输出参数，然后是输出参数。位于指令树中的子程序名称的工具将显示每个参数的名称。

调用带参数子程序使 ENO = 0 的错误条件是：0008（子程序嵌套超界），SM4.3（运行时间）。

3. 在子程序局部变量表中定义参数

可以使用子程序的局部变量表为子程序定义参数。注意：程序中每个 POU 都有一个独立的局部变量表，必须在选择该子程序标签后出现的局部变量表中为该子程序定义局部变量。编辑局部变量表时，必须确保已选择适当的标签。每个子程序最多可以定义 16 个输入/输出参数。

3.6.5　皮带机运输线 PLC 控制系统设计应用实例

1. 基本方法编程实例

例 3-1　如图 3-46 所示为一下料系统，系统由 3 条皮带机、一台卸料电动机、一台振打电动机及一个料位组成。其中，皮带机分由一级、二级、三级皮带组成，分别用 M1、M2、M3 代表；卸料电动机为 M4，振打电动机为 M5。控制要求如下：

① 当按下开始卸料按钮 SB1 时，系统开始卸料。动作为：一级皮带机 M1 立刻启动，M1 启动 10 s 后；二级皮带机 M2 启动，M2 启动 10 s 后；三级皮带机 M3 启动，M3 启动 10 s 后；卸料电动机 M4 启动，完成启动。

② 当按下停止按钮 SB2 或料仓的料低至低料位 LS1 时，系统停止。停止顺序为：卸料电动机 M4 立刻停止，M4 停止 10 s 后；三级皮带机 M3 停止，M3 停止 10 s 后；二级皮带机 M2 停止，M2 停止 10 s 后；一级皮带机 M1 停止，完成停止。

③ 振打电动机 M5 动作为：只要卸料电动机运行，振打电动机 M5 就每隔 60 s 运行 5 s 停止。

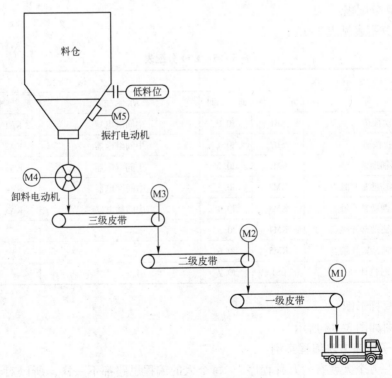

图 3-46　下料系统布置图

（1）PLC 接线图

PLC 接线图如图 3-47 所示。五台电动机的主回路接线图均相同，图中的"KA *、KM *"的" *"表示 1~5，分别表示控制 M1~M5 电动机的中间继电器、接触器。接触器本身带常开辅助触点，接触器主触点吸合，其常开辅助触点在主触点的带动下也吸合，故取接触器的辅助常开触点为电动机的运行信号。

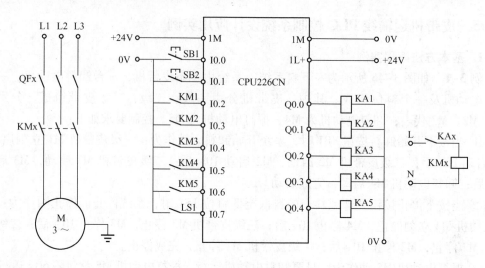

图 3-47　PLC 接线图

（2）I/O 分配表

其 I/O 分配表见表 3-15。

表 3-15　I/O 分配表

输　　入			输　　出		
功　　能	元　　件	地　　址	功　　能	元　　件	地　　址
启动按钮	SB1	I0.0	中间继电器	KA1	Q0.0
停止按钮	SB2	I0.1	中间继电器	KA2	Q0.1
M1 接触器辅助常开触点	KM1	I0.2	中间继电器	KA3	Q0.2
M2 接触器辅助常开触点	KM2	I0.3	中间继电器	KA4	Q0.3
M3 接触器辅助常开触点	KM3	I0.4	中间继电器	KA5	Q0.4
M4 接触器辅助常开触点	KM4	I0.5			
M5 接触器辅助常开触点	KM5	I0.6			
LS1 料位计	LS1	I0.7			

（3）编写梯形图

其梯形图如图 3-48 所示。

2. 调用子程序方法编程实例

所谓"一万个人就有一万种程序"，每个人的编程思路都不一样，所以对于同样一种的控制要求，不同的人所编写的程序就会不同。对于例 3-1 的编程方法与编程思路，方法可以有许多种，下面介绍调用子程序方法来实现程序的编写。虽然用子程序编写本例

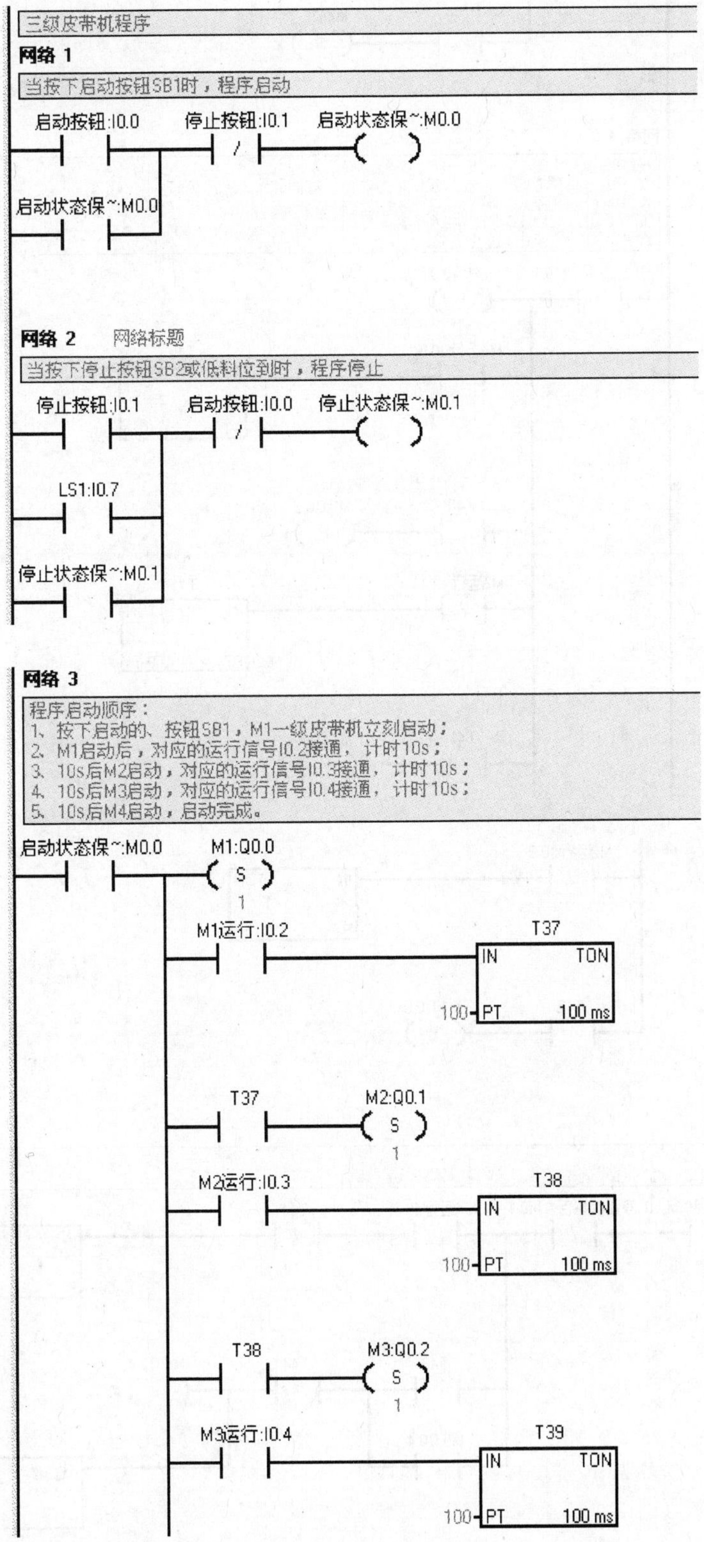

三级皮带机程序

网络 1

当按下启动按钮SB1时，程序启动

```
启动按钮:I0.0    停止按钮:I0.1    启动状态保~:M0.0
  ─┤ ├─         ─┤/├─            ─( )─

启动状态保~:M0.0
  ─┤ ├─
```

网络 2　网络标题

当按下停止按钮SB2或低料位到时，程序停止

```
停止按钮:I0.1    启动按钮:I0.0    停止状态保~:M0.1
  ─┤ ├─         ─┤/├─            ─( )─

LS1:I0.7
  ─┤ ├─

停止状态保~:M0.1
  ─┤ ├─
```

网络 3

程序启动顺序：
1、按下启动的、按钮SB1，M1一级皮带机立刻启动；
2、M1启动后，对应的运行信号I0.2接通，计时10s；
3、10s后M2启动，对应的运行信号I0.3接通，计时10s；
4、10s后M3启动，对应的运行信号I0.4接通，计时10s；
5、10s后M4启动，启动完成。

```
启动状态保~:M0.0    M1:Q0.0
  ─┤ ├──────┬──────( S )
            │         1

            │  M1运行:I0.2              T37
            ├──┤ ├───────────────┤IN      TON
            │                 100─┤PT   100 ms

            │  T37        M2:Q0.1
            ├──┤ ├────────( S )
            │               1

            │  M2运行:I0.3              T38
            ├──┤ ├───────────────┤IN      TON
            │                 100─┤PT   100 ms

            │  T38        M3:Q0.2
            ├──┤ ├────────( S )
            │               1

            │  M3运行:I0.4              T39
            └──┤ ├───────────────┤IN      TON
                              100─┤PT   100 ms
```

图 3-48　梯形图

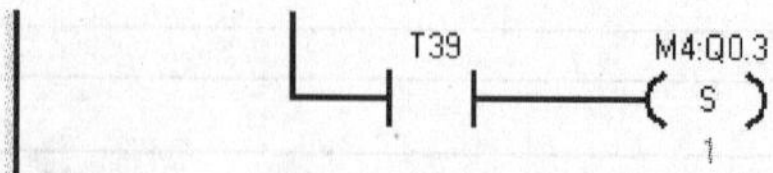

```
              T39           M4:Q0.3
          ─┤ ├──────────────( S )
                                1
```

网络 4

程序停止顺序:
1、停止条件成立时,M4立刻停止,同时M4运行信号无,计时10s;
2、10s到,M3停止,同时M3运行信号无,计时10s;
3、10s到,M2停止,同时M2运行信号无,计时10s;
4、10s到,M1停止,停止完成。

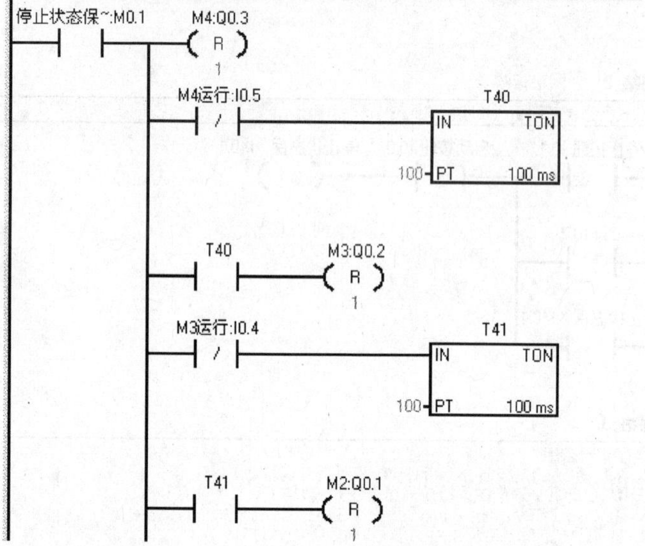

```
停止状态保~:M0.1    M4:Q0.3
  ─┤ ├──────┬──────( R )
            │         1
            │
            │   M4运行:I0.5                    T40
            ├──┤ / ├────────┬──────┤IN    TON├
            │               │
            │           100─┤PT    100 ms├
            │
            │       T40         M3:Q0.2
            ├──────┤ ├──────────( R )
            │                      1
            │
            │   M3运行:I0.4                    T41
            ├──┤ / ├────────┬──────┤IN    TON├
            │               │
            │           100─┤PT    100 ms├
            │
            │       T41         M2:Q0.1
            └──────┤ ├──────────( R )
                                   1
```

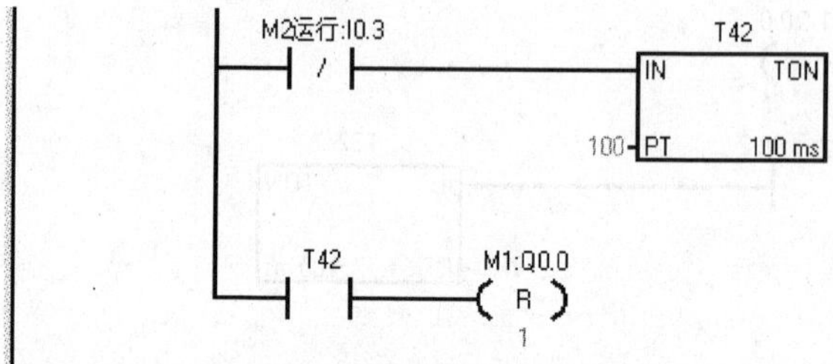

```
    M2运行:I0.3                    T42
  ──┤ / ├────────┬──────┤IN    TON├
                 │
             100─┤PT    100 ms├
                 │
        T42         M1:Q0.0
  ──────┤ ├──────────( R )
                       1
```

网络 5

振打电动机动作:
只要卸料电动机M4运行,振打电动机M5就间隔60s运行5s。

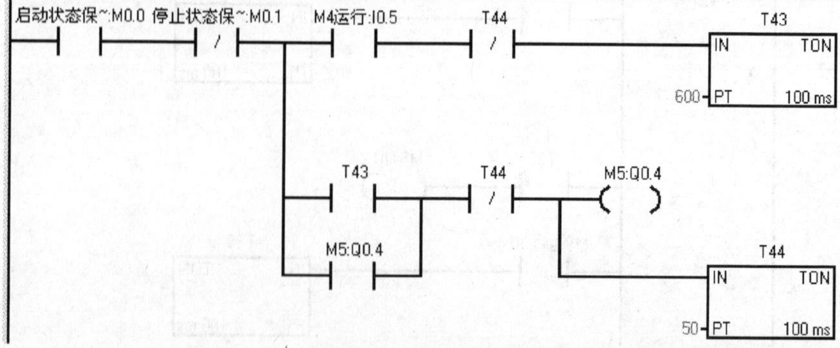

```
启动状态保~:M0.0 停止状态保~:M0.1  M4运行:I0.5    T44              T43
  ─┤ ├────────┤ / ├────────┤ ├──┬──┤ / ├────────┤IN    TON├
                                │
                            600─┤PT    100 ms├
                                │
                                │   T43      T44      M5:Q0.4
                                ├──┤ ├──┬──┤ / ├──────( )
                                │       │
                                │ M5:Q0.4                    T44
                                └─┤ ├───┘          ┤IN    TON├
                                                50─┤PT    100 ms├
```

图 3-48 梯形图(续)

程序，不一定是最简洁的，但通过子程序的编写可以很好地理解程序的组成结构，为以后学习 S7－300PLC 编程打下很好的基础。控制要求、PLC 接线图以及 I/O 分配表均同上。

1）编写子程序块。本例中的皮带电动机与卸料电动机控制相同，编写一个子程序；振打电动机一个子程序，如图 3-49、图 3-50 所示。

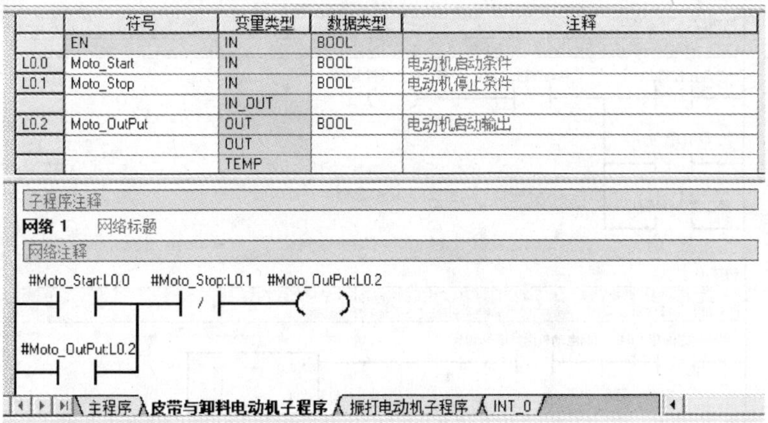

	符号	变量类型	数据类型	注释
	EN	IN	BOOL	
L0.0	Moto_Start	IN	BOOL	电动机启动条件
L0.1	Moto_Stop	IN	BOOL	电动机停止条件
		IN_OUT		
L0.2	Moto_OutPut	OUT	BOOL	电动机启动输出
		OUT		
		TEMP		

子程序注释

网络 1 网络标题

网络注释

```
#Moto_Start:L0.0   #Moto_Stop:L0.1   #Moto_OutPut:L0.2
    ─┤├──────────────┤/├──────────────(  )

#Moto_OutPut:L0.2
    ─┤├──
```

◄ ► ►| 主程序 入皮带与卸料电动机子程序 ∖ 振打电动机子程序 ∖ INT_0 ∕ ◄ ►

图 3-49　皮带与卸料电动机子程序

	符号	变量类型	数据类型	注释
	EN	IN	BOOL	
L0.0	Moto_Start_Stop	IN	BOOL	电动机启停条件
		IN		
		IN_OUT		
L0.1	Moto_OutPut	OUT	BOOL	电动机启动输出
		OUT		
		TEMP		

网络 1　网络标题

网络注释

```
#Moto_Start~:L0.0   #Moto_OutPut:L0.1
    ─┤├──────────────(  )
```

◄ ► ►| 主程序 ∖ 皮带与卸料电动机子程序 入振打电动机子程序 ∖ INT_0 ∕ ◄ ►

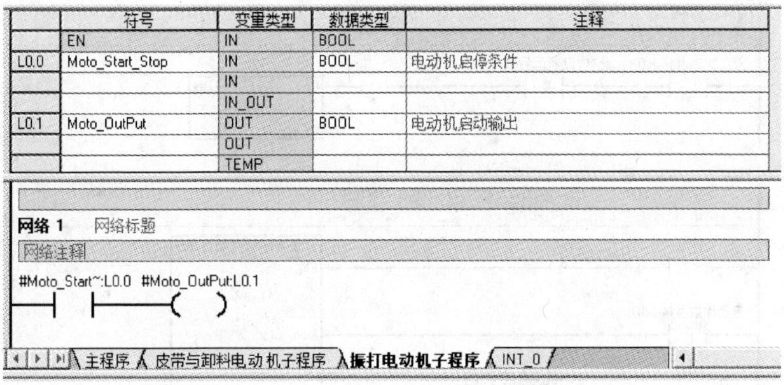

图 3-50　振打电动机子程序

2）编写完子程序后，在指令树下面的"调用子程序"中直接生成子程序，如图 3-51 所示。

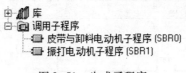

图 3-51　生成子程序

3）在主程序中调用所编写的子程序，如图 3-52 所示。

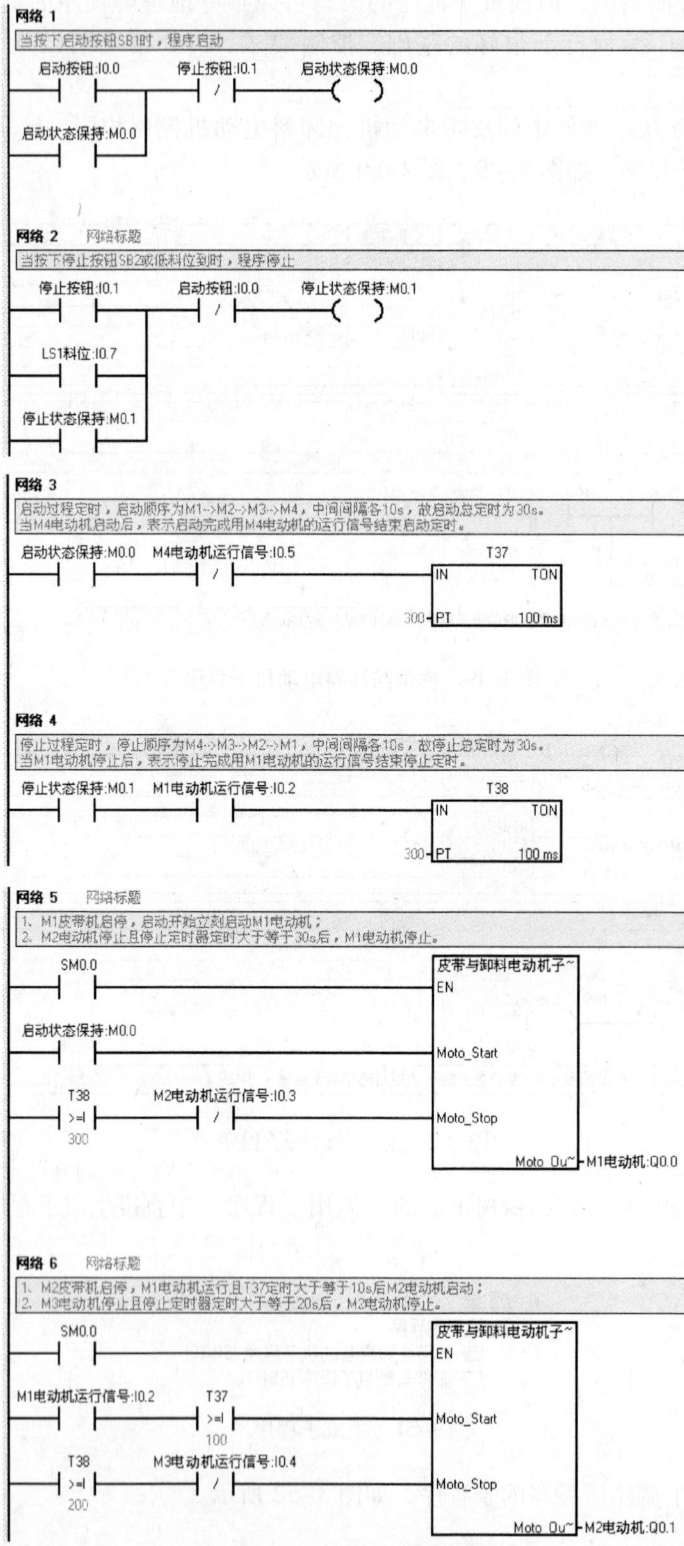

网络 1

当按下启动按钮SB1时，程序启动

```
 启动按钮:I0.0      停止按钮:I0.1      启动状态保持:M0.0
──┤ ├──────────────┤/├──────────────( )──
 启动状态保持:M0.0
──┤ ├──
```

网络 2   网络标题

当按下停止按钮SB2或低料位到时，程序停止

```
 停止按钮:I0.1      启动按钮:I0.0      停止状态保持:M0.1
──┤ ├──────────────┤/├──────────────( )──
 LS1料位:I0.7
──┤ ├──
 停止状态保持:M0.1
──┤ ├──
```

网络 3

启动过程定时，启动顺序为M1-->M2-->M3-->M4，中间间隔各10s，故启动总定时为30s。
当M4电动机启动后，表示启动完成用M4电动机的运行信号结束启动定时。

```
 启动状态保持:M0.0   M4电动机运行信号:I0.5              T37
──┤ ├──────────────┤/├──────────────────IN    TON
                                     300─PT   100 ms
```

网络 4

停止过程定时，停止顺序为M4-->M3-->M2-->M1，中间间隔各10s，故停止总定时为30s。
当M1电动机停止后，表示停止完成用M1电动机的运行信号结束停止定时。

```
 停止状态保持:M0.1   M1电动机运行信号:I0.2              T38
──┤ ├──────────────┤ ├──────────────────IN    TON
                                     300─PT   100 ms
```

网络 5   网络标题

1. M1皮带机启停，启动开始立刻启动M1电动机；
2. M2电动机停止且停止定时器定时大于等于30s后，M1电动机停止。

```
 SM0.0                               皮带与卸料电动机子~
──┤ ├──                              EN
 启动状态保持:M0.0
──┤ ├───────────────────────────────Moto_Start
 T38         M2电动机运行信号:I0.3
──┤>=I├──────┤/├─────────────────────Moto_Stop
 300
                          Moto_Ou~─M1电动机:Q0.0
```

网络 6   网络标题

1. M2皮带机启停，M1电动机运行且T37定时大于等于10s后M2电动机启动；
2. M3电动机停止且停止定时器定时大于等于20s后，M2电动机停止。

```
 SM0.0                               皮带与卸料电动机~
──┤ ├──                              EN
 M1电动机运行信号:I0.2   T37
──┤ ├──────┤>=I├─────────────────────Moto_Start
            100
 T38         M3电动机运行信号:I0.4
──┤>=I├──────┤/├─────────────────────Moto_Stop
 200
                          Moto_Ou~─M2电动机:Q0.1
```

图 3-52　主程序程序

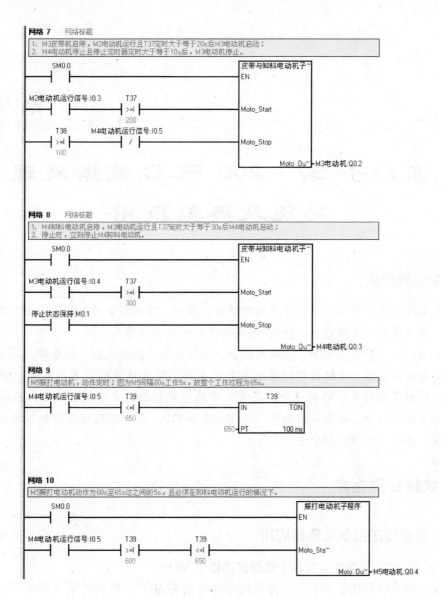

图 3-52　主程序程序（续）

第4章

西门子 S7-200 PLC 数据处理功能及典型应用

本章知识要点：

(1) 数据传送、字节交换、字节立即读写、移位、转换指令的介绍、应用及实训
(2) 算术运算、逻辑运算、递增/递减指令的介绍、应用及实训
(3) 表的定义、填表指令、表取数指令、填充指令、表查找指令的介绍

PLC 是由继电器、接触器控制系统发展而来的，随着计算机技术的发展，它除了有继电器、接触器控制系统的功能外，还有丰富的功能指令，主要包括传送、移位及填充指令、高速处理指令、数据转换指令、通信指令和 PID。其中数据处理指令包括数据的传送、交换、填充以及移位指令等。

4.1 数据处理指令

4.1.1 数据传送指令及典型应用

1. 字节、字、双字和实数单个数据传送指令 MOV

数据传送指令的梯形图表示：传送指令由传送符 MOV、数据类型（B/W/D/R）、传送启动信号 EN、源操作数 IN 和目标操作数 OUT 构成。

数据传送指令的语句表表示：传送指令由操作码 MOV、数据类型（B/W/D/R）、源操作数 IN 和目标操作数 OUT 构成，其梯形图和语句表表示见表 4-1。

数据传送指令的原理：传送指令是在有启动信号 EN=1 时，执行传送功能。其功能是把原操作数 IN 传送到目标操作数 OUT 中。ENO 为传送状态位。

表 4-1 单个数据传送指令 MOV 指令格式

LAD	MOV_B EN ENO ????–IN OUT–????	MOV_W EN ENO ????–IN OUT–????	MOV_DW EN ENO ????–IN OUT–????	MOV_R EN ENO ????–IN OUT–????
STL	MOVB IN, OUT	MOVW IN, OUT	MOVD IN, OUT	MOVR IN, OUT

（续）

操作数及数据类型	IN: VB, IB, QB, MB, SB, SMB, LB, AC, 常量 OUT: VB, IB, QB, MB, SB, SMB, LB, AC	IN: VW, IW, QW, MW, SW, SMW, LW, T, C, AIW, 常量, AC OUT: VW, T, C, IW, QW, SW, MW, SMW, LW, AC, AQW	IN: VD, ID, QD, MD, SD, SMD, LD, HC, AC, 常量 OUT: VD, ID, QD, MD, SD, SMD, LD, AC	IN: VD, ID, QD, MD, SD, SMD, LD, AC, 常量 OUT: VD, ID, QD, MD, SD, SMD, LD, AC
	字节	字、整数	双字、双整数	实数
功能	使能输入有效时，即 EN = 1 时，将一个输入 IN 的字节、字/整数、双字/双整数或实数送到 OUT 指定的存储器输出。在传送过程中不改变数据的大小。传送后，输入存储器 IN 中的内容不变			

使 ENO = 0 即使能输出断开的错误条件是：SM4.3（运行时间），0006（间接寻址错误）。

例4–1 将变量存储器 VW2 中内容送到 VW20 中。程序如图4–1所示。

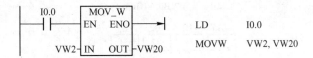

图4–1 例4–1梯形图

2. 字节、字、双字、实数数据块传送指令 BLKMOV

数据块传送指令由数据块传送符 BLKMOV、数据类型（B/W/D）、传送启动信号 EN、源数据起始地址 IN、源数据数目 N 和目标操作数 OUT 构成。

数据块传送指令将从输入地址 IN 开始的 N 个数据传送到输出地址 OUT 开始的 N 个单元中，N 的范围为 1～255，N 的数据类型为字节。其梯形图和语句表表示见表4–2。

表4–2 数据传送指令 BLKMOV 指令格式

LAD	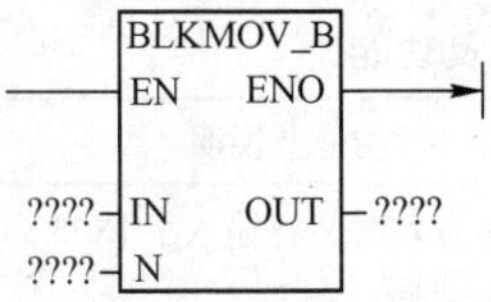 BLKMOV_B EN ENO ????–IN OUT–???? ????–N	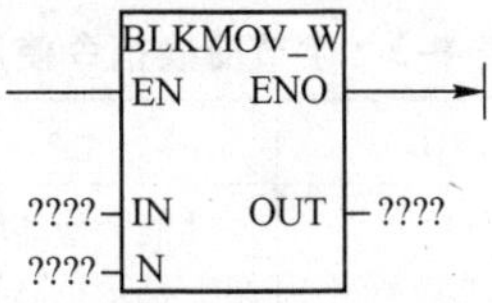 BLKMOV_W EN ENO ????–IN OUT–???? ????–N	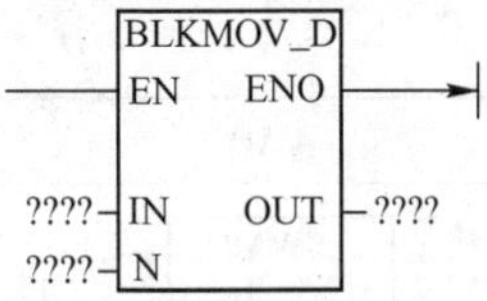 BLKMOV_D EN ENO ????–IN OUT–???? ????–N
STL	BMB IN, OUT	BMW IN, OUT	BMD IN, OUT
操作数及数据类型	IN: VB, IB, QB, MB, SB, SMB, LB。 OUT: VB, IB, QB, MB, SB, SMB, LB。 数据类型：字节	IN: VW, IW, QW, MW, SW, SMW, LW, T, C, AIW。 OUT: VW, IW, QW, MW, SW, SMW, LW, T, C, AQW。 数据类型：字	IN/ OUT: VD, ID, QD, MD, SD, SMD, LD。 数据类型：双字
	N: VB, IB, QB, MB, SB, SMB, LB, AC, 常量；数据类型：字节；数据范围：1～255		
功能	使能输入有效时，即 EN = 1 时，把从输入 IN 开始的 N 个字节（字、双字）传送到以输出 OUT 开始的 N 个字节（字、双字）中		

传送指令是在启动信号 EN ＝1 时，执行数据块传送功能。其功能是把源操作数起始地址 IN 的 N 个数据传送到目标操作数 OUT 的起始地址中。ENO 为传送状态位。

数据块传送指令的应用：应用传送指令时，应该注意数据类型和数据地址的连续性。

使 ENO ＝0 的错误条件：0006（间接寻址错误）0091（操作数超出范围）。

例 4-2 使用块传送指令，把 VB0 ~ VB3 四个字节的内容传送到 VB100 ~ VB103 单元中，启动信号为 I0.0。这时 IN 数据应为 VB0，N 应为 4，OUT 数据应为 VBl00，如图 4-2 所示。

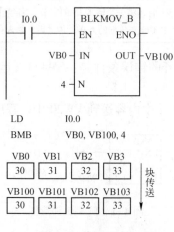

图 4-2　例 4-2 图

4.1.2　字节交换、字节立即读写指令及典型应用

1. 字节交换指令

交换字节指令由交换字标识符 SWP、交换启动信号 EN 和交换数据字地址 IN 构成。交换字节指令由交换字节操作码 SWP 和交换数据字地址 IN 构成。其梯形图和语句表表示见表 4-3。

表 4-3　字节交换指令使用格式及功能

LAD	STL	功能及说明
SWAP EN　ENO ????－IN	SWAP　IN	功能：使能输入 EN 有效时，将输入字 IN 的高字节与低字节交换，结果仍放在 IN 中 IN：VW、IW、QW、MW、SW、SMW、T、C、LW、AC。 数据类型：字

交换字节指令是在启动信号 EN ＝1 时，执行交换字节功能。其功能是把数据（IN）的高字节与低字节交换，ENO 为传送状态位。

ENO ＝0 的错误条件：0006（间接寻址错误），SM4.3（运行时间）

例 4-3 高低字节交换指令的用法，如图 4-3 所示。

1）在 I0.0 闭合的第一个扫描周期，首先执行 MOVW 指令，将十六进制数 12EF 传送到 AC0 中，接着执行字节交换指令 SWAP，将 AC0 中的值变为十六进制数 EF12。

2）SWAP 指令使用时，若不使用正跳变指令，则在 I0.0 闭合的每一个扫描周期执行一次高低字节交换，不能保证结果正确。

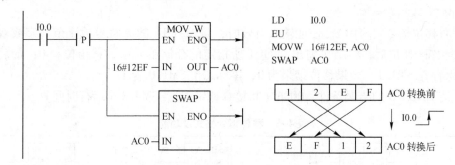

图 4-3   例 4-3 SWAP 指令的用法

2. 字节立即读写指令

字节立即读指令（MOV - BIR）：读取实际输入端 IN 给出的 1 个字节的数值，并将结果写入 OUT 所指定的存储单元，但输入映像寄存器未更新。

字节立即写指令：从输入 IN 所指定的存储单元中读取 1 个字节的数值并写入（以字节为单位）实际输出 OUT 端的物理输出点，同时刷新对应的输出映像寄存器。指令格式及功能见表 4-4。

表 4-4   字节立即读写指令格式

LAD	STL	功能及说明
MOV_BIR EN ENO ????– IN OUT – ????	BIR IN, OUT	功能：字节立即读 IN: IB OUT: VB, IB, QB, MB, SB, SMB, LB, AC 数据类型：字节
MOV_BIW EN ENO ????– IN OUT – ????	BIW IN, OUT	功能：字节立即写 IN: VB, IB, QB, MB, SB, SMB, LB, AC, 常量 OUT: QB 数据类型：字节

使 ENO = 0 的错误条件：0006（间接寻址错误），SM4.3（运行时间）。注意：字节立即读写指令无法存取扩展模块。

4.1.3   移位指令及典型应用

移位指令分为左右移位、循环左右移位及寄存器移位指令三大类。前两类移位指令按移位数据的长度又分为字节型、字型及双字型 3 种，移位指令最大移位位数 N ≤ 数据类型对应的位数，移位位数为字节型数据。

1. 左、右移位指令

左、右移位数据存储单元与 SM1.1（溢出）端相连，移出位被放到特殊标志存储器 SM1.1 位。移位数据存储单元的另一端补 0。移位指令格式见表 4-5。

1）左移位指令（SHL）。使能输入有效时，将输入 IN 的无符号数字节、字或双字中的各位向左移 N 位后（右端补 0），将结果输出到 OUT 所指定的存储单元中，如果移位次数大于 0，最后一次移出位保存在"溢出"存储器位 SM1.1。如果移位结果为 0，零标志位 SM1.0 置 1。

2）右移位指令（SHR）。使能输入有效时，将输入 IN 的无符号数字节、字或双字中的各位向右移 N 位后，将结果输出到 OUT 所指定的存储单元中，移出位补 0，最后一次移出位保存在 SM1.1。如果移位结果为 0，零标志位 SM1.0 置 1。

3）使 ENO＝0 的错误条件：0006（间接寻址错误），SM4.3（运行时间）。

表 4-5　移位指令格式及功能

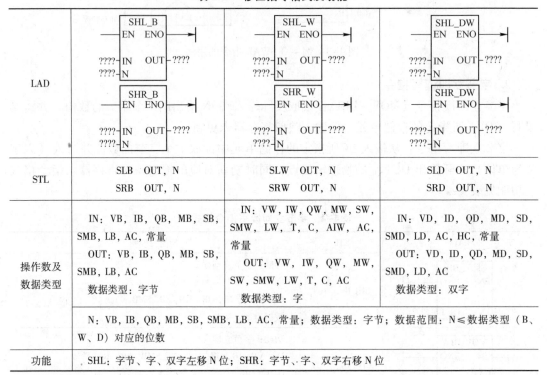

LAD	SHL_B EN ENO ????-IN OUT-???? ????-N SHR_B EN ENO ????-IN OUT-???? ????-N	SHL_W EN ENO ????-IN OUT-???? ????-N SHR_W EN ENO ????-IN OUT-???? ????-N	SHL_DW EN ENO ????-IN OUT-???? ????-N SHR_DW EN ENO ????-IN OUT-???? ????-N
STL	SLB OUT, N SRB OUT, N	SLW OUT, N SRW OUT, N	SLD OUT, N SRD OUT, N
操作数及数据类型	IN：VB、IB、QB、MB、SB、SMB、LB、AC、常量 OUT：VB、IB、QB、MB、SB、SMB、LB、AC 数据类型：字节	IN：VW、IW、QW、MW、SW、SMW、LW、T、C、AIW、AC、常量 OUT：VW、IW、QW、MW、SW、SMW、LW、T、C、AC 数据类型：字	IN：VD、ID、QD、MD、SD、SMD、LD、AC、HC、常量 OUT：VD、ID、QD、MD、SD、SMD、LD、AC 数据类型：双字
	N：VB、IB、QB、MB、SB、SMB、LB、AC、常量；数据类型：字节；数据范围：N≤数据类型（B、W、D）对应的位数		
功能	SHL：字节、字、双字左移 N 位；SHR：字节、字、双字右移 N 位		

说明：在 STL 指令中，若 IN 和 OUT 指定的存储器不同，则须首先使用数据传送指令 MOV 将 IN 中的数据送入 OUT 所指定的存储单元。如：

　　MOVB IN,OUT
　　SLB OUT,N

2. 循环左、右移位指令

循环移位将移位数据存储单元的首尾相连，同时又与溢出标志 SM1.1 连接，SM1.1 用来存放被移出的位。指令格式见表 4-6。

1）循环左移位指令（ROL）。使能输入有效时，将 IN 输入无符号数（字节、字或双字）循环左移 N 位后，将结果输出到 OUT 所指定的存储单元中，移出的最后一位的数值送溢出标志位 SM1.1。当需要移位的数值是零时，零标志位 SM1.0 为 1。

2）循环右移位指令（ROR）。使能输入有效时，将 IN 输入无符号数（字节、字或双字）循环右移 N 位后，将结果输出到 OUT 所指定的存储单元中，移出的最后一位的数值送溢出标志位 SM1.1。当需要移位的数值是零时，零标志位 SM1.0 为 1。

3）移位次数 N≥数据类型（B、W、D）时的移位位数的处理。

① 如果操作数是字节，当移位次数 N≥8 时，则在执行循环移位前，先对 N 进行模 8 操作（N 除以 8 后取余数），其结果 0 ~ 7 为实际移动位数。

② 如果操作数是字，当移位次数 N≥16 时，则在执行循环移位前，先对 N 进行模 16 操作（N 除以 16 后取余数），其结果 0 ~ 15 为实际移动位数。

③ 如果操作数是双字，当移位次数 N≥32 时，则在执行循环移位前，先对 N 进行模 32 操作（N 除以 32 后取余数），其结果 0 ~ 31 为实际移动位数。

4）使 ENO =0 的错误条件：0006（间接寻址错误），SM4.3（运行时间）。

表 4-6　循环左、右移位指令格式及功能

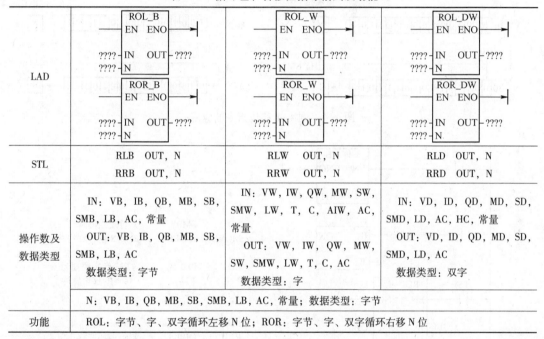

	ROL_B / ROR_B	ROL_W / ROR_W	ROL_DW / ROR_DW
LAD	EN ENO ????－IN OUT－???? ????－N EN ENO ????－IN OUT－???? ????－N	EN ENO ????－IN OUT－???? ????－N EN ENO ????－IN OUT－???? ????－N	EN ENO ????－IN OUT－???? ????－N EN ENO ????－IN OUT－???? ????－N
STL	RLB OUT, N RRB OUT, N	RLW OUT, N RRW OUT, N	RLD OUT, N RRD OUT, N
操作数及 数据类型	IN: VB, IB, QB, MB, SB, SMB, LB, AC, 常量 OUT: VB, IB, QB, MB, SB, SMB, LB, AC 数据类型：字节	IN: VW, IW, QW, MW, SW, SMW, LW, T, C, AIW, AC, 常量 OUT: VW, IW, QW, MW, SW, SMW, LW, T, C, AC 数据类型：字	IN: VD, ID, QD, MD, SD, SMD, LD, AC, HC, 常量 OUT: VD, ID, QD, MD, SD, SMD, LD, AC 数据类型：双字
	N: VB, IB, QB, MB, SB, SMB, LB, AC, 常量；数据类型：字节		
功能	ROL: 字节、字、双字循环左移 N 位；ROR: 字节、字、双字循环右移 N 位		

说明：在 STL 指令中，若 IN 和 OUT 指定的存储器不同，则须首先使用数据传送指令 MOV 将 IN 中的数据送入 OUT 所指定的存储单元。如：

　　MOVB　IN,OUT

　　SLB　OUT,N

例 4-4　将 AC2 中的字循环右移 2 位，将 VW30 中的字左移 1 位。程序及运行结果如图 4-4 所示。

例 4-5　用 I0.0 控制接在 Q0.0 ~ Q0.7 上的 8 个彩灯循环移位，从左到右以 0.5s 的速度依次点亮，保持任意时刻只有一个指示灯亮，到达最右端后，再从左到右依次点亮。

分析：8 个彩灯循环移位控制，可以用字节的循环移位指令。根据控制要求，首先应置彩灯的初始状态为 QB0 =1，即左边第一盏灯亮；接着灯从左至右以 0.5s 的速度依次点亮，即要求字节 QB0 中的"1"用循环左移位指令每 0.5s 移动一位，因此须在 ROL－B 指令的 EN 端接一个 0.5s 的移位脉冲（可用定时器指令实现）。梯形图程序和语句表程序如图 4-5 所示。

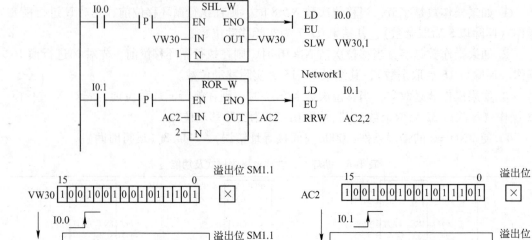

图4-4 例4-4 移位指令的应用

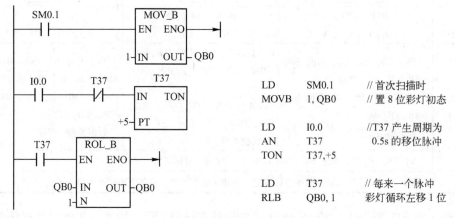

图4-5 梯形图和语句表

3. 移位寄存器指令（SHRB）

移位寄存器指令是可以指定移位寄存器的长度和移位方向的移位指令。其指令格式如图4-6所示。移位寄存器指令SHRB将DATA数值移入移位寄存器。梯形图中，EN为使能输入端，连接移位脉冲信号，每次使能有效时，整个移位寄存器移动1位。DATA为数据输入端，连接移入移位寄存器的二进制数值，执行指令时，将该位的值移入寄存器。S_BIT指定移位寄存器的最低位。N指定移位寄存器的长度和移位方向，移位寄存器的最大长度为64 bit，N为正值表示左移位，输入数据（DATA）移入移位寄存器的最低位（S_BIT），并移出移位寄存器的最高位。移出的数据被放置在溢出内存位（SM1.1）中。N为负值表示右移位，输入数据移入移位寄存器的最高位中，并移出最低位（S_BIT）。移出的数据被放置在溢出内存位（SM1.1）中。

DATA和S-BIT的操作数为I，Q，M，SM，T，C，V，S，L。数据类型为：BOOL变

量。N 的操作数为 VB, IB, QB, MB, SB, SMB, LB, AC 及常量。数据类型为：字节。

使 ENO =0 的错误条件：0006（间接地址），0091（操作数超出范围），0092（计数区错误）。

移位指令影响特殊内部标志位：SM1.1（为移出的位置设置溢出位）。

例 4-6　移位寄存器应用举例。程序及运行结果如图 4-6 所示。

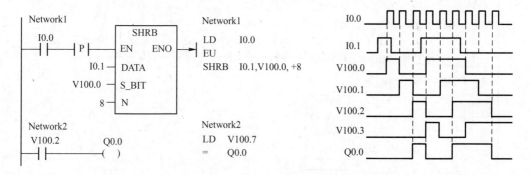

图 4-6　例 4-6 梯形图、语句表、时序图及运行结果

例 4-7　如图 4-7 所示，小车在 SQ1 处，按下起动按钮，小车向右侧的 SQ2、SQ3 处运行，在 SQ2、碰到 SQ2 停下装料，完成返回 SQ1 处卸料；小车又向右行至 SQ3 处装料返回到 SQ1 处卸料。装料、卸料时间为 30 s，要求能连续、单周期及单步操作。

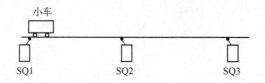

图 4-7　装料小车运动图

I/O 分配表见表 4-7，梯形图如图 4-8 所示。

表 4-7　I/O 分配表

输　　入			输　　出		
功　　能	元　　件	地　　址	功　　能	元　　件	地　　址
启动按钮	SB1	I0.0	正转接触器	KM1	Q0.0
行程开关	SQ1	I0.1	反转接触器	KM2	Q0.1
行程开关	SQ2	I0.2			
行程开关	SQ3	I0.3			
单步开关	SA1	I1.0			
单周期开关	SA2	I1.1			
连续开关	SA3	I1.2			
复位开关	SA4	I1.3			

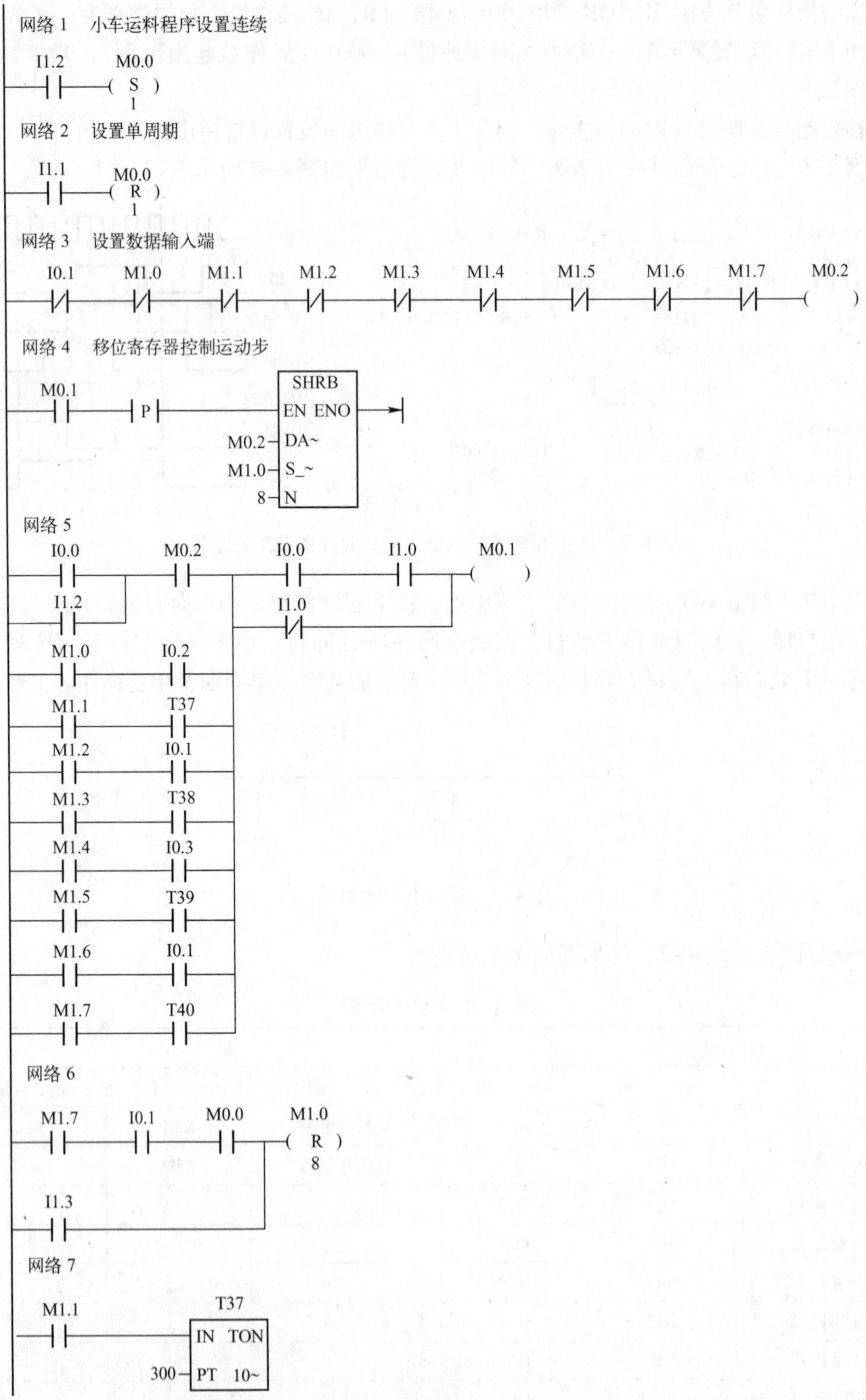

网络 1   小车运料程序设置连续

```
  I1.2        M0.0
──┤ ├──────( S )
              1
```

网络 2   设置单周期

```
  I1.1        M0.0
──┤ ├──────( R )
              1
```

网络 3   设置数据输入端

```
  I0.1   M1.0   M1.1   M1.2   M1.3   M1.4   M1.5   M1.6   M1.7   M0.2
──┤/├───┤/├───┤/├───┤/├───┤/├───┤/├───┤/├───┤/├───┤/├───( )
```

网络 4   移位寄存器控制运动步

```
  M0.1                 ┌──────────┐
──┤ ├──┤P├─────────────┤SHRB      │
                       │EN    ENO ├──
                 M0.2─ ┤DA~       │
                 M1.0─ ┤S_~       │
                    8─ ┤N         │
                       └──────────┘
```

网络 5

```
  I0.0    M0.2      I0.0    I1.0    M0.1
──┤ ├──┬──┤ ├──┬──┤ ├────┤ ├────( )
  I1.2 │        │  I1.0
──┤ ├──┤        └──┤/├──────────┘
  M1.0 │  I0.2
──┤ ├──┤──┤ ├──┤
  M1.1 │  T37
──┤ ├──┤──┤ ├──┤
  M1.2 │  I0.1
──┤ ├──┤──┤ ├──┤
  M1.3 │  T38
──┤ ├──┤──┤ ├──┤
  M1.4 │  I0.3
──┤ ├──┤──┤ ├──┤
  M1.5 │  T39
──┤ ├──┤──┤ ├──┤
  M1.6 │  I0.1
──┤ ├──┤──┤ ├──┤
  M1.7 │  T40
──┤ ├──┘──┤ ├──┘
```

网络 6

```
  M1.7    I0.1    M0.0    M1.0
──┤ ├────┤ ├────┤ ├────( R )
  I1.3                    8
──┤ ├────┘
```

网络 7

```
  M1.1            ┌─────────┐
──┤ ├─────────────┤IN   TON │
                  │         │
            300── ┤PT    10~│
                  └─────────┘  T37
```

图 4-8   梯形图

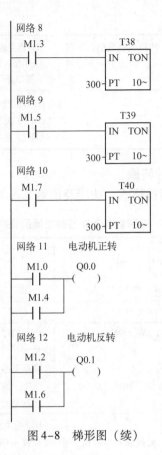

图 4-8　梯形图（续）

4.1.4　转换指令及典型应用

转换指令是对操作数的类型进行转换，并输出到指定的目标地址中去。转换指令包括数据的类型转换、数据的编码和译码指令以及字符串类型转换指令。

不同功能的指令对操作数要求不同。类型转换指令可将固定的一个数据用到不同类型要求的指令中，包括字节与字整数之间的转换、整数与双整数的转换、双字整数与实数之间的转换以及 BCD 码与整数之间的转换等。

1. 字节与字整数之间的转换

字节型数据与字整数之间转换的指令格式见表 4-8。

表 4-8　字节型数据与字整数之间转换指令

LAD	B_I EN　ENO ????─IN　OUT─????	I_B EN　ENO ????─IN　OUT─????
STL	BTI　IN, OUT	ITB　IN, OUT
操作数及 数据类型	IN：VB, IB, QB, MB, SB, SMB, LB, AC, 常量 数据类型：字节 OUT：VW, IW, QW, MW, SW, SMW, LW, T, C, AC 数据类型：整数	IN：VW, IW, QW, MW, SW, SMW, LW, T, C, AIW, AC, 常量 数据类型：整数 OUT：VB, IB, QB, MB, SB, SMB, LB, AC 数据类型：字节

（续）

功能及说明	BTI 指令将字节数值（IN）转换成整数值，并将结果置入 OUT 指定的存储单元。因为字节不带符号，所以无符号扩展	ITB 指令将字整数（IN）转换成字节，并将结果置入 OUT 指定的存储单元。输入的字整数 0 ~ 255 被转换。超出部分导致溢出，SM1.1 = 1。输出不受影响
ENO = 0 的错误条件	0006 间接地址 SM4.3 运行时间	0006 间接地址 SM1.1 溢出或非法数值 SM4.3 运行时间

2. 字整数与双字整数之间的转换

字整数与双字整数之间的转换格式、功能及说明见表 4-9。

表 4-9　字整数与双字整数之间的转换指令

LAD	I_DI EN ENO ????—IN OUT—????	DI_I EN ENO ????—IN OUT—????
STL	ITD IN, OUT	DTI IN, OUT
操作数及数据类型	IN：VW, IW, QW, MW, SW, SMW, LW, T, C, AIW, AC, 常量 数据类型：整数 OUT：VD, ID, QD, MD, SD, SMD, LD, AC 数据类型：双整数	IN：VD, ID, QD, MD, SD, SMD, LD, HC, AC, 常量 数据类型：双整数 OUT：VW, IW, QW, MW, SW, SMW, LW, T, C, AC 数据类型：整数
功能及说明	ITD 指令将整数数值（IN）转换成双整数值，并将结果置入 OUT 指定的存储单元。符号被扩展	DTI 指令将双整数值（IN）转换成整数值，并将结果置入 OUT 指定的存储单元。如果转换的数值过大，则无法在输出中表示，产生溢出 SM1.1 = 1，输出不受影响
ENO = 0 的错误条件	0006 间接地址 SM4.3 运行时间	0006 间接地址 SM1.1 溢出或非法数值 SM4.3 运行时间

3. 双整数与实数之间的转换

双整数与实数之间的转换格式、功能及说明见表 4-10。

表 4-10　双字整数与实数之间的转换指令

LAD	DI_R EN ENO ????—IN OUT—????	ROUND EN ENO ????—IN OUT—????	TRUNC EN ENO ????—IN OUT—????
STL	DTR IN, OUT	ROUND IN, OUT	TRUNC IN, OUT
操作数及数据类型	IN：VD, ID, QD, MD, SD, SMD, LD, HC, AC, 常量 数据类型：双整数 OUT：VD, ID, QD, MD, SD, SMD, LD, AC 数据类型：实数	IN：VD, ID, QD, MD, SD, SMD, LD, AC, 常量 数据类型：实数 OUT：VD, ID, QD, MD, SD, SMD, LD, AC 数据类型：双整数	IN：VD, ID, QD, MD, SD, SMD, LD, AC, 常量 数据类型：实数 OUT：VD, ID, QD, MD, SD, SMD, LD, AC 数据类型：双整数

（续）

功能及说明	DTR 指令将 32 bit 带符号整数 IN 转换成 32 bit 实数，并将结果置入 OUT 指定的存储单元	ROUND 指令按小数部分四舍五入的原则，将实数（IN）转换成双整数值，并将结果置入 OUT 指定的存储单元	TRUNC（截位取整）指令按将小数部分直接舍去的原则，将 32 bit 实数（IN）转换成 32 bit 双整数，并将结果置入 OUT 指定存储单元
ENO =0 的错误条件	0006 间接地址 SM4.3 运行时间	0006 间接地址 SM1.1 溢出或非法数值 SM4.3 运行时间	0006 间接地址 SM1.1 溢出或非法数值 SM4.3 运行时间

值得注意的是：不论是四舍五入取整，还是截位取整，如果转换的实数数值过大，无法在输出中表示，则产生溢出，即影响溢出标志位，使 SM1.1 = 1，输出不受影响。

4. BCD 码与整数的转换

BCD 码与整数之间的转换格式、功能及说明见表 4-11。

表 4-11 BCD 码与整数之间的转换指令

LAD	BCD_I EN ENO ????-IN OUT-????	I_BCD EN ENO ????-IN OUT-????
STL	BCDI OUT	IBCD OUT
操作数及数据类型	IN: VW, IW, QW, MW, SW, SMW, LW, T, C, AIW, AC, 常量 OUT: VW, IW, QW, MW, SW, SMW, LW, T, C, AC IN/OUT 数据类型：字	
功能及说明	BCD-I 指令将二进制编码的十进制数 IN 转换成整数，并将结果送入 OUT 指定的存储单元。IN 的有效范围是 BCD 码 0～9999	I-BCD 指令将输入整数 IN 转换成二进制编码的十进制数，并将结果送入 OUT 指定的存储单元。IN 的有效范围是 0～9999
ENO =0 的错误条件	0006 间接地址，SM1.6 无效 BCD 数值，SM4.3 运行时间	

注意：

① 数据长度为字的 BCD 格式的有效范围为：0～9999（十进制），0000～9999（十六进制）0000 0000 0000 0000～1001 1001 1001 1001（BCD 码）。

② 指令影响特殊标志位 SM1.6（无效 BCD）。

③ 在表 4-11 的 LAD 和 STL 指令中，IN 和 OUT 的操作数地址相同。若 IN 和 OUT 操作数地址不是同一个存储器，对应的语句表指令为

```
MOV  IN  OUT
BCDI  OUT
```

5. 译码和编码指令

译码和编码指令的格式和功能见表 4-12。

表4-12　译码和编码指令的格式和功能

LAD	DECO EN ENO ????－IN　OUT－????	ENCO EN ENO ????－IN　OUT－????
STL	DECO IN, OUT	ENCO IN, OUT
操作数及数据类型	IN：VB, IB, QB, MB, SMB, LB, SB, AC, 常量 数据类型：字节 OUT：VW, IW, QW, MW, SMW, LW, SW, AQW, T, C, AC 数据类型：字	IN：VW, IW, QW, MW, SMW, LW, SW, AIW, T, C, AC, 常量 数据类型：字 OUT：VB, IB, QB, MB, SMB, LB, SB, AC 数据类型：字节
功能及说明	译码指令根据输入字节（IN）的低4位表示的输出字的位号，将输出字的相对应的位，置位为1，输出字的其他位均置位为0	编码指令将输入字（IN）最低有效位（其值为1）的位号写入输出字节（OUT）的低4位中
ENO =0 的错误条件	0006 间接地址，SM4.3 运行时间	

例4-8　译码编码指令应用举例。如图4-9 所示。

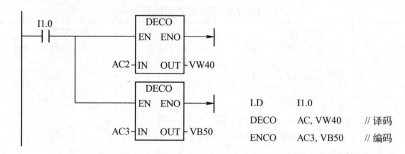

```
LD      I1.0
DECO    AC, VW40    //译码
ENCO    AC3, VB50   //编码
```

图4-9　例4-8译码编码指令应用举例

若（AC2）=2，执行译码指令，则将输出字 VW40 的第二位置1，VW40 中的二进制数为 2#0000 0000 0000 0100；若（AC3）=2#0000 0000 0000 0100，执行编码指令，则输出字节 VB50 中的错误码为2。

6. 七段显示译码指令

七段显示器的 a、b、c、d、e、f、g 段分别对应于字节的第 0 ~ 6 位，字节的某位为 1 时，其对应的段亮；输出字节的某位为 0 时，其对应的段暗。将字节的第 7 位补 0，则构成与七段显示器相对应的 8 位编码，称为七段显示码。数字 0 ~ 9、字母 A ~ F 与七段显示码的对应如图4-10 所示。

七段译码指令 SEG 将输入字节 16#0 ~ F 转换成七段显示码。指令格式见表4-13。

表4-13　七段显示译码指令

LAD	STL	功能及操作数
SEG EN ENO ????－IN　OUT－????	SEG IN, OUT	功能：将输入字节（IN）的低四位确定的 16 进制数（16#0 ~ F），产生相应的七段显示码，送入输出字节 OUT IN：VB, IB, QB, MB, SB, SMB, LB, AC, 常量 OUT：VB, IB, QB, MB, SMB, LB, AC IN/OUT 的数据类型：字节

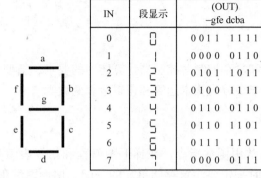

IN	段显示	(OUT) -gfe dcba		IN	段显示	(OUT) -gfe dcba
0		0011 1111		8		0111 1111
1		0000 0110		9		0110 0111
2		0101 1011		A		0111 0111
3		0100 1111		B		0111 1100
4		0110 0110		C		0011 1001
5		0110 1101		D		0101 1110
6		0111 1101		E		0111 1001
7		0000 0111		F		0111 0001

图 4-10　与七段显示码对应的代码

使 ENO = 0 的错误条件：0006（间接地址），SM4.3（运行时间）。

7. ASCII 码与十六进制数之间的转换指令

ASCII 码中实际是各种标准字符的编码，通过转换指令可以实现十六进制数据和 ASCII 码之间的相互转换，以及整型、双整型、实型与 ASCII 码的转换。

ASCII 码与十六进制数之间的转换指令格式和功能见表 4-14。

表 4-14　ASCII 码与十六进制数之间转换指令的格式和功能

LAD	ATH —EN ENO— ????—IN OUT—???? ????—LEN	HTA —EN ENO— ????—IN OUT—???? ????—LEN
STL	ATH IN, OUT, LEN	HTA IN, OUT, LEN
操作数及 数据类型	IN/OUT：VB, IB, QB, MB, SB, SMB, LB。数据类型：字节 LEN：VB, IB, QB, MB, SB, SMB, LB, AC, 常量。数据类型：字节，最大值为 255	
功能及说明	ASCII 至 HEX（ATH）指令将从 IN 开始的长度为 LEN 的 ASCII 字符转换成十六进制数，放入从 OUT 开始的存储单元，ASCII 码字符串的最大长度为 255 个字符	HEX 至 ASCII（HTA）指令将从输入字节（IN）开始的长度为 LEN 的十六进制数转换成 ASCII 字符，放入从 OUT 开始的存储单元，可转换的十六进制数的最大长度为 255 个字符
ENO = 0 的 错误条件	0006 间接地址，SM4.3 运行时间，0091 操作数范围超界 SM1.7 非法 ASCII 数值（仅限 ATH）	

合法的 ASCII 码对应的十六进制数包括 30H ~ 39H，41H ~ 46H。如果在 ATH 指令的输入中包含非法的 ASCII 码，则终止转换操作，特殊内部标志位 SM1.7 置位为 1。

例 4-9　将 VB100 ~ VB103 中存放的 4 个 ASCII 码 36、46、39、43，转换成十六进制数。梯形图和语句表程序如图 4-11 所示。

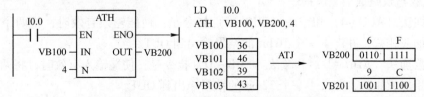

图 4-11　ASCII 码到十六进制数的转换

4.2 算术运算、逻辑运算指令

随着控制领域中新型控制算法的出现和复杂控制对控制器计算能力的要求，新型 PLC 中普遍增加了较强的计算功能。数据运算指令分为算术运算和逻辑运算两大类。

4.2.1 算术运算指令

算术运算指令包括加、减、乘、除及常用函数指令。在梯形图编程和指令表编程时对存储单元的要求是不同的，所以在使用时一定要注意存储单元的分配。梯形图编程时，IN2 和 OUT 指定的存储单元可以相同，也可以不同；指令表编程时，IN2 和 OUT 要使用相同的存储单元。算术运算指令在梯形图和指令表中的具体执行过程见表 4–15。若在梯形图编程时，IN2 和 OUT 使用了不同的存储单元，在转换为指令表格式时会使用数据传递指令对程序进行处理，将 IN2 与 OUT 变为一致，表 4–16 中以整数加法指令具体说明。一般来说，梯形图对存储单元的分配更加灵活。

表 4–15　算术运算指令在梯形图和指令表中的具体执行过程

运算形式	梯 形 图	指 令 表
加	IN1 + IN2 = OUT	IN1 + OUT = OUT
减	IN1 – IN2 = OUT	OUT – IN1 = OUT
乘	IN1 * IN2 = OUT	IN1 * OUT = OUT
除	IN1/IN2 = OUT	OUT/IN1 = OUT
自增 1	IN + 1 = OUT	OUT + 1 = OUT
自减 1	IN – 1 = OUT	OUT – 1 = OUT

表 4–16　运算指令在梯形图和指令表中的转换处理

	IN2 和 OUT 一致	IN2 和 OUT 不一致
指令表	LD I0.0 +I VW10，VW20	LD I0.0 MOVW VW10，VW30 +I VW20，VW30
梯形图	I0.0 —— ADD_I EN ENO VW10— IN1 OUT —VW20 VW20— IN2	I0.0 —— ADD_I EN ENO VW10— IN1 OUT —VW30 VW20— IN2

1. 整数与双整数加减法指令

整数加法（ADD–I）和减法（SUB–I）指令是：使能输入有效时，将两个 16 位符号整数相加或相减，并产生一个 16 bit 的结果输出到 OUT。

双整数加法（ADD–D）和减法（SUB–D）指令是：使能输入有效时，将两个 32 位符号整数相加或相减，并产生一个 32 bit 的结果输出到 OUT。

整数与双整数加减法指令格式见表 4–17。

表 4-17　整数与双整数加减法指令格式

LAD	ADD_I ─EN　ENO─ ─IN1　OUT─ ─IN2	SUB_I ─EN　ENO─ ─IN1　OUT─ ─IN2	ADD_DI ─EN　ENO─ ─IN1　OUT─ ─IN2	SUB_DI ─EN　ENO─ ─IN1　OUT─ ─IN2
STL	MOVW IN1, OUT +I　IN2, OUT	MOVW IN1, OUT -I　IN2, OUT	MOVD IN1, OUT +D　IN2, OUT	MOVD IN1, OUT +D　IN2, OUT
功能	IN1 + IN2 = OUT	IN1 - IN2 = OUT	IN1 + IN2 = OUT	IN1 - IN2 = OUT
操作数及 数据类型	IN1/IN2：VW, IW, QW, MW, SW, SMW, T, C, AC, LW, AIW, 常量，*VD, *LD, *AC OUT：VW, IW, QW, MW, SW, SMW, T, C, LW, AC, *VD, *LD, *AC IN/OUT 数据类型：整数		IN1/IN2：VD, ID, QD, MD, SMD, SD, LD, AC, HC, 常量，*VD, *LD, *AC OUT：VD, ID, QD, MD, SMD, SD, LD, AC, *VD, *LD, *AC IN/OUT 数据类型：双整数	
ENO = 0 的 错误条件	0006 间接地址，SM4.3 运行时间，SM1.1 溢出			

说明：

① 当 IN1、IN2 和 OUT 操作数的地址不同时，在 STL 指令中，首先用数据传送指令将 IN1 中的数值送入 OUT，然后再执行加、减运算，即：OUT + IN2 = OUT、OUT - IN2 = OUT。为了节省内存，在整数加法的梯形图指令中，可以指定 IN1 或 IN2 = OUT，这样，可以不用数据传送指令。如指定 INI = OUT，则语句表指令为：+I　IN2，OUT；如指定 IN2 = OUT，则语句表指令为：+I　IN1，OUT。在整数减法的梯形图指令中，可以指定 IN1 = OUT，则语句表指令为：-I　IN2，OUT。这个原则适用于所有的算术运算指令，且乘法和加法对应，减法和除法对应。

② 整数与双整数加减法指令影响算术标志位 SM1.0（零标志位）、SM1.1（溢出标志位）和 SM1.2（负数标志位）。

例 4-10　求 2000 加 400 的和，2000 在数据存储器 VW200 中，结果放入 AC0。程序如图 4-12 所示。

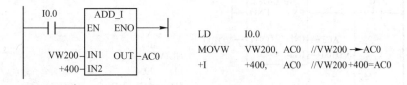

图 4-12　例 4-10 梯形图

2. 整数乘除法指令

整数乘法指令（MUL - I）是：使能输入有效时，将两个 16 位符号整数相乘，并产生一个 16 bit 的积，从 OUT 指定的存储单元输出。

整数除法指令（DIV - I）是：使能输入有效时，将两个 16 位符号整数相除，并产生一个 16 bit 的商，从 OUT 指定的存储单元输出，不保留余数。如果输出结果大于一个字，则溢出位 SM1.1 置位为 1。

双整数乘法指令（MUL－D）：使能输入有效时，将两个32位符号整数相乘，并产生一个32 bit 的乘积，从 OUT 指定的存储单元输出。

双整数除法指令（DIV－D）：使能输入有效时，将两个32位整数相除，并产生一个32 bit 的商，从 OUT 指定的存储单元输出，不保留余数。

整数乘法产生双整数指令（MUL）：使能输入有效时，将两个16位整数相乘，得出一个32 bit 的乘积，从 OUT 指定的存储单元输出。

整数除法产生双整数指令（DIV）：使能输入有效时，将两个16位整数相除，得出一个32 bit 的结果，从 OUT 指定的存储单元输出。其中高16位放余数，低16位放商。

整数乘除法指令格式见表4-18。

表4-18　整数乘除法指令格式

	MUL_I	DIV_I	MUL_DI	MUL_DI	MUL	DIV
LAD	EN ENO IN1 OUT IN2	EN ENO IN1 OUT IN2	EN ENO IN1 OUT IN2	EN ENO IN1 OUT IN2	EN ENO IN1 OUT IN2	EN ENO IN1 OUT IN2
STL	MOVW IN1,OUT *I IN2,OUT	MOVW IN1,OUT /I IN2,OUT	MOVD IN1,OUT *D IN2,OUT	MOVD IN1,OUT /D IN2,OUT	MOVW IN1,OUT MUL IN2,OUT	MOVW IN1,OUT DIV IN2,OUT
功能	IN1 * IN2 = OUT	IN1/IN2 = OUT	IN1 * IN2 = OUT	IN1/IN2 = OUT	IN1 * IN2 = OUT	IN1/IN2 = OUT

整数双整数乘除法指令操作数及数据类型和加减运算的相同。

整数乘法除法产生双整数指令的操作数：

IN1/IN2：VW、IW、QW、MW、SW、SMW、T、C、LW、AC、AIW、常量、*VD、*LD、*AC。数据类型：整数。

OUT：VD、ID、QD、MD、SMD、SD、LD、AC、*VD、*LD、*AC。数据类型：双整数。

使 ENO＝0 的错误条件：0006（间接地址），SM1.1（溢出），SM1.3（除数为0）。

对标志位的影响：SM1.0（零标志位），SM1.1（溢出），SM1.2（负数），SM1.3（被0除）。

例4-11　乘除法指令应用举例，程序如图4-13所示。

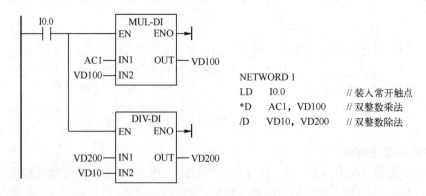

图4-13　例4-11梯形图

3. 实数加减乘除指令

实数加法（ADD－R）、减法（SUB－R）指令：将两个32位实数相加或相减，并产生一个 32 bit 的实数结果，从 OUT 指定的存储单元输出。

实数乘法（MUL - R）、除法（DIV - R）指令：使能输入有效时，将两个 32 位实数相乘（除），并产生一个 32 bit 的积（商），从 OUT 指定的存储单元输出。

操作数：

IN1/IN2：VD，ID，QD，MD，SMD，SD，LD，AC，常量，＊VD，＊LD，＊AC。

OUT：VD，ID，QD，MD，SMD，SD，LD，AC，＊VD，＊LD，＊AC。

数据类型：实数。

指令格式见表 4-19。

表 4-19　实数加减乘除指令

	ADD_R	SUB_R	MUL_R	DIV_R
LAD	EN ENO IN1 OUT IN2	EN ENO IN1 OUT IN2	EN ENO IN1 OUT IN2	EN ENO IN1 OUT IN2
STL	MOVD IN1,OUT +R IN2,OUT	MOVD IN1,OUT -R IN2,OUT	MOVD IN1,OUT *R IN2,OUT	MOVD IN1,OUT /R IN2,OUT
功能	IN1 + IN2 = OUT	IN1 - IN2 = OUT	IN1 * IN2 = OUT	IN1/IN2 = OUT
ENO =0 的错误条件	0006 间接地址，SM4.3 运行时间，SM1.1 溢出		0006 间接地址，SM1.1 溢出，SM4.3 运行时间，SM1.3 除数为 0	
对标志位的影响	SM1.0（零），SM1.1（溢出），SM1.2（负数），SM1.3（被 0 除）			

例 4-12　实数运算指令的应用，程序如图 4-14 所示。

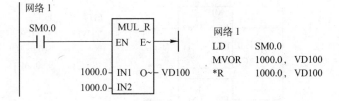

图 4-14　例 4-12 梯形图

4. 数学函数变换指令

数学函数变换指令包括平方根、自然对数、指数及三角函数等。

① 平方根（SQRT）指令：对 32 位实数（IN）取平方根，并产生一个 32 bit 的实数结果，从 OUT 指定的存储单元输出。

② 自然对数（LN）指令：对 IN 中的数值进行自然对数计算，并将结果置于 OUT 指定的存储单元中。

求以 10 为底数的对数时，用自然对数除以 2.302585（约等于 10 的自然对数）。

③ 自然指数（EXP）指令：将 IN 取以 e 为底的指数，并将结果置于 OUT 指定的存储单元中。

将"自然指数"指令与"自然对数"指令相结合，可以实现以任意数为底、任意数为指数的计算。求 y^x，输入以下指令：EXP（x * LN（y））。

④ 三角函数指令：将一个实数的弧度值 IN 分别求 SIN、COS、TAN，得到实数运算结果，从 OUT 指定的存储单元输出。

函数变换指令格式及功能见表 4-20。

表 4-20　函数变换指令格式及功能

LAD	SQRT –EN ENO– –IN OUT–	LN –EN ENO– –IN OUT–	EXP –EN ENO– –IN OUT–	SIN –EN ENO– –IN OUT–	COS –EN ENO– –IN OUT–	TAN –EN ENO– –IN OUT–
STL	SQRT IN,OUT	LN IN,OUT	EXP IN,OUT	SIN IN,OUT	COS IN,OUT	TAN IN,OUT
功能	SQRT(IN) = OUT	LN(IN) = OUT	EXP(IN) = OUT	SIN(IN) = OUT	COS(IN) = OUT	TAN(IN) = OUT
操作数及数据类型	IN: VD, ID, QD, MD, SMD, SD, LD, AC, 常量, * VD, * LD, * AC OUT: VD, ID, QD, MD, SMD, SD, LD, AC, * VD, * LD, * AC 数据类型：实数					

使 ENO = 0 的错误条件：0006（间接地址），SM1.1（溢出），SM4.3（运行时间）。

对标志位的影响：SM1.0（零），SM1.1（溢出），SM1.2（负数）。

例 4-13　求 45°的正弦值。先将 45°转换为弧度：（3.14159/180）* 45，再求正弦值。程序如图 4-15 所示。

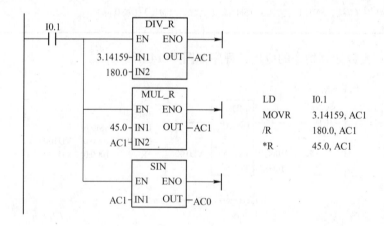

图 4-15　例 4-13 梯形图

4.2.2　逻辑运算指令

逻辑运算是对无符号数按位进行与、或、异或和取反等操作。操作数的长度有 B、W、DW。指令格式见表 4-21。

① 逻辑与（WAND）指令：将输入 IN1、IN2 按位相与，得到的逻辑运算结果，放入 OUT 指定的存储单元。

② 逻辑或（WOR）指令：将输入 IN1、IN2 按位相或，得到的逻辑运算结果，放入 OUT 指定的存储单元。

③ 逻辑异或（WXOR）指令：将输入 IN1、IN2 按位相异或，得到的逻辑运算结果，

放入 OUT 指定的存储单元。

④ 取反（INV）指令：将输入 IN 按位取反，将结果放入 OUT 指定的存储单元。

表 4-21　逻辑运算指令格式

	LAD			
LAD	WAND_B EN ENO / IN1 OUT / IN2	WOR_B EN ENO / IN1 OUT / IN2	WXOR_B EN ENO / IN1 OUT / IN2	INV_B EN ENO / IN OUT
	WAND_W EN ENO / IN1 OUT / IN2	WOR_W EN ENO / IN1 OUT / IN2	WXOR_W EN ENO / IN1 OUT / IN2	INV_W EN ENO / IN OUT
	WAND_DW EN ENO / IN1 OUT / IN2	WOR_DW EN ENO / IN1 OUT / IN2	WXOR_DW EN ENO / IN1 OUT / IN2	INV_DW EN ENO / IN OUT
STL	ANDB IN1,OUT ANDW IN1,OUT ANDD IN1,OUT	ORB IN1,OUT ORW IN1,OUT ORD IN1,OUT	XORB IN1,OUT XORW IN1,OUT XORD IN1,OUT	INVB OUT INVW OUT INVD OUT
功能	IN1，IN2 按位相与	IN1，IN2 按位相或	IN1，IN2 按位异或	对 IN 取反
操作数 B	IN1/IN2：VB, IB, QB, MB, SB, SMB, LB, AC, 常量，＊VD，＊AC，＊LD OUT：VB, IB, QB, MB, SB, SMB, LB, AC, ＊VD，＊AC，＊LD			
操作数 W	IN1/IN2：VW, IW, QW, MW, SW, SMW, T, C, AC, LW, AIW, 常量，＊VD，＊AC，＊LD OUT：VW, IW, QW, MW, SW, SMW, T, C, LW, AC, ＊VD，＊AC，＊LD			
操作数 DW	IN1/IN2：VD, ID, QD, MD, SMD, AC, LD, HC, 常量，＊VD，＊AC, SD，＊LD OUT：VD, ID, QD, MD, SMD, LD, AC, ＊VD，＊AC, SD，＊LD			

说明：

① 在表 4-21 的梯形图指令中设置 IN2 和 OUT 所指定的存储单元相同，这样对应的语句表指令如表中所示。若在梯形图指令中，IN2（或 IN1）和 OUT 所指定的存储单元不同，则在语句表指令中需使用数据传送指令，将其中一个输入端的数据先送入 OUT，在进行逻辑运算。如

> MOVB IN1,OUT
>
> ANDB IN2,OUT

② ENO＝0 的错误条件：0006 间接地址，SM4.3 运行时间。

③ 对标志位的影响：SM1.0（零）。

例 4-14　字节取反、字节与、字节或以及字节异或指令的应用如图 4-16 所示。

4.2.3　递增、递减指令

递增、递减指令用于对输入无符号数字节、符号数字、符号数双字进行加 1 或减 1 的操作。指令格式见表 4-22。

① 递增字节（INC－B）/递减字节（DEC－B）指令：在输入字节（IN）上加 1 或

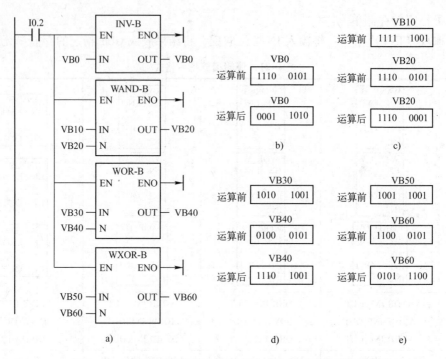

图 4-16　字节取反、字节与、字节或、字节异或指令的应用

a) 梯形图　b) 取反　c) 与　d) 或　e) 异或

减 1，并将结果置入 OUT 指定的变量中。递增和递减字节运算不带符号。

② 递增字（INC - W）/递减字（DEC - W）指令：在输入字（IN）上加 1 或减 1，并将结果置入 OUT。递增和递减字运算带符号（16#7FFF > 16#8000）。

③ 递增双字（INC - DW）/递减双字（DEC - DW）指令：在输入双字（IN）上加 1 或减 1，并将结果置入 OUT。递增和递减双字运算带符号（16 # 7FFFFFFF > 16#80000000）。

表 4-22　递增、递减指令格式

LAD	INC_B EN ENO IN OUT		INC_W EN ENO IN OUT		INC_DW EN ENO IN OUT	
STL	INCB OUT	DECB OUT	INCW OUT	DECW OUT	INCD OUT	DECD OUT
功能	字节加 1	字节减 1	字加 1	字减 1	双字加 1	双字减 1
操作及数据类型	IN：VB, IB, QB, MB, SB, SMB, LB, AC, 常量，*VD, *LD, *AC OUT：VB, IB, QB, MB, SB, SMB, LB, AC, *VD, *LD, *AC IN/OUT 数据类型：字节		IN：VW, IW, QW, MW, SW, SMW, AC, AIW, LW, T, C, 常量, *VD, *LD, *AC OUT：VW, IW, QW, MW, SW, SMW, LW, AC, T, C, *VD, *LD, *AC 数据类型：整数		IN：VD, ID, QD, MD, SD, SMD, LD, AC, HC, 常量，*VD, *LD, *AC OUT：VD, ID, QD, MD, SD, SMD, LD, AC, *VD, *LD, *AC 数据类型：双整数	

说明：

① 使 ENO ＝0 的错误条件：SM4.3（运行时间），0006（间接地址），SM1.1（溢出）。

② 影响标志位：SM1.0（零），SM1.1（溢出），SM1.2（负数）。

③ 在梯形图指令中，IN 和 OUT 可以指定为同一存储单元，这样可以节省内存，在语句表指令中不需使用数据传送指令。

4.3 表功能指令及典型应用

表功能指令是指定存储器区域中的数据管理指令。可建立一个不大于 100 个字的数据表，依次向数据区填入或取出数据，并可在数据区查找符合设置条件的数据，以对数据区内的数据进行统计、排序和比较等处理。表功能指令包括填表指令、查表指令、先进先出指令、后进先出指令及填充指令。

数据表是用来存放字型数据的表格，见表 4-23。表格的第一个字地址即首地址为表地址，首地址中的数值是表格的最大长度（TL），即最大填表数。表格的第二个字地址中的数值是表的实际长度（EC），指定表格中的实际填表数。每次向表格中增加新数据后，EC 加 1。从第三个字地址开始，存放数据（字）。表格最多可存放 100 个数据（字），不包括指定最大填表数（TL）和实际填表数（EC）的参数。

表 4-23 数据表举例

存储单元	数 据	说 明
VW10	0005	数据最大填表数为 TL ＝5（ ＜ ＝100）
VW12	0003	实际填表数 EC ＝0003（ ＜ ＝100）
VW14	1234	数据 0
VW16	5678	数据 1
VW18	9012	数据 2
VW20	＊＊＊＊	无效数据
VW22	＊＊＊＊	无效数据

确定表格的最大填表数后，可用表功能指令在表中存取字型数据。表功能指令包括填表指令、表取数指令、表查找指令及字填充指令。所有的表格读取和表格写入指令必须用边缘触发指令激活。

数据表由 3 部分组成：表地址，由表的首地址指明；表定义，由表地址和第 2 个字地址所对应的单元分别存放的两个表参数来定义最大填表数和实际填表数；存储数据，从第 3 个字节地址开始存放数据。一个表最多能存储 100 个数据。

表功能指令见表 4-24。

表 4-24 表功能指令

指 令		说 明
ATT	DATA TABLE	填表
FIND ＝	TBL PATRN INDX	查表
FIND ＜ ＞	TBL PATRN INDX	查表

（续）

指　令			说　明
FIND <	TBL PATRN	INDX	查表
FIND >	TBL PATRN	INDX	查表
FIFO	TABLE	DATA	先入先出
LIFO	TABLE	DATA	后入先出
FILL	IN OUT	N	填充

4.3.1　填表指令

填表（ATT）指令：向表格（TBL）中增加一个字（DATA）。如图 4-17 所示。

说明：

① DATA 为数据输入端，其操作数：VW，IW，QW，MW，SW，SMW，LW，T，C，AIW，AC，常量，∗VD，∗LD，∗AC；数据类型：整数。

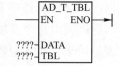

图 4-17　填表（ATT）指令格式

② TBL 为表格的首地址，其操作数：VW，IW，QW，MW，SW，SMW，LW，T，C，∗VD，∗LD，∗AC；数据类型：字。

③ 指令执行后，新填入的数据放在表格中最后一个数据的后面，EC 的值自动加 1。

④ 使 ENO = 0 的错误条件：0006（间接地址），0091（操作数超出范围），SM1.4（表溢出），SM4.3（运行时间）。

⑤ 填表指令影响特殊标志位：SM1.4（填入表的数据超出表的最大长度，SM1.4 = 1）。

例 4-15　填表指令应用举例。将 VW10 中的数据 1234，填入首地址是 VW100 的数据表中。程序及运行结果如图 4-18 所示。

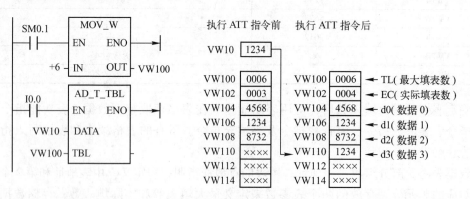

图 4-18　例 4-15 梯形图

在向数据表中添加数据时，首先要确定数据表的首地址和最大填表数。本例中，使用 SM0.1 在程序运行的第一个扫描周期，确定数据表的首地址为 VW100，最大填表数为 6。如图 4-18 所示，表中的第一个数是最大填表数（TL）6，第二个数为实际填表数（EC），在 ATT 指令运行前值为 2，每向表中添加一个新数据，EC 值会自动加 1，之后才是具体数据。当 I0.0 闭合时，将 DATA 端的数据（VW10 中的内容）添加在数据表最后一个数据后面。

4.3.2　表取数指令

从数据表中取数有先进先出（FIFO）和后进先出（LIFO）两种。执行表取数指令后，实际填表数 EC 值自动减1。

先进先出指令（FIFO）：移出表格（TBL）中的第一个数（数据0），并将该数值移至 DATA 指定的存储单元，表格中的其他数据依次向上移动一个位置。

后进先出指令（LIFO）：将表格（TBL）中的最后一个数据移至输出端 DATA 指定的存储单元，表格中的其他数据位置不变。

表取数指令格式见表4-25。

表4-25　表取数指令格式

LAD	FIFO EN ENO ????-TBL DATA-????	LIFO EN ENO ????-TBL DATA-????
STL	FIFO　TBL,DATA	LIFO　TBL,DATA
说明	输入端 TBL 为数据表的首地址，输出端 DATA 为存放取出数值的存储单元	
操作数及 数据类型	TBL：VW, IW, QW, MW, SW, SMW, LW, T, C, *VD, *LD, *AC 数据类型：字 DATA：VW, IW, QW, MW, SW, SMW, LW, AC, T, C, AQW, *VD, *LD, *AC 数据类型：整数	

使 ENO = 0 的错误条件：0006（间接地址），0091（操作数超出范围），SM1.5（空表），SM4.3（运行时间）。

对特殊标志位的影响：SM1.5（试图从空表中取数，SM1.5 = 1）。

例4-16　表取数指令应用举例。从图4-19的数据表中，用 FIFO、LIFO 指令取数，

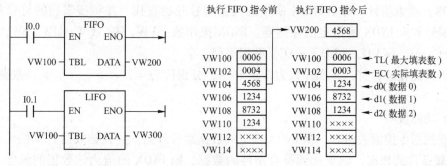

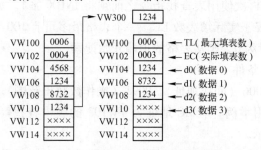

图4-19　例4-16梯形图

将取出的数值分别放入 VW3200、VW300 中，程序及运行结果如图 4-19 所示。

在 I0.0 闭合的第一个扫描周期，表中第一个数据（VW104 的内容）从表中移出，并放入 DATA 端指定的存储单元 VW200 中。

在 I0.1 闭合的第一个扫描周期，表中最后一个数据（VW110 的内容）从表中移出，并放入 DATA 端指定的存储单元 VW300 中。

4.3.3 表查找指令

表查找（TBL-FIND）指令即在表格（TBL）中搜索符合条件的数据在表中的位置（用数据编号表示，编号范围为 0～99）。其指令格式如图 4-20 所示。

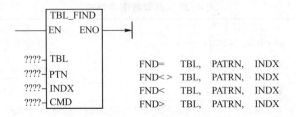

图 4-20 表查找指令格式

（1）梯形图中各输入端的介绍

TBL：为表格的实际填表数对应的地址（第二个字地址），即高于对应的"增加至表格"、"后入先出"或"先入先出"指令 TBL 操作数的一个字地址（两个字节）。TBL 操作数：VW，IW，QW，MW，SW，SMW，LW，T，C，∗VD，∗LD，∗AC。数据类型：字。

PTN：是用来描述查表条件时进行比较的数据。PTN 操作数：VW，IW，QW，MW，SW，SMW，AIW，LW，T，C，AC，常量，∗VD，∗LD，∗AC。数据类型：整数。

INDX：搜索指针，即从 INDX 所指的数据编号开始查找，并将搜索到的符合条件的数据的编号放入 INDX 所指定的存储器。INDX 操作数：VW，IW，QW，MW，SW，SMW，LW，T，C，AC，∗VD，∗LD，∗AC。数据类型：字。

CMD：比较运算符，其操作数为常量 1～4，分别代表 =、< >、<、>。数据类型：字节。

（2）功能说明

表查找指令搜索表格时，从 INDX 指定的数据编号开始，寻找与数据 PTN 的关系满足 CMD 比较条件的数据。如果找到符合条件的数据，则 INDX 的值为该数据的编号。要查找下一个符合条件的数据，再次使用表查找指令之前须将 INDX 加 1。如果没有找到符合条件的数据，INDX 的数值等于实际填表数 EC。一个表格最多可有 100 数据，数据编号范围：0～99。将 INDX 的值设为 0，则从表格的顶端开始搜索。

（3）使 ENO =0 的错误条件

SM4.3（运行时间），0006（间接地址），0091（操作数超出范围）。

例 4-17 查表指令应用举例。从 EC 地址为 VW102 的表中查找等于 16#1234 的数。程序及数据表如图 4-21 所示。

为了从表格的顶端开始搜索，AC1 的初始值 =0，查表指令执行后 AC1 =1，找到符

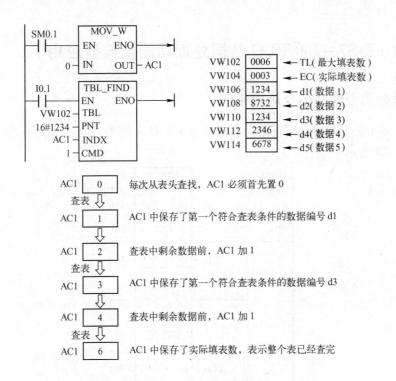

图 4-21　例 4-17 梯形图

合条件的数据 1。继续向下查找，先将 AC1 加 1，再激活表查找指令，从表中符合条件的数据 1 的下一个数据开始查找，第二次执行查表指令后，AC1 ＝4，找到符合条件的数据 4。继续向下查找，将 AC1 再加 1，再激活表查找指令，从表中符合条件的数据 4 的下一个数据开始查找，第三次执行表查找指令后，没有找到符合条件的数据，AC1 ＝6（实际填表数）。

4.3.4　字填充指令

字填充（FILL）指令用输入 IN 存储器中的字值写入输出 OUT 开始 N 个连续的字存储单元中。N 的数据范围：1 ~ 255。其指令格式如图 4-22 所示。说明如下：

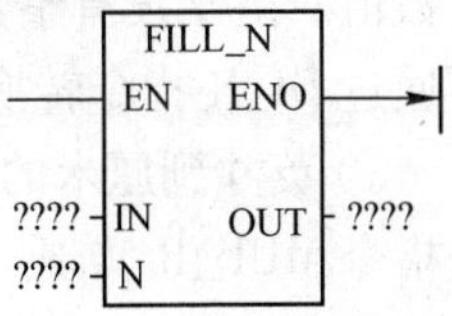

① IN 为字型数据输入端，操作数：VW，IW，QW，MW，SW，SMW，LW，T，C，AIW，AC，常量，＊VD，＊LD，＊AC；数据类型：整数。

N 的操作数：VB，IB，QB，MB，SB，SMB，LB，AC，常量，＊VD，＊LD，＊AC；数据类型：字节。

OUT 的操作数：VW，IW，QW，MW，SW，SMW，LW，T，C，AQW，＊VD，＊LD，＊AC；数据类型：整数。

图 4-22　字填充指令格式

② 使 ENO ＝0 的错误条件：SM4.3（运行时间），0006（间接地址），0091（操作数超出范围）。

4.4　西门子 S7 –200 PLC 数据处理功能及典型应用

4.4.1　数据类型转换指令应用举例

以下为一个长度转换应用程序，实现英寸 ×2.45 = 厘米。厘米值需要四舍五入取整。程序如图 4-23 所示。

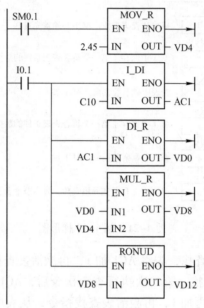

图 4-23　梯形图

说明：

① 要想实现长度转换，需要进行乘积运算。而转换系数为一实数，所以英寸值也需要变为实数才能运算。

② C10 中为通过计数器检测得到的长度 101 英寸，为一个整数值，需要转换为一个实数值。由于没有整数直接到实数的转换指令，所以先要通过 I_DI 指令转换为双整数，再通过 DI_R 指令转换为实数，存放在 VD0 中。

③ 英寸到厘米的转换系数为 2.54，存放在 VD4 中，转换为实数的长度和系数使用乘法指令 MUL_R 实现，结果放入 VD8 中。

④ 最后通过 ROUND 指令，将带小数的长度值转换为双整数的厘米长度。

4.4.2　上下限位报警控制

控制要求：某压力检测报警系统，通过传感器检测压力，向模拟量模块输入 0 ~10V 电压信号，通过 A – D 转换器转换为相应的数字量存放在 AIW0 中。试编程实现转换值超过 26000 时，红灯亮报警；超过 30000 时，红灯闪烁（0.5 s 亮，0.5 s 灭）报警；转换值低于 1000 时，黄灯亮报警。

I/O 分配见表 4−26，梯形图如图 4−24 所示。

表 4−26   上下限位报警控制 I/O 分配表

输　　入			输　　出		
功　　能	元　件	地　址	功　　能	元　件	地　址
启动按钮	SB1	I0.0	红灯	EL1	Q0.0
			黄灯	EL2	Q0.1

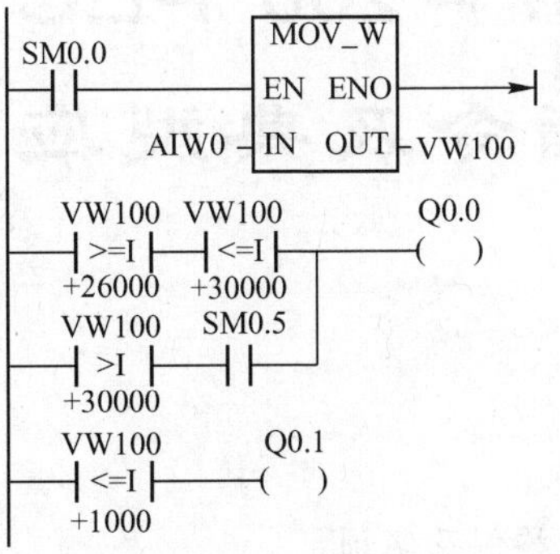

图 4−24   梯形图

4.4.3   BCC 校验

控制要求：假设 VB100 ~ VB104 中为上位机传来的数据，其中 VB104 中为前面所有字节数据两两异或的结果。为验证传输的正确性，试编程实现 VB100 ~ VB103 中数据的两两异或，结果保存在 VB120 中并与 VB104 中的数据比较，若相等，则 Q0.0 闭合，若不等则使 Q0.1 闭合。控制梯形图如图 4−25 所示。

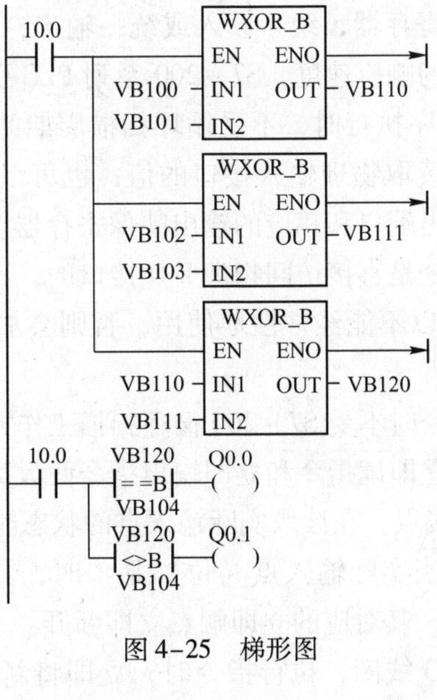

图 4−25   梯形图

第 5 章

西门子 S7 - 200 PLC 特殊功能
指令及典型应用

本章知识要点：

（1）立即类指令的功能

（2）中断指令的功能应用举例及实训

（3）高速计数器指令、高速脉冲输出指令功能应用举例及实训

（4）PID 指令的原理及 PID 控制功能的应用

（5）时钟指令

5.1 立即类指令

在 PLC 中，由于遵循 CPU 的扫描工作方式，程序执行过程中所有的输入触点和输出触点的状态均取自 I/O 映像寄存器，统一读入或统一输出，这种方式使 PLC 的 I/O 有一定的时间延迟。为加快 I/O 的响应速度，S7 - 200 系列 PLC 引入了立即指令的概念。立即指令的使用可以使 CPU 在程序执行时，不受循环扫描周期的约束，在输入映像寄存器的值没有更新的情况下，直接读取物理输入接口的值；也可以将程序执行时得到的输出线圈的结果直接复制到物理输出端口和相应的输出映像寄存器。

但要注意的是，立即指令是直接访问物理 I/O 接口的，比一般指令访问 I/O 映像寄存器占用 CPU 的时间要长，所以不能经常性地使用，否则会加长扫描周期，对系统造成不利影响。

立即类指令是指执行指令时不受 S7 - 200 循环扫描工作方式的影响，而对实际的 I/O 点立即进行读写操作。分为立即读指令和立即输出指令两大类。

立即读指令用于输入 I 接点，在读取实际输入点的状态时，并不更新该输入点对应的输入映像寄存器的值。如：当实际输入点（位）是 1 时，其对应的立即触点立即接通；当实际输入点（位）是 0 时，其对应的立即触点立即断开。

立即输出指令用于输出 Q 线圈，执行指令时，立即将新值写入实际输出点和对应的输出映像寄存器。

立即类指令与非立即类指令不同，非立即指令仅将新值读或写入输入/输出映像寄存器。

立即指令的格式和使用与位逻辑指令相似，此处不再赘述。具体内容见表5–1。

表5–1 立即类指令的格式及说明

LAD	??.? —| I |—	??.? —| /I |—	??.? —(I)—	??.? —(SI)— ????	??.? —(RI)— ????
STL	LDI bit AI bit OI bit	LDNI bit ANI bit ONI bit	=I bit	SI bit, N	RI bit, N
说明	常开立即触点可以装载、串联、并联	常闭立即触点可以装载、串联、并联	立即输出	立即置位	立即复位
操作数及数据类型	Bit：I 数据类型：BOOL		Bit：Q 数据类型：BOOL	Bit：Q 数据类型：BOOL N：VB, IB, QB, MB, SMB, SB, LB, AC, 常量, *VD, *AC, *LD 数据类型：字节	

5.2 中断指令

中断技术是计算机应用中不可缺少的内容，主要用在设备的通信连接、联网以及处理随机的紧急事件等应用中。中断主要由中断源和中断服务程序构成。而中断控制指令又可分为中断允许、中断禁止指令和中断连接、分离指令。中断程序控制的最大特点是响应迅速，在中断源触发后，它可以立即中止程序的执行过程，转而执行中断程序，而不必等到本次扫描周期结束。在中断服务程序执行完后重新返回原程序继续运行。

S7–200 设置了中断功能，用于实时控制、高速处理、通信及网络等复杂和特殊的控制任务。中断就是终止当前正在运行的程序，去执行为立即响应的信号而编制的中断服务程序，执行完毕再返回原先被终止的程序并继续运行。

5.2.1 中断源

1. 中断源的类型

中断源即发出中断请求的事件，又叫中断事件。为了便于识别，系统给每个中断源都分配一个编号，称为中断事件号。S7–200 系列 PLC 最多有 34 个中断源，系统为每个中断源都分配了一个编号用以识别，称为中断事件号。不同的 CPU 模块，其可用中断源有所不同，具体情况见表5–2。

表5–2 不同 CPU 模块可用中断源

CPU 模块	CPU221、CPU222	CPU224	CPU226
可用中断事件号（中断源）	0～12, 19～23, 27～33	0～23, 27～33	0～33

34 个中断源主要分为 3 大类，即通信中断、I/O 中断和时基中断。

（1）通信中断

在自由口通信模式下，用户可以通过接收中断和发送中断来控制串行口通信。可以设置通信的波特率、每个字符位数、起始位、停止位及奇偶校验。

（2）I/O 中断

包含上升沿和下降沿中断、高速计数器中断、高速脉冲输出中断。上升沿和下降沿中断只能用于 I0.0~I0.3，这 4 个输入点可以捕捉上升沿或下降沿事件，用于连接某些值得注意的外部事件（如故障等）；高速计数器中断可以响应当前值与预置值相等、计数方向的改变以及计数器外部复位等事件所引起的中断；高速脉冲输出中断可以响应给定数量脉冲输出完毕所引起的中断。

（3）时基中断

时基中断包括定时中断和定时器中断。

定时中断可以设置一个周期性触发的中断响应，通常可用于模拟量的采样周期或执行一个 PID 控制。周期时间以 1 ms 为增量单位，周期可以设置为 5~255 ms。S7-200 系列 PLC 提供了两个定时中断，定时中断 0，周期时间值要写入 SMB34；定时中断 1，周期时间值要写入 SMB35。当定时中断被允许，则定时中断相关定时器开始计时，在定时时间值与设置周期值相等时，相关定时器溢出，开始执行定时中断连接的中断程序。每次重新连接时，定时中断功能能够清除前一次连接时的各种累计值，并用新值重新开始计时。

定时器中断使用且只能使用 1 ms 定时器 T32 和 T96 对一个指定时间段产生中断。T32 和 T96 的使用方法与其他定时器相同，只是在定时器中断被允许时，一旦定时器的当前值和预置值相等，则执行被连接的中断程序。

2. 中断优先级和排队等候

优先级是指多个中断事件同时发出中断请求时，CPU 对中断事件响应的优先次序。优先级高的先执行，优先级低的后执行。S7-200 规定的中断优先由高到低依次是：通信中断、I/O 中断和定时中断。同类中断中也有优先次序的区别，每类中断中不同的中断事件又有不同的优先权，见表 5-3。

在 PLC 中，一个程序中总共可有 128 个中断，CPU 按中断源出现的先后次序响应中断请求，某一中断程序一旦执行，就一直执行到结束为止，不会被高优先级的中断事件所打断。CPU 在任一时刻只能执行一个中断程序。在中断程序执行过程中，若出现新的中断请求，则按照优先级排队等候处理。中断队列可保存的最大中断数是有限的，如果超出队列容量，则产生溢出，某些特殊标志存储器位被置位。S7-200 系列 PLC 各 CPU 模块的最大中断个数及溢出标志位见表 5-4。

表 5-3　中断事件及优先级

优先级分组	组内优先级	中断事件号	中断事件说明	中断事件类别
通信中断	0	8	通信口 0：接收字符	通信口 0
	0	9	通信口 0：发送完成	
	0	23	通信口 0：接收信息完成	
	1	24	通信口 1：接收信息完成	通信口 1
	1	25	通信口 1：接收字符	
	1	26	通信口 1：发送完成	

（续）

优先级分组	组内优先级	中断事件号	中断事件说明	中断事件类别
	0	19	PTO 0 脉冲串输出完成中断	脉冲输出
	1	20	PTO 1 脉冲串输出完成中断	
	2	0	I0.0 上升沿中断	
	3	2	I0.1 上升沿中断	
	4	4	I0.2 上升沿中断	
	5	6	I0.3 上升沿中断	外部输入
	6	1	I0.0 下降沿中断	
	7	3	I0.1 下降沿中断	
	8	5	I0.2 下降沿中断	
	9	7	I0.3 下降沿中断	
I/O 中断	10	12	HSC0 当前值 = 预置值中断	
	11	27	HSC0 计数方向改变中断	
	12	28	HSC0 外部复位中断	
	13	13	HSC1 当前值 = 预置值中断	
	14	14	HSC1 计数方向改变中断	
	15	15	HSC1 外部复位中断	
	16	16	HSC2 当前值 = 预置值中断	
	17	17	HSC2 计数方向改变中断	高速计数器
	18	18	HSC2 外部复位中断	
	19	32	HSC3 当前值 = 预置值中断	
	20	29	HSC4 当前值 = 预置值中断	
	21	30	HSC4 计数方向改变	
	22	31	HSC4 外部复位	
	23	33	HSC5 当前值 = 预置值中断	
定时中断	0	10	定时中断 0	定时
	1	11	定时中断 1	
	2	21	定时器 T32 CT = PT 中断	定时器
	3	22	定时器 T96 CT = PT 中断	

表5-4　中断队列的最多中断个数和溢出标志位

队列	CPU 221	CPU 222	CPU 224	CPU 226 和 CPU 226XM	溢出标志位
通信中断队列	4	4	4	8	SM4.0
I/O 中断队列	16	16	16	16	SM4.1
定时中断队列	8	8	8	8	SM4.2

5.2.2 中断指令

中断指令有 4 条，包括开、关中断指令，中断连接、分离指令。指令格式见表 5-5。

表 5-5 中断指令格式

LAD	—(ENI)	—(DISI)	ATCH EN ENO ????—INT ????—EVNT	DTCH EN ENO ????—EVNT
STL	ENI	DISI	ATCH INT, EVNT	DTCH EVNT
操作数及 数据类型	无	无	INT：常量 0~127 EVNT：常量，CPU 224：0~23；27~33 INT/EVNT 数据类型：字节	EVNT：常量。CPU224：0~23；27~33 数据类型：字节

1. 开、关中断指令

开中断（ENI）指令全局性允许所有中断事件。关中断（DISI）指令全局性禁止所有中断事件，中断事件的每次出现均被排队等候，直至使用全局开中断指令重新启用中断。

PLC 转换到 RUN（运行）模式时，中断开始时被禁用，可以通过执行开中断指令，允许所有中断事件。执行关中断指令会禁止处理中断，但是现用中断事件将继续排队等候。

2. 中断连接、分离指令

中断连接指令（ATCH）指令将中断事件（EVNT）与中断程序号码（INT）相连接，并启用中断事件。

分离中断（DTCH）指令取消某中断事件（EVNT）与所有中断程序之间的连接，并禁用该中断事件。

一个中断事件只能连接一个中断程序，但多个中断事件可以调用一个中断程序。

3. 指令说明

① PLC 系统每次切换到 RUN 状态时，自动关闭所有中断事件。可以通过编程，在 RUN 状态时，使用 ENI 指令开放所有中断。若用 DISI 指令关闭所有中断，则中断程序不能被激活，但允许发生的中断事件等候，直到重新允许中断。

② 多个中断事件可以调用同一个中断程序，但同一个中断事件不能同时连接多个中断服务程序。

③ 中断程序的编写规则是：短小、简单，执行时不能延时过长。

④ 在中断程序中不能使用 DISI、ENI、HDEF、LSCR 和 END 指令。

⑤ 中断程序的执行影响触点、线圈和累加器状态，所以系统在执行中断程序时，会

自动保存和恢复逻辑堆栈、累加器及指示累加器和指令操作状态的特殊存储器标志位（SM），以保护现场。

⑥ 中断程序中可以嵌套调用一个子程序，累加器和逻辑堆栈在中断程序和子程序中是共用的。

5.2.3　中断程序

1. 中断程序的概念

中断程序是为处理中断事件而事先编好的程序。中断程序不是由程序调用，而是在中断事件发生时由操作系统调用。在中断程序中不能改写其他程序使用的存储器，最好使用局部变量。中断程序应实现特定的任务，应"越短越好"，中断程序由中断程序号开始，以无条件返回指令（CRETI）结束。在中断程序中禁止使用 DISI、ENI、HDEF、LSCR 和 END 指令。

2. 建立中断程序的方法

可以选择编程软件中的"编辑"菜单中的"插入"子菜单下的"中断程序"选项来建立一个新的中断程序。默认的中断程序名（标号）为 SBR_N，编号 N 的范围为 0 ~ 127，从 0 开始按顺序递增，也可以通过"重命名"命令为中断程序改名。每一个中断程序在程序编辑区内都有一个单独的页面，选中该页面后就可以进行编辑了。

中断程序名 SBR_N 标志着中断程序的入口地址，所以可通过中断程序名在中断连接指令中将中断源和中断程序连接。中断程序可用有条件中断返回指令（CRETI）和无条件中断返回指令（RETI）来标志结束。中断程序名与中断返回指令之间的所有指令都属于中断程序。

CRETI：有条件中断返回指令，在其逻辑条件成立时，结束中断程序，返回主程序。可由用户编程实现。

RETI：无条件中断返回指令，由编程软件在中断程序末尾自动添加。

程序编辑器从先前的 POU 显示更改为新中断程序，在程序编辑器的底部会出现一个新标记，代表新的中断程序。

5.2.4　中断指令典型应用

1. 编程完成采样工作，要求每 10 ms 采样一次

完成每 10 ms 采样一次，需用定时中断，查表 5-3 可知，定时中断 0 的中断事件号为 10。因此在主程序中将采样周期（10 ms）即定时中断的时间间隔写入定时中断 0 的特殊存储器 SMB34，并将中断事件 10 和 INT - 0 连接，全局开中断。在中断程序 0 中，将模拟量输入信号读入，程序如图 5-1 所示。

2. 外部中断程序调用

控制要求：I0.5 闭合时，Q0.0、Q0.1 被置位，同时建立中断事件 0、2 与中断程序 INT0、INT1 的联系，并全局开中断。在 I0.0 闭合时复位 Q0.0。在 I0.1 闭合时复位 Q0.1，同时切断中断事件与中断程序的联系。程序如图 5-2 所示。

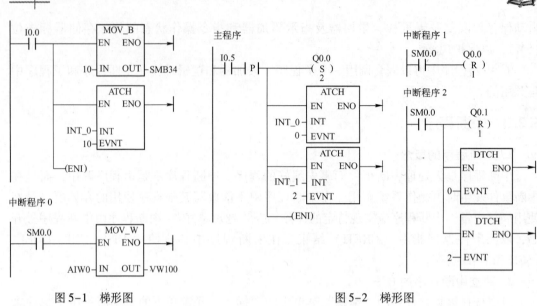

图 5-1　梯形图　　　　　　　　　　　　　　图 5-2　梯形图

5.3　高速计数器与高速脉冲输出

第 3 章所讲的计数器指令的计数速度，由于受扫描周期的影响，对于比 CPU 扫描频率高的脉冲输入的控制，就不能满足要求了。为此，SIMATIC S7－200 系列 PLC 设计了高速计数功能（HSC），其计数自动进行不受扫描周期的影响，最高计数频率取决于 CPU 的类型，CPU 22x 系列最高计数频率为 30 kHz，用于捕捉比 CPU 扫描速度更快的事件，并产生中断，执行中断程序，完成预定的操作。高速计数器最多可设置 12 种不同的操作模式。用高速计数器可实现高速运动的精确控制。

SIMATIC S7－200 CPU 22x 系列 PLC 还设有高速脉冲输出，输出频率可达 20 kHz，用于 PTO（输出一个频率可调，占空比为 50% 的脉冲）和 PWM（输出占空比可调的脉冲），高速脉冲输出的功能可用于对电动机进行速度控制、位置控制以及控制变频器使电动机调速。

5.3.1　高速计数器指令

在工业应用中，电动机的调速、测速及定位是常见的控制方式。为实现电动机的精确控制，经常使用编码器将电动机的转速转换为高频脉冲信号，反馈至 PLC，通过 PLC 对高频脉冲的计数和相关编程，实现对电动机的各种控制。PLC 中普通计数器受到扫描周期的影响，对高速脉冲的计数可能会出现脉冲丢失现象，导致计数不准确，也就不能实现精确控制。

PLC 提供的高速计数器独立于扫描周期之外，可以对脉宽小于扫描周期的高速脉冲准确计数，高速脉冲频率最高可达 30 kHz。

1. 高速计数器占用输入端子

CPU 224 有 6 个高速计数器，其占用的输入端子见表 5-6。

表 5-6　高速计数器占用的输入端子

高速计数器	使用的输入端子
HSC0	I0.0, I0.1, I0.2
HSC1	I0.6, I0.7, I1.0, I1.1
HSC2	I1.2, I1.3, I1.4, I1.5
HSC3	I0.1
HSC4	I0.3, I0.4, I0.5
HSC5	I0.4

　　各高速计数器不同的输入端有专用的功能，如：时钟脉冲端、方向控制端、复位端、启动端。

　　同一个输入端不能用于两种不同的功能。但是高速计数器当前模式未使用的输入端均可用于其他用途，如作为中断输入端或作为数字量输入端。例如，如果在模式 2 中使用高速计数器 HSC0，模式 2 使用 I0.0 和 I0.2，则 I0.1 可用于边缘中断或用于 HSC3。

2. 高速计数器指令

　　高速计数器指令有两条：高速计数器定义指令 HDEF、高速计数器指令 HSC。指令格式见表 5-7。

表 5-7　高速计数器指令格式

LAD	HDEF — EN ENO — ???? — HSC ???? — MODE	HSC — EN ENO — ???? — N
STL	HDEF HSC，MODE	HSC N
功能说明	高速计数器定义指令 HDEF	高速计数器指令 HSC
操作数	HSC：高速计数器的编号，为常量（0~5） 数据类型：字节 MODE 工作模式，为常量（0~11） 数据类型：字节	N：高速计数器的编号，为常量（0~5） 数据类型：字
ENO = 0 的出错条件	SM4.3（运行时间），0003（输入点冲突），0004（中断中的非法指令），000A（HSC 重复定义）	SM4.3（运行时间），0001（HSC 在 HDEF 之前），0005（HSC/PLS 同时操作）

　　① 高速计数器定义指令 HDEF。指令指定高速计数器（HSCx）的工作模式。工作模式的选择即选择了高速计数器的输入脉冲、计数方向、复位和起动功能。每个高速计数器只能用一条"高速计数器定义"指令。

　　② 高速计数器指令 HSC。根据高速计数器控制位的状态和按照 HDEF 指令指定的工作模式，控制高速计数器。参数 N 指定高速计数器的号码。

　　S7 - 200 系列 PLC 中规定了 6 个高速计数器编号，在程序中使用时用 HCn 来表示（在非程序中一般用 HSCn）高速计数器的地址，n 的取值范围为 0~5。HCn 还表示高速计数器的当前值，该当前值是一个只读的 32 位双字，可使用数据传送指令随时读出计数当前值。不同的 CPU 模块中，可使用的高速计数器是不同的，CPU 221、CPU 222 可以使用 HC0、HC3、HC4 和 HC5；CPU 224、CPU 226 可以使用 HC0 ~ HC5。

HDEF 定义高速计数器指令，"HSC"端口指定高速计数器编号，"MODE"端口指定具体的运行模式（各高速计数器最多有 12 种工作模式）。EN 端口执行条件存在时，HDEF 指令可指定具体的高速计数器编号，并将其与某一工作模式联系起来。在一个程序中，每一个高速计数器只能且必须使用一次 HDEF 指令。

HSC 高速计数器指令，根据高速计数器特殊存储器位的设置，按照 HDEF 指令指定的工作模式，控制高速计数器的工作。

3. 高速计数器的工作模式

高速计数器有 12 种工作模式，模式 0 ~ 2 采用单路脉冲输入的内部方向控制加/减计数；模式 3 ~ 5 采用单路脉冲输入的外部方向控制加/减计数；模式 6 ~ 8 采用两路脉冲输入的加/减计数；模式 9 ~ 11 采用两路脉冲输入的双相正交计数。

S7 - 200 CPU 224 有 HSC0 ~ HSC5 六个高速计数器，每个高速计数器有多种不同的工作模式。HSC0 和 HSC4 有模式 0、1、3、4、6、7、8、9、10；HSC1 和 HSC2 有模式 0 ~ 11；HSC3 和 HSC5 只有模式 0。每种高速计数器所拥有的工作模式和其占有的输入端子的数目有关。如表 5-8 所示。

表 5-8　高速计数器的工作模式和输入端子的关系及说明

HSC 编号及其对应的输入端子 HSC 模式	功能及说明	占用的输入端子及其功能			
	HSC0	I0.0	I0.1	I0.2	×
	HSC4	I0.3	I0.4	I0.5	×
	HSC1	I0.6	I0.7	I1.0	I1.1
	HSC2	I1.2	I1.3	I1.4	I1.5
	HSC3	I0.1	×	×	×
	HSC5	I0.4	×	×	×
0	单路脉冲输入的内部方向控制加/减计数 控制字 SM37.3 = 0，减计数；SM37.3 = 1，加计数	脉冲输入端	×	×	×
1			×	复位端	×
2			×	复位端	启动
3	单路脉冲输入的外部方向控制加/减计数 方向控制端 = 0，减计数；方向控制端 = 1，加计数	脉冲输入端	方向控制端	×	×
4				复位端	×
5				复位端	启动
6	两路脉冲输入的单相加/减计数 加计数有脉冲输入，加计数；减计数端脉冲输入，减计数	加计数脉冲输入端	减计数脉冲输入端	×	×
7				复位端	×
8				复位端	启动
9	两路脉冲输入的双相正交计数 A 相脉冲超前 B 相脉冲，加计数；A 相脉冲滞后 B 相脉冲，减计数	A 相脉冲输入端	B 相脉冲输入端	×	×
10				复位端	×
11				复位端	启动

说明：表中"×"表示没有。

选用某个高速计数器在某种工作方式下工作后，高速计数器所使用的输入不是任意选择的，必须按系统指定的输入点输入信号。如 HSC1 在模式 11 下工作，就必须用 I0.6 为 A 相脉冲输入端，I0.7 为 B 相脉冲输入端，I1.0 为复位端，I1.1 为启动端。

4. 高速计数器的控制字和状态字

（1）控制字节

定义了计数器和工作模式之后，还要设置高速计数器的有关控制字节。每个高速计数器均有一个控制字节，它决定了计数器的计数允许或禁用，方向控制（仅限模式 0、1 和 2）或对所有其他模式的初始化计数方向，装入当前值和预置值。控制字节每个控制位的说明见表 5-9。

表 5-9　HSC 的控制字节

HSC0	HSC1	HSC2	HSC3	HSC4	HSC5	说　明
SM37.0	SM47.0	SM57.0		SM147.0		复位有效电平控制： 0 = 复位信号高电平有效；1 = 低电平有效
	SM47.1	SM57.1				启动有效电平控制： 0 = 启动信号高电平有效；1 = 低电平有效
SM37.2	SM47.2	SM57.2		SM147.2		正交计数器计数速率选择： 0 = 4 × 计数速率；1 = 1 × 计数速率
SM37.3	SM47.3	SM57.3	SM137.3	SM147.3	SM157.3	计数方向控制位： 0 = 减计数；1 = 加计数
SM37.4	SM47.4	SM57.4	SM137.4	SM147.4	SM157.4	向 HSC 写入计数方向： 0 = 无更新；1 = 更新计数方向
SM37.5	SM47.5	SM57.5	SM137.5	SM147.5	SM157.5	向 HSC 写入新预置值： 0 = 无更新；1 = 更新预置值
SM37.6	SM47.6	SM57.6	SM137.6	SM147.6	SM157.6	向 HSC 写入新当前值： 0 = 无更新；1 = 更新当前值
SM37.7	SM47.7	SM57.7	SM137.7	SM147.7	SM157.7	HSC 允许： 0 = 禁用 HSC；1 = 启用 HSC

（2）状态字节

每个高速计数器都有一个状态字节，状态位表示当前计数方向以及当前值是否大于或等于预置值。每个高速计数器状态字节的状态位见表 5-10。状态字节的 0 ~ 4 位不用。监控高速计数器状态的目的是使外部事件产生中断，以完成重要的操作。

表 5-10　高速计数器状态字节的状态位

HSC0	HSC1	HSC2	HSC3	HSC4	HSC5	说　明
SM36.5	SM46.5	SM56.5	SM136.5	SM146.5	SM156.5	当前计数方向状态位： 0 = 减计数；1 = 加计数
SM36.6	SM46.6	SM56.6	SM136.6	SM146.6	SM156.6	当前值等于预设值状态位： 0 = 不相等；1 = 等于
SM36.7	SM46.7	SM56.7	SM136.7	SM146.7	SM156.7	当前值大于预设值状态位： 0 = 小于或等于；1 = 大于

5. 高速计数器指令的使用

1）每个高速计数器都有一个 32 位当前值和一个 32 位预置值，当前值和预设值均为带符号的整数值。要设置高速计数器的新当前值和新预置值，必须设置控制字节，令其第 5 位和第 6 位为 1，允许更新预置值和当前值，新当前值和新预置值写入特殊内部标志位存储区。然后执行 HSC 指令，将新数值传输到高速计数器。当前值和预置值占用的特殊内部标志位存储区见表 5-11。

表 5-11 HSC0 - HSC5 当前值和预置值占用的特殊内部标志位存储区

要装入的数值	HSC0	HSC1	HSC2	HSC3	HSC4	HSC5
新的当前值	SMD38	SMD48	SMD58	SMD138	SMD148	SMD158
新的预置值	SMD42	SMD52	SMD62	SMD142	SMD152	SMD162

除控制字节以及新预设值和当前值保持字节外，还可以使用数据类型 HC（高速计数器当前值）加计数器号码（0、1、2、3、4 或 5）读取每台高速计数器的当前值。因此，读取操作可直接读取当前值，但只有用上述 HSC 指令才能执行写入操作。

2）执行 HDEF 指令之前，必须将高速计数器控制字节的位设置成需要的状态，否则将采用默认设置。默认设置为：复位和启动输入高电平有效，正交计数速率选择 4 × 模式。执行 HDEF 指令后，不能再改变计数器的设置，除非 CPU 进入停止模式。

3）执行 HSC 指令时，CPU 检查控制字节和有关的当前值和预置值。

6. 高速计数器设置过程

为更好地理解和使用高速计数器，下面给出高速计数器的一般设置过程：

1）使用初始化脉冲触点 SM0.1 调用高速计数器初始化操作子程序。这个结构可以使系统在后续的扫描过程中不再调用这个子程序，从而减少了扫描时间，且程序更加结构化。

2）在初始化子程序中，对相应高速计数器的控制字节写入希望的控制字（SMB37、SMB47、SMB137、SMB147、SMB157）。如要使用 HSC1，则对 SMB47 写入 16#F8（2#11111000），表示允许高速计数器运行，允许写入新的当前值，允许写入新的预置值，可以改变计数器方向，置计数器的计数方向为增，置启动和复位输入为高电平有效。

3）执行 HDEF 指令，设置 HSC 的编号（0~5），设置工作模式（0~11）。如 HSC 的编号设置为 1，工作模式输入设置为 11，则为既有复位又有启动的正交计数工作模式。

4）用新的当前值写入 32 位当前值寄存器（SMD38，SMD48，SMD58，SMD138，SMD148，SMD158）。如写入 0，则清除当前值，用指令 MOVD 0，SMD48 实现。

5）用新的预置值写入 32 位预置值寄存器（SMD42，SMD52，SMD62，SMD142，SMD152，SMD162）。如执行指令 MOVD 1000，SMD52，则设置预置值为 1000。若写入预置值为 16#00，则高速计数器处于不工作状态。

6）为了捕捉当前值等于预置值的事件，将条件 CV = PV 中断事件（事件 13）与一个中断程序相联系。

7）为了捕捉计数方向的改变，将方向改变的中断事件（事件 14）与一个中断程序相联系。

8）为了捕捉外部复位，将外部复位中断事件（事件15）与一个中断程序相联系。

9）执行全局中断允许指令（ENI）允许 HSC 中断。

10）执行 HSC 指令使 S7-200 对高速计数器进行编程。

7. 高速计数器应用举例

图5-3 中为使用高速计数器指令、变频器及光电码盘实现三相异步电动机的启动及二级减速自动定位控制系统。由于高速运行的交流电动机转动惯量较大，所以在高速下定位精度很低，必须采用减速的方式减小转动惯量，最后在低速运行时实现准确定位。在本例的控制中，电动机每次启动后运行距离均相等，所以使用光电码盘反馈方式进行二级减速及定位控制。控制梯形图如图5-4 所示。I/O 分配见表5-12。

表5-12 三相异步电动机定位控制系统 I/O 分配表

输 入		输 出	
元 件	地 址	功 能	地 址
光电码盘脉冲输入	I0.0	电动机运行驱动输出	Q0.6
电动机启动按钮	I0.1	高速运行输出	Q1.3
		中速运行输出	Q1.4
		低速运行输出	Q1.5

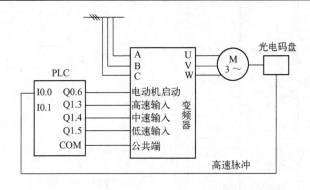

图5-3 三相异步电动机定位控制系统接线图

编写梯形图的基本过程：

1）使用 SM0.1 调用了一个初始化子程序 INIT，在该子程序中，定义了高速计数器 HSC0 的模式为0，并且装入了预置值52000，启动了 HSC0 当前值等于预置值中断 EQUAL1。

2）启动电动机时，直接使其进入高速运行状态，同时启动高速计数。

3）在中断程序 EQUAL1 中，使电动机运行在中速状态（Q1.3 复位，Q1.4 置位），并修改预置值为62000，同时使 HSC0 当前值等于预置值中断指向中断程序 EQUAL2。读者可根据 EQUAL1 写出中断程序 EQUAL2 和 EQUAL3。

4）在中断程序 EQUAL2 中，使电动机运行在低速状态（Q1.4 复位，Q1.5 置位），并修改预置值为70000，同时使 HSC0 当前值等于预置值，中断指向中断程序 EQUAL3。

5）在中断程序 EQUAL3 中，停止电动机，并使低速运行控制位 Q1.5 复位。

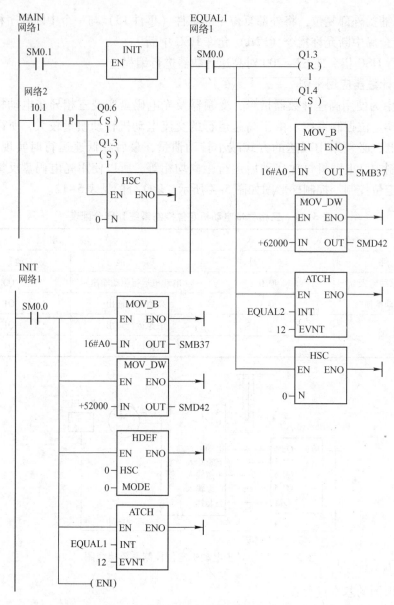

图 5-4　梯形图

5.3.2　高速脉冲输出

高速脉冲输出功能可以使 PLC 在指定的输出点上产生高速的 PWM（脉宽调制）脉冲或输出频率可变的 PTO 脉冲，可以用于步进电动机和直流伺服电动机的定位控制和调速。在使用高速脉冲输出功能时，CPU 模块应选择晶体管输出型，以满足高速脉冲输出的频率要求。

1.　高速脉冲输出占用的输出端子

S7－200 有 PTO、PWM 两台高速脉冲发生器。PTO 脉冲串功能可输出指定个数、指定周期的方波脉冲（占空比 50%）；PWM 功能可输出脉宽变化的脉冲信号，用户可以指定脉冲的周期和脉冲的宽度。若一台发生器指定给数字输出点 Q0.0，另一台发生器则指定给数字输出点 Q0.1。当 PTO、PWM 发生器控制输出时，将禁止输出点 Q0.0、Q0.1 的正常使用；当不使用 PTO、PWM 高速脉冲发生器时，输出点 Q0.0、Q0.1 恢复正常的使用，即由输出映像寄存器决定其输出状态。

2. 脉冲输出（PLS）指令

脉冲输出（PLS）指令功能为：使能有效时，检查用于脉冲输出（Q0.0 或 Q0.1）的特殊存储器位（SM），然后执行特殊存储器位定义的脉冲操作。指令格式见表 5-13。

表 5-13　脉冲输出（PLS）指令格式

LAD	STL	操作数及数据类型
PLS EN　ENO ????－Q0.X	PLS　Q	Q：常量（0 或 1） 数据类型：字

3. 指令功能

脉冲输出（PLS）指令，在 EN 端口执行条件存在时，检测脉冲输出特殊存储器的状态，然后激活所定义的脉冲操作，从 Q 端口指定的数字输出端口输出高速脉冲。

PLS 指令可在 Q0.0 和 Q0.1 两个端口输出可控的 PWM 脉冲和 PTO 高速脉冲串波形。由于只有两个高速脉冲输出端口，所以 PLS 指令在一个程序中最多使用两次。高速脉冲输出和输出映像寄存器共同对应 Q0.0 和 Q0.1 端口，但 Q0.0 和 Q0.1 端口在同一时间只能使用一种功能。在使用高速脉冲输出时，两输出点将不受输出映像寄存器、立即输出指令和强制输出的影响。

4. 高速脉冲输出所对应的特殊标志寄存器

每个 PTO/PWM 发生器都有：一个控制字节（8 位）、一个脉冲计数值（无符号的 32 位数值）和一个周期时间和脉宽值（无符号的 16 位数值）。这些值都放在特定的特殊存储区（SM），见表 5-14。执行 PLS 指令时，S7 - 200 读这些特殊存储器位（SM），然后执行特殊存储器位定义的脉冲操作，即对相应的 PTO/PWM 发生器进行编程。

表 5-14　脉冲输出（Q0.0 或 Q0.1）的特殊存储器

Q0.0 和 Q0.1 对 PTO/PWM 输出的控制字节		
Q0.0	Q0.1	说　　明
SM67.0	SM77.0	PTO/PWM 刷新周期值　　0：不刷新；　　1：刷新
SM67.1	SM77.1	PWM 刷新脉冲宽度值　　0：不刷新；　　1：刷新
SM67.2	SM77.2	PTO 刷新脉冲计数值　　0：不刷新；　　1：刷新
SM67.3	SM77.3	PTO/PWM 时基选择　　0：1 μs；　　1：1 ms
SM67.4	SM77.4	PWM 更新方法　　0：异步更新；1：同步更新
SM67.5	SM77.5	PTO 操作　　0：单段操作；1：多段操作
SM67.6	SM77.6	PTO/PWM 模式选择　　0：选择 PTO；1：选择 PWM
SM67.7	SM77.7	PTO/PWM 允许　　0：禁止；　　1：允许

（续）

Q0.0 和 Q0.1 对 PTO/PWM 输出的周期值		
Q0.0	Q0.1	说　明
SMW68	SMW78	PTO/PWM 周期时间值（范围：2～65535）
Q0.0 和 Q0.1 对 PTO/PWM 输出的脉宽值		
Q0.0	Q0.1	说　明
SMW70	SMW80	PWM 脉冲宽度值（范围：0～65535）
Q0.0 和 Q0.1 对 PTO 脉冲输出的计数值		
Q0.0	Q0.1	说　明
SMD72	SMD82	PTO 脉冲计数值（范围：1～4294967295）
Q0.0 和 Q0.1 对 PTO 脉冲输出的多段操作		
Q0.0	Q0.1	说　明
SMB166	SMB176	段号（仅用于多段 PTO 操作），多段流水线 PTO 运行中的段的编号
SMW168	SMW178	包络表起始位置，用距离 V0 的字节偏移量表示（仅用于多段 PTO 操作）
Q0.0 和 Q0.1 的状态位		
Q0.0	Q0.1	说　明
SM66.4	SM76.4	PTO 包络由于增量计算错误异常终止　　0：无错；　　1：异常终止
SM66.5	SM76.5	PTO 包络由于用户命令异常终止　　0：无错；　　1：异常终止
SM66.6	SM76.6	PTO 流水线溢出　　0：无溢出；1：溢出
SM66.7	SM76.7	PTO 空闲　　0：运行中；1：PTO 空闲

　　每个高速脉冲输出都有一个状态字节，监控并记录程序运行时某些操作的相应状态。可以通过编程来读取相关位状态。表 5-14 是具体的状态字节功能。

　　通过对控制字节的设置，可以选择高速脉冲输出的时间基准、具体周期、输出模式（PTO/PWM）以及更新方式等，是编程时初始化操作中必须完成的内容。表 5-14 是各控制位具体功能。

　　所有控制位、周期、脉冲宽度和脉冲计数值的默认值均为零。向控制字节（SM67.7 或 SM77.7）的 PTO/PWM 允许位写入零，然后执行 PLS 指令，将禁止 PTO 或 PWM 波形的生成。

5. 对输出的影响

　　PTO/PWM 生成器和输出映像寄存器共用 Q0.0 和 Q0.1。在 Q0.0 或 Q0.1 使用 PTO 或 PWM 功能时，PTO/PWM 发生器控制输出，并禁止输出点的正常使用，输出波形不受输出映像寄存器状态、输出强制以及执行立即输出指令的影响；在 Q0.0 或 Q0.1 位置没有使用 PTO 或 PWM 功能时，输出映像寄存器控制输出，所以输出映像寄存器决定输出波形的初始和结束状态，即决定脉冲输出波形从高电平或低电平开始和结束，使输出波形有短暂的不连续，为了减小这种不连续的有害影响，应注意：

　　1）可在起用 PTO 或 PWM 操作之前，将用于 Q0.0 和 Q0.1 的输出映像寄存器设为 0。

　　2）PTO/PWM 输出必须至少有 10% 的额定负载，才能完成从关闭至打开以及从打开至关闭的顺利转换，即提供陡直的上升沿和下降沿。

6. PWM 脉冲输出设置

（1）PWM 脉冲含义及周期、脉宽设置要求

PWM 脉冲是指占空比可调而周期固定的脉冲。其周期和脉宽的增量单位可以设为微秒（μs）或毫秒（ms），周期变化范围分别为 50～65535 μs 和 2～65535 ms。周期设置时，设置值应为偶数，若设为奇数会引起输出波形占空比的轻微失真。周期设置值应大于 2，若设置值小于 2，系统将默认为 2。

（2）PWM 脉冲波形更新方式

由于 PWM 占空比可调，且周期可设置，所以存在脉冲连续输出时的波形更新问题。系统提供了同步更新和异步更新两种波形的更新方式。

同步更新：PWM 脉冲输出的典型操作是周期不变而变化脉冲宽度，由于不需要改变时间基准，可以使用同步更新。同步更新时，波形的变化发生在周期的边缘，可以形成平滑转换。

异步更新：若在脉冲输出时要改变时间基准，就要使用异步更新方式。异步更新会造成 PWM 功能瞬间被禁止，使得 PWM 波形转换时不同步，可能会引起被控设备的振动，所以应尽量避免使用异步更新。

（3）PWM 脉冲输出设置

下面以 Q0.0 为脉冲输出端，介绍 PWM 脉冲输出的设置步骤。

① 使用初始化脉冲触点 SM0.1，调用 PWM 脉冲，输出初始化操作子程序。这个结构可以使系统在后续的扫描过程中，不再调用这个子程序，从而减少了扫描时间，且程序更为结构化。

② 在初始化子程序中，将 16#D3（2#11010011）写入 SMB67 控制字节中。设置内容为脉冲输出允许；选择 PWM 方式；使用同步更新；选择以微秒为增量单位；可以更新脉冲宽度和周期。

③ 向 SMW68 中写入希望的周期值。

④ 向 SMD70 中写入希望的脉冲宽度。

⑤ 执行 PLS 指令，开始输出脉冲。

⑥ 若要在后续程序运行中修改脉冲宽度，则向 SMB67 中写入 16#D2（2#11010010），即可以改变脉冲宽度，但不允许改变周期值。再次执行 PLS 指令。

在上面初始化子程序的基础上，若要改变脉冲宽度，则执行以下步骤：

① 调用一个子程序，把所需脉冲宽度写入 SMD70 中。

② 执行 PLS 指令。

7. PTO 的使用

PTO 是可以指定脉冲数和周期的占空比为 50% 的高速脉冲串的输出。状态字节中的最高位（空闲位）用来指示脉冲串输出是否完成。可在脉冲串完成时启动中断程序，若使用多段操作，则在包络表完成时启动中断程序。

（1）周期和脉冲数

周期范围从 50～65,535 μs 或从 2～65,535 ms，为 16 位无符号数，时基有 μs 和 ms 两种，通过控制字节的第三位选择。注意：

如果周期小于 2 个时间单位，则周期的默认值为 2 个时间单位。

周期设定为奇数微秒或毫秒（例如75 ms），会引起波形失真。

脉冲计数范围从1~4,294,967,295，为32位无符号数，如设定脉冲计数为0，则系统默认脉冲计数值为1。

（2）PTO的种类及特点

PTO功能可输出多个脉冲串，现用脉冲串输出完成时，新的脉冲串输出立即开始。这样就保证了输出脉冲串的连续性。PTO功能允许多个脉冲串排队，从而形成流水线。流水线分为两种：单段流水线和多段流水线。

单段流水线是指流水线中每次只能存储一个脉冲串的控制参数，初始PTO段一旦启动，必须按照对第二个波形的要求立即刷新SM，并再次执行PLS指令，第一个脉冲串完成，第二个波形输出立即开始，重复这一步骤可以实现多个脉冲串的输出。

单段流水线中的各段脉冲串可以采用不同的时间基准，但有可能造脉冲串之间的不平稳过渡。输出多个高速脉冲时，编程复杂。

多段流水线是指在变量存储区V建立一个包络表。包络表存放每个脉冲串的参数，执行PLS指令时，S7-200 PLC自动按包络表中的顺序及参数进行脉冲串输出。包络表中每段脉冲串的参数占用8个字节，由一个16 bit周期值（2B）、一个16 bit周期增量值Δ（2B）和一个32 bit脉冲计数值（4B）组成。包络表的格式见表5-15。

表5-15 包络表的格式

从包络表起始地址的字节偏移	段	说明
VB$_n$		段数（1~255）；数值0产生非致命错误，无PTO输出
VB$_{n+1}$	段1	初始周期（2~65535个时基单位）
VB$_{n+3}$		每个脉冲的周期增量Δ（符号整数：-32768~32767个时基单位）
VB$_{n+5}$		脉冲数（1~4294967295）
VB$_{n+9}$	段2	初始周期（2~65535个时基单位）
VB$_{n+11}$		每个脉冲的周期增量Δ（符号整数：-32768~32767个时基单位）
VB$_{n+13}$		脉冲数（1~4294967295）
VB$_{n+17}$	段3	初始周期（2~65535个时基单位）
VB$_{n+19}$		每个脉冲的周期增量值Δ（符号整数：-32768~32767个时基单位）
VB$_{n+21}$		脉冲数（1~4294967295）

注意：周期增量值"Δ"为整数微秒或毫秒。

多段流水线的特点是编程简单，能够通过指定脉冲的数量自动增加或减少周期，周期增量值Δ为正值会增加周期，周期增量值Δ为负值会减少周期，若Δ为零，则周期不变。在包络表中，所有脉冲串必须采用同一时基，在多段流水线执行时，包络表的各段参数不能改变。多段流水线常用于步进电动机的控制。

（3）多段流水线PTO初始化和操作步骤

用一个子程序实现PTO初始化，首次扫描（SM0.1）时从主程序调用初始化子程序，执行初始化操作。以后的扫描不再调用该子程序，这样减少扫描时间，程序结构更好。

初始化操作步骤如下：

① 首次扫描（SM0.1）时，将输出 Q0.0 或 Q0.1 复位（置 0），并调用完成初始化操作的子程序。

② 在初始化子程序中，根据控制要求设置控制字，并写入 SMB67 或 SMB77 特殊存储器。如写入 16#A0（选择微秒递增）或 16#A8（选择毫秒递增），两个数值表示允许 PTO 功能、选择 PTO 操作、选择多段操作以及选择时基（微秒或毫秒）。

③ 将包络表的首地址（16 位）写入在 SMW168（或 SMW178）。

④ 在变量存储器 V 中，写入包络表的各参数值。一定要在包络表的起始字节中写入段数。在变量存储器 V 中建立包络表的过程也可以在一个子程序中完成，在此只需调用设置包络表的子程序。

⑤ 设置中断事件并全局开中断。如果想在 PTO 完成后，立即执行相关功能，则需设置中断，将脉冲串完成事件（中断事件号 19）连接一中断程序。

⑥ 执行 PLS 指令，使 S7 - 200 为 PTO/PWM 发生器编程，高速脉冲串由 Q0.0 或 Q0.1 输出。

⑦ 退出子程序。

8. 高速脉冲输出指令应用举例

如图 5-5 所示为使用多段管线 PTO 方式控制直流伺服电动机进行精确定位的控制系统。控制中遵循图 5-5 中所画运行轨迹，并可以实现任意时刻停止直流伺服电动机。梯形图如图 5-6 所示。

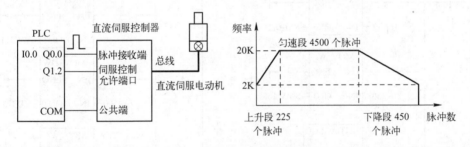

图 5-5　直流伺服电动机控制系统

编程前首先选择高速脉冲发生器为 Q0.0，并确定 PTO 为 3 段流水线。设置控制字节 SMB67 为 16#A0 表示允许 PTO 功能、选择 PTO 操作、选择多段操作以及选择时基为微秒，不允许更新周期和脉冲数。建立 3 段的包络表，并将包络表的首地址装入 SMW168。PTO 完成调用中断程序，使 Q1.0 接通。PTO 完成的中断事件号为 19。用中断调用指令 ATCH 将中断事件 19 与中断程序 INT - 0 连接，并全局开中断。执行 PLS 指令，退出子程序。本例题的主程序、初始化子程序和中断程序如图 5-6 所示。

9. PTO 指令应用实例

PWM 应用举例。设计程序，从 PLC 的 Q0.0 输出高速脉冲。该串脉冲脉宽的初始值为 0.1s，周期固定为 1s，其脉宽每周期递增 0.1s，当脉宽达到设定的 0.9s 时，脉宽改为每周期递减 0.1s，直到脉宽减为 0。以上过程重复执行。

分析：因为每个周期都有操作，所以须把 Q0.0 接到 I0.0，采用输入中断的方法完成控制任务，并且编写两个中断程序，一个中断程序实现脉宽递增，一个中断程序实现脉宽递

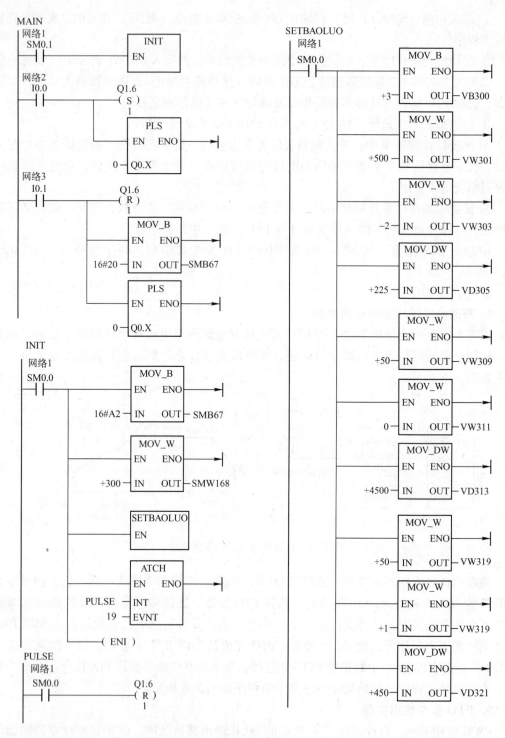

图 5-6　梯形图

减，并设置标志位，在初始化操作时，使其置位，执行脉宽递增中断程序；当脉宽达到0.9s时，使其复位，执行脉宽递减中断程序。在子程序中完成 PWM 的初始化操作，选用输出端为 Q0.0，控制字节为 SMB67，控制字节设定为 16#DA（允许 PWM 输出，Q0.0 为 PWM

方式，同步更新，时基为毫秒，允许更新脉宽，不允许更新周期）。程序如图5-7所示。

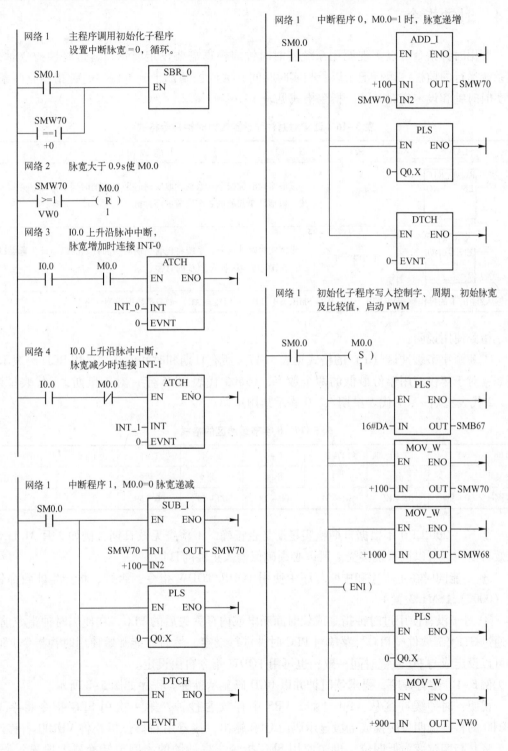

图5-7　程序

5.4 时钟指令

利用时钟指令可以实现调用系统实时时钟或根据需要设定时钟,通过时钟指令对控制系统运行的监视、运行记录以及与实时时间有关的控制都十分方便。时钟指令有两条:读实时时钟和设定实时时钟。指令格式见表5-16。

表5-16 读实时时钟和设定实时时钟指令格式

LAD	STL	功能说明
READ_RTC EN ENO ????-T	TODR T	读取实时时钟指令:系统读取实时时钟当前的时间和日期,并将其载入以地址 T 起始的 8 个字节的缓冲区
SET_RTC EN ENO ????-T	TODW T	设定实时时钟指令:系统将包含当前时间和日期的以地址 T 起始的 8 个字节的缓冲区装入 PLC 的时钟

输入/输出 T 的操作数:VB,IB,QB,MB,SMB,SB,LB,＊VD,＊AC,＊LD;数据类型:字节

指令使用说明:

① 8 个字节缓冲区(T)的格式见表5-17。所有日期和时间值必须采用 BCD 码表示,例如:对于年仅使用年份最低的两个数字,16#05 代表 2005 年;对于星期,1 代表星期日,2 代表星期一,7 代表星期六,0 表示禁用星期。

表5-17 8 字节缓冲区的格式

地址	T	T+1	T+2	T+3	T+4	T+5	T+6	T+7
含义	年	月	日	小时	分	秒	0	星期
范围	00~99	01~12	01~31	00~23	00~59	00~59		0~7

② S7-200 CPU 不根据日期核实星期是否正确,不检查无效日期,例如 2 月 31 日为无效日期,但可以被系统接受。所以必须确保输入正确的日期。

③ 不能同时在主程序和中断程序中使用 TODR/TODW 指令,否则,将产生非致命错误(0007),SM4.3 置 1。

④ 对于没有使用过时钟指令或长时间断电或内存丢失后的 PLC,在使用时钟指令前,要通过 STEP 7 软件"PLC"菜单对 PLC 时钟进行设定,然后才能开始使用时钟指令。时钟可以设定成与 PC 系统时间一致,也可用 TODW 指令自由设定。

例5-1 编写程序,要求读时钟并以 BCD 码显示秒钟。程序如图5-8所示。

说明:时钟缓冲区从 VB0 开始,VB5 中存放着秒钟,第一次用 SEG 指令将字节 VB100 的秒钟低四位转换成七段显示码由 QB0 输出,接着用右移位指令将 VB100 右移四位,将其高四位变为低四位,再次使用 SEG 指令,将秒钟的高四位转换成七段显示码,由 QB1 输出。

例5-2 编写程序,要求控制灯定时接通和断开。具体要求 18:00 时开灯,06:00 时

关灯。时钟缓冲区从 VB0 开始。程序如图 5-9 所示。

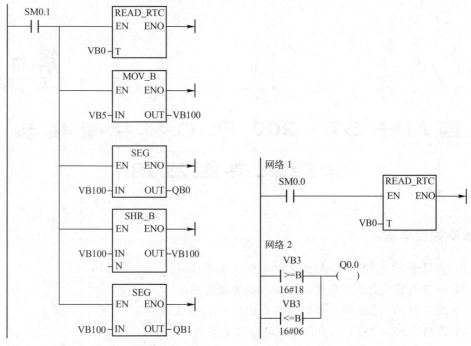

图 5-8　例 5-1 控制梯形图　　　　　　　图 5-9　例 5-2 控制梯形图

第 6 章

西门子 S7 – 200 PLC 模拟量模块
介绍及典型应用

本章知识要点：

(1) 西门子 S7 –200 PLC 模拟量输入模块及其应用

(2) 西门子 S7 –200 PLC 模拟量输出模块及其应用

(3) 西门子 S7 –200 PLC 模拟量混合模块 EM235 及其应用

(4) 西门子 S7 –200 PLC PID 控制指令及其应用

6.1　西门子 S7 –200 PLC 的模拟量输入模块及其应用

数字量不是连续变化量，只有二进制数中的 0 或 1。数字量仅为两种相反的工作状态，如：按钮或开关的接通或断开，线圈的通电或断电。PLC 可以直接输入和输出数字量信号，数字量又称为开关量。

模拟量是指变量在一定范围连续变化的量，例如流量、温度、压力和转速等。在 PLC 系统中，模拟量信号分为模拟量输入与模拟量输出。

PLC 不能直接处理模拟量输入信号，需要用模拟量输入模块中的 A – D 转换器，将模拟量输入信号转换为与输入信号成正比的数字量。

PLC 中的数字量（如 PID 控制器的输出）需要用模拟量输出模块中的 D – A 转换器将它们转换为与相应数字成比例的电压（0 ~ 5 V、0 ~ 10 V 等）或电流（0 ~ 20 mA、4 ~ 20 mA 等）信号，供外部执行机构（如调节阀、变频器）使用，即模拟量的输出。

6.1.1　CPU 224 XP 本体模拟量

1. CPU 224 XP 本体模拟量 I/O 规格

西门子 S7 –200 系列 PLC 中，只有 CPU 224 XP 本体集成有 2 路模拟量输入和 1 路模拟量输出，CPU 224 XP 的模拟量 I/O 有自己的一组端子，如果不用，端子可以移走。CPU 224 XP 本体的模拟量输入/输出通道的精度为 12 位，而且其模拟量输入转换速度比模拟量扩展模块慢，如果要求高的场合需要使用模拟量扩展模块。另外，CPU 224 XP 本体的模拟量输入只能接受电压信号，如果是电流信号则不能使用。表 6–1 中列出了 CPU

224 XP 本体模拟量输入/输出的 I/O 规格。

表 6-1　CPU 224 XP 本体模拟量 I/O 规格

模拟量输入/输出	电压信号/V	电流信号/mA
模拟量输入 x2	±10	–
模拟量输出 x1	0 ~ 10	0 ~ 20

　　西门子 S7 - 200 系列 PLC 中，除 CPU 224 XP 外，其余 CPU 均不集成模拟量，故在使用 S7 - 200 系列 PLC 的其他 CPU 时，如果需要模拟量控制时，必须扩展模拟量扩展模块。

2. CPU 224 XP 本体集成的模拟量 I/O 接线图

CPU 224 XP 本体集成的模拟量 I/O 接线图如图 6-1 所示。

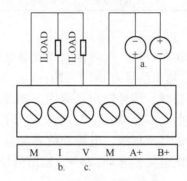

图 6-1　CPU 224 XP 本体集成的模拟量 I/O 接线图

CPU 224 XP 本体集成的模拟量 I/O 接线图说明：

a——此处表示 A + 和 B + 都可以接 ±10V 信号。

b——电流型负载接在 I 和 M 端子之间。

c——电压型负载接在 V 和 M 端子之间。

3. CPU 224 XP 本体集成的模拟量使用说明

（1）CPU 224 XP 的本体模拟量 I/O 寻址

CPU 224 XP 本体上的模拟量输入通道的地址为 AIW0 和 AIW2，模拟量输出通道的地址为 AQW0。

（2）CPU 224 XP 后面挂的模拟量模块的地址分配

S7 - 200 的模拟量 I/O 地址总是以 2 个通道/模块的规律增加。所以，CPU 224 XP 后面第一个模拟量输入通道的地址为 AIW4；第一个输出通道的地址为 AQW4，AQW2 不能用。

（3）CPU 224 XP 上的模拟量输入不需要在"系统块"中设置滤波

由于 CPU 224 XP 本体上的模拟量转换芯片的原理与扩展模拟量模块不同，不需要选择滤波。

6.1.2　S7 - 200 PLC 的模拟量输入扩展模块

1. 模拟量输入扩展模块

西门子 S7 - 200 系列 PLC 中模拟量输入扩展模块在使用时需要提供 DC 24 V 电源，根据输入信号可分为电压/电流、热电阻以及热电偶模拟量输入扩展模块。表6-2列出了S7－200 PLC 的所有模拟量输入扩展模块。

表6-2　S7－200 PLC 模拟量输入扩展模块

订货号	模拟量扩展模块	模拟量输入
6ES7 231 － 0HC22 － 0XA0	EM 231 模拟量输入	$4 \times \pm 10$ V/0 ~ 20 mA
6ES7 231 － 0HF22 － 0XA0	EM 231 模拟量输入	$8 \times \pm 10$ V/0 ~ 20 mA
6ES7 231 － 7PB22 － 0XA0	EM 231 模拟量输入（热电阻）	$2 \times$ RTD
6ES7 231 － 7PC22 － 0XA0	EM 231 模拟量输入（热电阻）	$4 \times$ RTD
6ES7 231 － 7PD22 － 0XA0	EM 231 模拟量输入（热电偶）	$4 \times$ TC
6ES7 231 － 7PF22 － 0XA0	EM 231 模拟量输入（热电偶）	$8 \times$ TC

2. 工业仪表线制

两线制是指电源、负载串联在一起，这两根电线既是电源线又是信号线。如图6-2所示，其供电大多为 DC 24 V，输出信号为 DC 4 ~ 20 mA。

三线制是指电源正端用一根线，信号输出正端用一根线，电源负端和信号负端共用一根线。如图6-3所示，其供电大多为 DC 24 V，输出信号有 DC 4 ~ 20 mA。

四线制是指电源两根线，信号两根线，电源和信号是分开工作的。四线制在工业中比较常用。如图6-4所示，其供电大多为 DC 24 V，输出信号有 DC 4 ~ 20 mA。

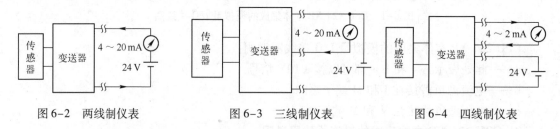

图6-2　两线制仪表　　　　图6-3　三线制仪表　　　　图6-4　四线制仪表

工业上最广泛采用的标准模拟量电信号是用 4 ~ 20 mA 直流电流来传输模拟量。采用电流信号的原因是不容易受干扰。并且电流源内阻无穷大，导线电阻串联在回路中不影响精度。上限取 20 mA 是因为防爆的要求：20 mA 的电流通断引起的火花能量不足以引燃瓦斯。下限没有取 0 mA 的原因是为了能检测断线：正常工作时不会低于 4 mA，当传输线因故障断路，环路电流降为 0，常取 2 mA 作为断线报警值。

3. S7－200 模拟量输入模块接线

由于仪表分为两线制、三线制、四线制，故模拟量输入模块在采集模拟量信号时，其接线方式也分为两线制、三线制、四线制。又因为模拟量电信号可分为电压信号和电流信号，所以模拟量输入模块接线就有两线制、三线制和四线制电流信号接法以及三线制、四线制电压信号接法。

一个模拟量输入模块的不同通道，可以同时分别连接两线制信号、三线制信号和四线制信号。对于不用的通道要短接。

（1）S7－200 模拟量输入模块的外形

以4通道的 EM 231 为例，说明模拟量输入模块的外形，其外形如图6-5所示。

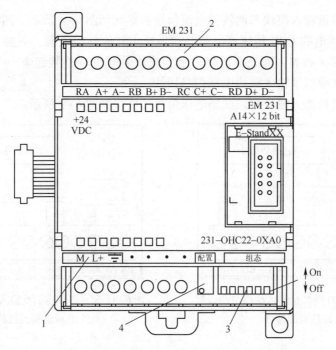

图 6-5　S7－200 模拟量输入模块 EM 231 外形图

1）图中 1 所示为 DC 24 V 电源供电接线端。

2）图中 2 所示为模拟量通道接线端。

3）图中 3 所示为 DIP 设置开关，用于模拟量通道所接信号类型模式的设定，向上拨为 ON，向下拨为 OFF，具体设置在后面讲到。EM231 的 DIP 开关为 6 个，而 EM235 的 DIP 开关为 8 个。

4）图中 4 所示为增益电位调节器，用于对输入信号进行校正，调整输入信号和转换数值的放大关系。

S7－200 模拟量输入模块与四线制电流信号的接线如图 6-6 所示。四线制接线比较常用。

S7－200 模拟量输入模块与三线制电流信号的接线如图 6-7 所示。

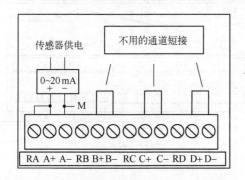

图 6-6　S7－200 模拟量输入模块与四线制电流信号的接线

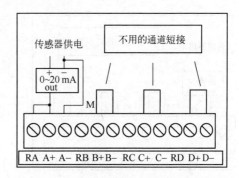

图 6-7　S7－200 模拟量输入模块与三线制电流信号的接线

S7－200 模拟量输入模块与两线制电流信号的接线如图 6-8 所示。图中的 L＋和 M 属于为模拟量模块供电的 CPU 传感器电源。如果使用其他外接电源，只要用相应电源的输出端取代图中的 L＋和 M，而且要使其 M 和为模块供电的 M 连接起来。

（2）S7－200 模拟量输入模块电压信号接线

S7－200 模拟量输入模块与四线制电压信号的接线如图 6-9 所示。

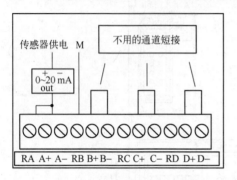

图 6-8　S7－200 模拟量输入模块与两线制
电流信号的接线

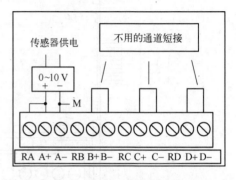

图 6-9　S7－200 模拟量输入模块与四线制
电压信号的接线

S7－200 模拟量输入模块与三线制电压信号的接线如图 6-10 所示。

（3）S7－200 模拟量输入热电阻模块接线

S7－200 模拟量输入热电阻模块有两种，一种为 2 通道，一种为 4 通道，其接线方式相同，图 6-11 为 4xRTD 外形图与接线图。EM 231 RTD 的 DIP 开关为 8 个，如图 6-12 所示。

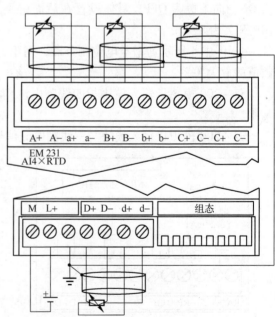

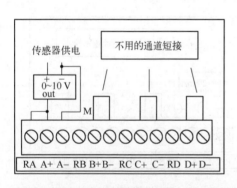

图 6-10　S7－200 模拟量输入模块与三线制
电压信号的接线

图 6-11　4xRTD 外形图与接线图

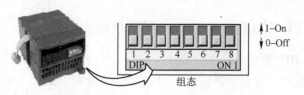

图 6-12　EM 231 RTD 模块 DIP 开关

　　由于热电阻有两线制、三线制、四线制，故热电阻与 EM 231 RTD 模块接线时也有三种接线方式，分别如图 6-13、6-14、6-15 所示。

　　（4）S7-200 模拟量输入热电偶模块接线

　　S7-200 模拟量输入热电偶模块同样也有两种，一种为 4 通道，一种为 8 通道，其接线方式相同，图 6-16 为 4xTC 外形图与接线方式。EM 231 TC 的 DIP 开关与 EM 231 RT 相同。

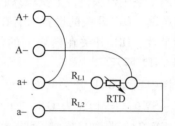

图 6-13　EM 231 RTD 模块与两线制热电阻接线方式

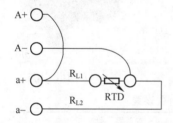

图 6-14　EM 231 RTD 模块与三线制热电阻接线方式

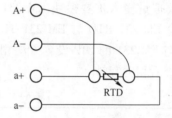

图 6-15　EM 231 RTD 模块与四线制热电阻接线方式

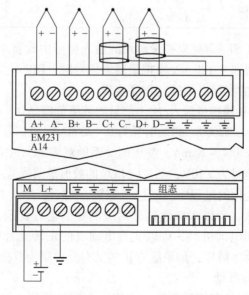

图 6-16　4xTC 外形图与接线方式

6.1.3　S7－200 PLC 的模拟量输入扩展模块使用

1. 模拟量模块 DIP 设置

应用模拟量模块时，需要根据输入信号的规格设置右下角的 DIP 开关（组态开关）。DIP 开关只对输入信号有效，并且对所有的输入通道都是相同的。也就是说 DIP 开关的设置应用于整个模块，一个模块只能设置为一种测量范围。DIP 开关的设置只有在重新上电后才能生效。DIP 开关在模块上的位置与样式，如图6-17 所示。

图中所示 DIP 开关共 6 个，从左往右为 SW1～SW6；向上拨为 ON，向下拨为 OFF；对于 EM 231 来说只有前面的 SW1、SW2 和 SW3 起作用，后面的 3 个不起作用。而 EM235 这 6 个 DIP 开关都有用。表 6-3 列出了 S7－200 PLC 模拟量输入扩展模块 EM 231 的 DIP 开关设置。EM 231 RTD 与 EM 231 TC 的 DIP 开关设置与 EM 231 的 DIP 设置方法相同，具体设置请查看相关资料。

DIP 开关

图 6-17　DIP 开关

表6-3　EM 231 DIP 开关设置

单　极　性			满量程输入	双　极　性			满量程输入
SW1	SW2	SW3		SW1	SW2	SW3	
ON	OFF	ON	0～10 V	OFF	OFF	ON	±5 V
	ON	OFF	0～5 V		ON	OFF	±2.5 V
			0～20 mA				

由上表可以看出，在 S7－200 模拟量模块的输入信号中没有 4～20 mA 电流型输入信号的 DIP 选择开关，若用到 4～20 mA 模拟量输入信号时，DIP 开关设置与 0～20 mA 的设置一样，但对应的 4 mA 的变换必须通过程序实现。

在 S7－200 中，单极性模拟量输入/输出信号的数值范围是 0～32000；双极性模拟量信号的数值范围是 -32000～+32000。如果信号为 0～20 mA 电流信号，则对应 PLC 中的数值就是 0～32000；如果信号为 4～20 mA，按比例关系则对应 PLC 中的数值范围就是 6400～32000。同样道理，如果信号为 ±10V，则对应 PLC 的数值范围就是 -32000～+32000。

双极性就是信号在变化的过程中要经过"零"，单极性不过"零"。由于模拟量转换为数字量，是有符号整数，所以双极性信号对应的数值会有负数。对于单极性与双极性可以理解为当变频器控制电动机时，可以实现电动机的正转或者反转，如果指定一个方向的旋转，如正转，即为单极性；如果既有正转又有反转则为双极性。

2. 模拟量数据格式与寻址

模拟量输入/输出数据是有符号整数，占用一个字的长度（两个字节），所以地址必须从偶数字节开始。格式如下：

输入：AIW［起始字节地址］，如：AIW6。

输出：AQW［起始字节地址］，如：AQW0。

每个模拟量输入模块，按模块的先后顺序和输入通道数目，以固定的递增顺序向后排地址。例如：AIW0、AIW2、AIW4、AIW6、AIW8 等。

对于 EM231 RTD（热电阻）两通道输入模块，不再占用空的通道，后面的模拟量输入点是紧接着排地址的。

每个有模拟量输出的模块占两个输出通道。即使第一个模块只有一个输出 AQW0，第二个模块的输出地址也应从 AQW4 开始寻址（AQW2 被第一个模块占用），依此类推。

温度模拟量输入模块（EM 231 TC、EM 231 RTD）也按照上述规律寻址，但是所读取的数据是温度测量值的 10 倍（摄氏或华氏温度）。如：520 相当于 52.0 度。

3. 模拟量的 A/D 转换

模拟量值和 A/D 转换值的转换，在应用中十分广泛，也是 PLC 学习中的重中之重。S7－200 PLC 中，0～20mA 模拟量所对应的数字量输出为 0～32000；4～20mA 对应的数字量输出为 6400～32000，6400 的得来为 $32000/20 \times 4 = 6400$。至于为什么是 32000，可以这么理解，根据模拟量的数据格式知道，一个模拟量占用一个字的长度共 16 位，最高位为符号位，其余 15 位为数据位，$2^{15} = 32768$，为了计算方便，取整为 32000。

假设模拟量的标准电信号是 A0～Am（如：4～20mA），A－D 转换后数值为 D0～Dm（如：6400～32000），设模拟量的标准电信号是 A，A－D 转换后的相应数值为 D，由于是线性关系，函数关系 A = f(D) 可以表示为数学方程：

$$A = (D - D0) \times (Am - A0)/(Dm - D0) + A0$$

根据该方程式，可以方便地根据 D 值（D 值为 PLC 采集上来的数值）计算出 A 值。将该方程式逆变换，得出函数关系 D = f(A) 可以表示为数学方程：

$$D = (A - A0) \times (Dm - D0)/(Am - A0) + D0$$

具体举例，模拟量信号 4～20mA 经 A－D 转换后，得到的数值是 6400～32000，即 A0 = 4，Am = 20，D0 = 6400，Dm = 32000，代入公式得：

$$A = (D - 6400) \times (20 - 4)/(32000 - 6400) + 4$$

假设该模拟量与 AIW0 对应，则当 AIW0 的值为 12800 时，相应的模拟电信号：

$$6400 \times 16/25600 + 4 = 8mA$$

又如，某温度传感器，－6～60℃ 与 4～20mA 相对应，以 T 表示温度值，AIW0 为 PLC 模拟量采样值，则根据上式直接代入得出：

$$T = [60 - (-10)] \times (AIW0 - 6400)/25600 + (-10)$$

可以用 T 直接显示温度值。

模拟量值和 A－D 转换值的转换比较难以理解。下面通过一个实例讲解来说明模拟量在程序中是如何转换的。

例 6-1　有两个传感器均为四线制仪表，一个量程为 0～1.0MPa，0～20mA 输出；另一个量程为 0.2～1.0MPa，4～20mA 输出。控制系统采用 CPU 226 CN 带一 4 通道模拟量输入扩展模块 EM 231，现要求编写此两个模拟量的采集程序。

（1）主要硬件配置

① 编程软件 V4.0 STEP 7－Micro/WIN SP9。

② 一台 CPU 226 CN + 一块 4 通道 EM 231。

③ PC/PPI 电缆+计算机。

④ 两台传感器。

⑤ 相关工具。

（2）步骤

1）硬件连接，其接线如图 6-18 所示，不用通道短接。

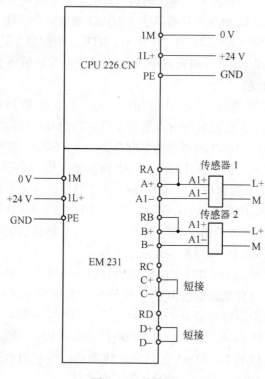

图 6-18　接线图

2）分析。首先，两个传感器的量程为 0~1.0 MPa，0.2~1.0 MPa，均不过"零"，故为单极性；其次，一个是 0~20 mA 输出，应对应 PLC 的数值范围为 0~32000，一个是 4~20 mA 的输出，对应 PLC 的数值范围为 6400~32000；再次，均为电流信号，所以 EM 231 的 DIP 开关 SW1、SW2、SW3 应设置为 ON、OFF、OFF，并且设置完成后断电重新上电。

3）编写程序。对于模拟量输入信号的采集的编程，有两种方法可以实现。第一种，编程者自己编写模拟量输入采集程序；第二种，可以调用 S7-200 PLC 编程软件所提供的名称为"Scale"的库文件。"Scale"的库文件是西门子公司专为 S7-200 PLC 模拟量输入采集所编写的子程序。使用前，必须先添加此库文件；添加完成后，可以直接在程序中调用。此库文件可以在西门子官方网站上下载，添加完成后，在编程软件的"库"下面，可以找到名称为"Scaling"的库文件，如图 6-19 所示。

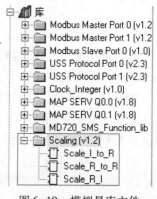

图 6-19　模拟量库文件

子程序 Scale_I_to_R 可用来进行模拟量输入到 S7－200 内部数据的转换；子程序 Scale_R_I 可用于内部数据到模拟量输出的转换。表 6-4 列出了 Scale_I_to_R 个引脚的详细说明。

表 6-4　Scale_I_to_R 引脚定义

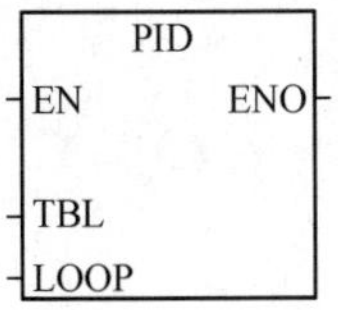

符号	定　义	数据类型
EN	使能，需要始终调用	BOOL
Input	模拟量输入通道地址	WORD
Ish	换算对象的高限，32000	WORD
Isl	换算对象的低限，0 或 6400	WORD
Osh	换算结果的高限，传感器量程最大值	REAL
Osl	换算结果的低限，传感器量程最小值	REAL
Output	换算结果输出	REAL

```
     ┌─────────┐
     │   PID   │
   ─┤EN    ENO├
     │         │
   ─┤TBL      │
     │         │
   ─┤LOOP     │
     └─────────┘
```

图 6-20 所示为 4～20 mA 模拟量输入转换为内部百分比值，其中的 VW100 可以为模拟量输入通道地址（如 AIW0）；图 6-21 为将内部百分比值转换为 4～20 mA 模拟量输出，直接输出模拟量输出地址 AQW0。

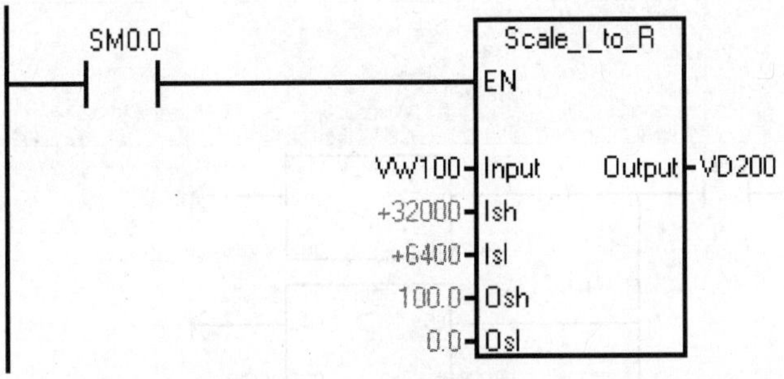

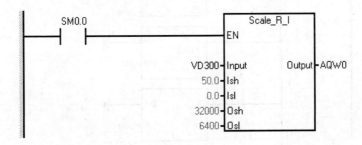

图 6-20　4～20 mA 模拟量输入转换为内部百分比值

图 6-21　将内部百分比值转换为 4～20 mA 模拟量输出

4）自己编写模拟量程序，如图 6-22 所示。

5）调用库文件模拟量程序，如图 6-23 所示。

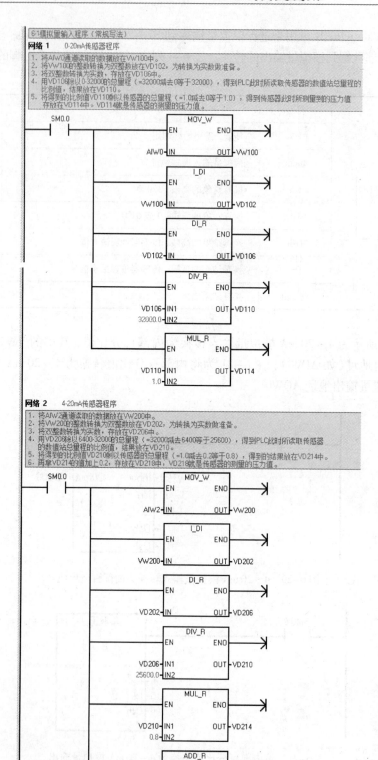

图6-22　自己编写模拟量程序

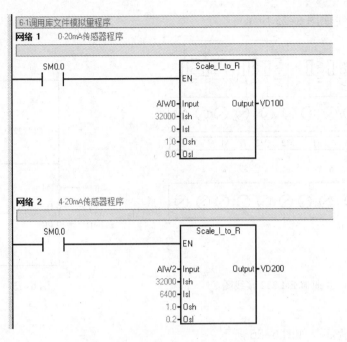

图 6-23　调用库文件模拟量程序

6.2　西门子 S7-200 PLC 的模拟量输出模块及其应用

S7-200 PLC 模拟量输出，使用相对简单，模拟量输出通道的接线只有两种：电压型或电流型，只可以选择一种。表 6-5 列出了 S7-200 PLC 模拟量输出扩展模块。图 6-24 为 4 通道模拟量输出模块 EM 232 接线图。

表 6-5　S7-200 PLC 模拟量输入扩展模块

订 货 号	模拟量扩展模块	模拟量输出
6ES7 232-0HB22-0XA8	EM 232 模拟量输出，2 通道	电压输出：+10 V
		电流输出：0~20 mA
6ES7 232-0HD22-0XA0	EM 232 模拟量输出，4 通道	电压输出：+10 V
		电流输出：0~20 mA

例 6-2　对一台变频器进行模拟量控制，实现 4~20 mA 控制变频器 0~50 Hz 运行，要求可以在触摸屏上设定变频器运行频率（如 25 Hz），编写程序。

主要硬件配置：

① 编程软件 V4.0 STEP 7 Micro/WIN SP9。

② 一台 CPU 226 CN + 一块 2 通道 EM 232。

③ PC/PPI 电缆 + 计算机。

④ 一台变频器。

⑤ 相关工具。

步骤：

1）硬件接线如图 6-25 所示。

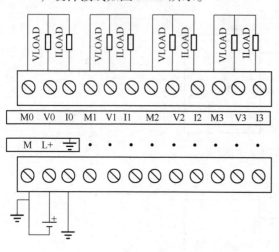

图 6-24　4 通道 EM 232 接线图

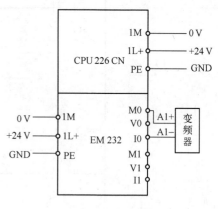

图 6-25　接线图

2）编写程序。

① 方法一程序，如图 6-26 所示。

② 方法二程序，如图 6-27 所示。

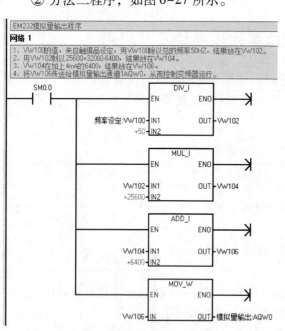

图 6-26　方法一程序

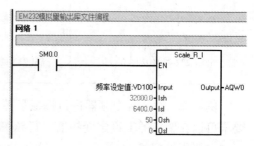

图 6-27　方法二程序

6.3　西门子 S7－200 PLC 的模拟量输入/输出模块

6.3.1　模拟量输入/输出扩展模块

S7－200 PLC 模拟量输入/输出模块，顾名思义就是集成模拟量输入与输出在一个模块上。表 6-6 列出了 S7 – 200 PLC 模拟量输入/输出扩展模块。图 6-28 为 EM 235 接线图，由图可以看出 EM 235 的模拟量输入接线同 EM 231 相同，且 EM 235 的 DIP 开关设置也与 EM 231 相同；EM 235 的模拟量输出同 EM 232 的相同；所以 EM 235 使用与 EM 231、EM 232 完全相同。

表 6-6 S7 – 200 PLC 模拟量输入/输出扩展模块

订 货 号	模拟量扩展模块	模拟量输入	模拟量输出
6ES7 235-0KD22 -0XA0	EM 235 模拟量输入/ 输出	电压输入：4x ± 10 V	电压输出：1x ± 10 V
		电流输入：0 ~ 20 mA	电流输出：0 ~ 20 mA

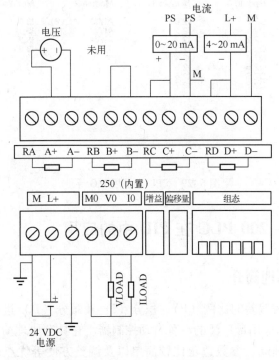

图 6-28 EM 235 接线图

6.3.2 S7 – 200 CPU 的集成 I/O 与扩展模块 I/O 的寻址

在 S7 – 200 中，输入/输出点的地址只与其在系统中的物理位置有关。各种类型的 I/O 按照各自的种类，如数字量输入（I）、数字量输出（Q）、模拟量输入（AI）、模拟量输出（AQ）信号，分别排列地址。S7 – 200 编程时不必配置 I/O 地址。

S7 – 200 扩展模块上的 I/O 地址按照离 CPU 的距离递增排列。离 CPU 越近，地址号越小。

在模块之间，数字量信号的地址总是以 8 位（1 个字节）为单位递增。如果 CPU 上的物理输入点没有完全占据一个字节，其中剩余未用的位也不能分配给后续模块的同类信号。

模拟量输出模块总是要占据两个通道的输出地址。即便有些模块（如 EM 235）只有一个实际输出通道，它也要占用两个通道的地址。

在编程计算机和 CPU 实际联机时，使用 Micro/WIN 的菜单命令"PLC > Information"，可以查看 CPU 和扩展模块的实际 I/O 地址分配。图 6-29 为一个 CPU 和扩展 I/O 寻址的例子。

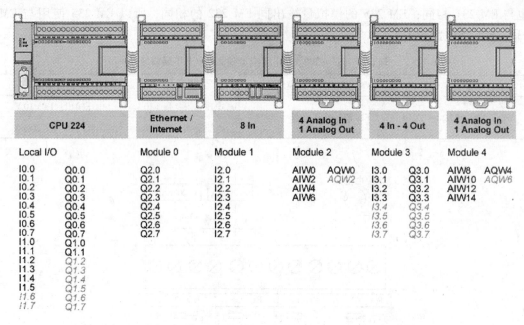

图 6-29 CPU 和扩展 I/O 寻址

6.4 西门子 S7-200 PLC 在 PID 中的应用

6.4.1 PID 控制原理简介

在过程控制中，按偏差的比例（P）、积分（I）和微分（D）进行控制的 PID 控制器（也称 PID 调节器）是应用最广泛的一种自动控制器。它具有原理简单、易于实现、适用·面广、控制参数相互独立、参数选定比较简单以及调整方便等优点；而且理论上可以证明，对于过程控制的典型对象"-""一阶滞后+纯滞后"与"二阶滞后+纯滞后"的控制对象，PID 控制器是一种最优控制。PID 调节规律是连续系统动态品质校正的一种有效方法，它的参数整定方式简便，结构改变灵活（如可为 PI 调节、PD 调节等）。长期以来，PID 控制器被广大科技人员及现场操作人员所采用，并积累了大量的经验。

PID 控制器就是根据系统的误差，利用比例、积分、微分计算出控制量来进行控制。当被控对象的结构和参数不能完全掌握，或得不到精确的数学模型，或控制理论的其他技术难以采用时，系统控制器的结构和参数必须依靠经验和现场调试来确定，这时应用 PID 控制技术最为方便。即当我们不完全了解一个系统和被控对象或不能通过有效的测量手段来获得系统参数时，最适合采用 PID 控制技术。

1. 比例（P）控制

比例控制是一种最简单、最常用的控制方式，如放大器、减速器和弹簧等。比例控制器能立即成比例地响应输入的变化量。但仅有比例控制时，系统输出存在稳态误差（Steady-state error）。

2. 积分（I）控制

在积分控制中，控制器的输出量是输入量对时间的积累。对于一个自动控制系统，如果在进入稳态后存在稳态误差，则称这个控制系统是有稳态误差的或简称有差系统（System with Steady - state error）。为了消除稳态误差，在控制器中必须引入"积分项"。积分项对误差的运算取决于时间的积分，随着时间的增加，积分项会增大。所以即便误差很小，积分项也会随着时间的增加而加大，它推动控制器的输出增大，使稳态误差进一步减小，直到等于零。因此，采用比例 + 积分（PI）控制器，可以使系统在进入稳态后无稳态误差。

3. 微分（D）控制

在微分控制中，控制器的输出与输入误差信号的微分（即误差的变化率）成正比关系。自动控制系统在克服误差的调节过程中可能会出现振荡甚至失稳。其原因是由于存在有较大的惯性组件（环节）或有滞后（delay）组件，具有抑制误差的作用，其变化总是落后于误差的变化。解决的办法是使抑制误差作用的变化"超前"，即在误差接近零时，抑制误差的作用就应该是零。这就是说，在控制器中仅引入"比例"项往往是不够的，比例项的作用仅是放大误差的幅值，而目前需要增加的是"微分项"，它能预测误差变化的趋势，这样，具有比例 + 微分的控制器就能够提前使抑制误差的控制作用等于零，甚至为负值，从而避免被控量的严重超调。所以，对有较大惯性或滞后的被控对象，比例 + 微分（PD）控制器能改善系统在调节过程中的动态特性。

4. 闭环控制系统特点

控制系统一般包括开环控制系统和闭环控制系统。开环控制系统（Open - loop Control System）是指被控对象的输出（被控制量）对控制器（controller）的输出没有影响，在这种控制系统中，不依赖将被控制量返送回来以形成任何闭环回路。闭环控制系统（Closed - loop Control System）的特点是系统被控对象的输出（被控制量）会返送回来影响控制器的输出，形成一个或多个闭环。闭环控制系统有正反馈和负反馈，若反馈信号与系统给定值信号相反，则称为负反馈（Negative Feedback）；若极性相同，则称为正反馈。一般闭环控制系统均采用负反馈，又称负反馈控制系统。可见，闭环控制系统性能远优于开环控制系统。

5. PID 控制器的参数整定

PID 控制器的参数整定是控制系统设计的核心内容。它是根据被控过程的特性，确定 PID 控制器的比例系数、积分时间和微分时间的大小。PID 控制器参数整定的方法很多，概括起来有如下两大类：

一是理论计算整定法。它主要依据系统的数学模型，经过理论计算确定控制器参数。这种方法所得到的计算数据未必可以直接使用，还必须通过工程实际进行调整和修改。

二是工程整定法。它主要依赖于工程经验，直接在控制系统的试验中进行，且方法简单、易于掌握，在工程实际中被广泛采用。PID 控制器参数的工程整定方法，主要有临界比例法、反应曲线法和衰减法。这三种方法各有其特点，其共同点都是通过试验，然后按照工程经验公式对控制器参数进行整定。但无论采用哪一种方法所得到的控制器参数，都需要在实际运行中进行最后的调整与完善。

目前一般采用的是临界比例法。利用该方法进行 PID 控制器参数的整定步骤如下：

1）首先预选择一个足够短的采样周期让系统工作。

2）仅加入比例控制环节，直到系统对输入的阶跃响应出现临界振荡，记下此时的比例放大系数和临界振荡周期。

3）在一定的控制度下通过公式计算得到 PID 控制器的参数。

6. PID 控制器的主要优点

PID 控制器之所以成为应用最广泛的控制器，因为具有以下优点：

1）PID 算法蕴含了动态控制过程中过去、现在及将来的主要信息，而且其配置几乎最优。其中，比例（P）代表了当前的信息，起纠正偏差的作用，使过程反应迅速。微分（D）在信号变化时有超前控制作用，代表将来的信息。在过程开始时强迫过程进行，过程结束时减小超调、克服振荡、提高了系统的稳定性，加快了系统的过渡过程。积分（I）代表了过去积累的信息，它能消除静差，改善系统的静态特性。此三种作用配合得当，可使动态过程快速、平稳、准确，收到良好的效果。

2）PID 控制适应性好，有较强的鲁棒性，对各种工业应用场合，都可在不同的程度上应用。特别适于"一阶惯性环节＋纯滞后"和"二阶惯性环节＋纯滞后"的过程控制对象。

3）PID 算法简单明了，各个控制参数相对独立，参数的选定较为简单，形成了完整的设计和参数调整方法，很容易为工程技术人员所掌握。

4）PID 控制根据不同的要求，针对自身的缺陷进行了不少改进，形成了一系列改进的 PID 算法。例如，为了克服微分带来高频干扰的滤波 PID 控制；为克服大偏差时出现饱和超调的 PID 积分分离控制；为补偿控制对象非线性因素的可变增益 PID 控制等。这些改进算法在一些应用场合取得了很好的效果。同时随着智能控制理论的发展，又形成了许多智能 PID 控制方法。

6.4.2　利用 S7－200 PLC 进行电炉的温度控制

例 6-3　有一台电炉，要求炉温控制在一定的范围。电炉的工作原理如下：

当设定电炉温度后，S7－200 经过 PID 运算后由模拟量输出模块 EM 232 输出一个电压信号送到控制板，控制板根据电压信号（弱电信号）的大小控制电热丝的加热电压（强电）的大小（甚至断开），温度传感器测量电炉的温度，温度信号经过控制板的处理后输入到模拟量输入模块 EM 231，再送到 S7－200 进行 PID 运算，如此循环。整个系统的硬件配置如图 6-30 所示。

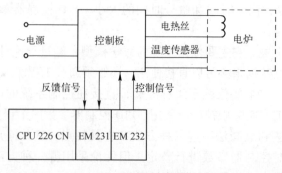

图 6-30　硬件配置图

（1）主要软硬件配置

① 一套 STEP7-Micro/WIN V4.0。

② 一台 CPU 226 CN。

③ 一台 EM 231。

④ 一台 EM 232。

⑤ 一根编程电缆（或 CP5611 卡）。

⑥ 一台电炉（含控制板）。

（2）主要指令介绍

PID 回路（PID）指令，当使能有效时，根据表 6-7（TBL）中的输入和配置信息指定回路执行 PID 计算。PID 指令的格式见表 6-7。

表 6-7　PID 指令格式

LAD	输入/输出	含　义	数据类型
PID EN　ENO TBL LOOP	EN	使能	BOOL
	TBL	参数表的起始地址	BYTE
	LOOP	回路号，常数范围 0~7	BYTE

（3）PID 指令使用注意事项

1）程序中最多可以使用 8 条 PID 指令，回路号为 0~7，不能重复使用。

2）必须保证过程变量和给定值积分项前值和过程变量前值在 0.0~1.0 之间。

3）如果进行 PID 计算的数学运算时遇到错误，将设置 SM1.1（溢出或非法数值）并终止 PID 指令的执行。

在工业生产过程中，模拟信号 PID（由比例、积分和微分构成的闭合回路）调节是常见的控制方法。运行 PID 控制指令，S7－200 将根据参数表中输入测量值、控制设定值及 PID 参数，进行 PID 运算，求得输出控制值。参数表中有 9 个参数，共占用 36 个字节，全部是 32 位的实数，部分保留给自整定用。PID 控制回路的参数表见表 6-8。

表 6-8　PID 控制回路参数表

偏移地址	参　　数	数据格式	参数类型	描　　述
0	过程变量 PVn	REAL	输入/输出	必须在 0.0~1.0 之间
4	给定值 SPn	REAL	输入	必须在 0.0~1.0 之间
8	输出值 Mn	REAL	输入	必须在 0.0~1.0 之间
12	增益 Kc	REAL	输入	增益是比例常数，可正可负
16	采样时间 Ts	REAL	输入	单位为秒，必须是正数
20	积分时间 TI	REAL	输入	单位为分钟，必须是正数
24	微分时间 Td	REAL	输入	单位为分钟，必须是正数
28	上一次积分值 MX	REAL	输入/输出	必须在 0.0~1.0 之间
32	上一次过程变量 PVn-1	REAL	输入/输出	最后一次 PID 运算过程变量值
36~79	保留自整定变量			

（4）I/O 分配

在 I/O 分配之前，先计算所需要的 I/O 点数，输入点为 3 个，输出点为 1 个，由于输入/输出最好留 15% 左右的余量备用，初步选择的 PLC 是 CPU 222 CN 或者 CPU 221 CN，但 CPU 221 CN 不能带扩展模块，所以选择 CPU 222 CN 模块；又因为控制对象为接触器，所以 PLC 最后定为 CPU 222 CN（AC/DC/继电器）。电炉控制系统的 I/O 分配表见表 6-9。

表 6-9　I/O 分配表

符　号	地　址	说　明	符　号	地　址	说　明
SB1	I0.0	启动按钮	KM1	Q0.0	接触器
SB2	I0.1	停止按钮			
SB3	I0.2	急停按钮			

（5）设计电气原理图

根据 I/O 分配表和题意，设计原理图如图 6-31 所示。

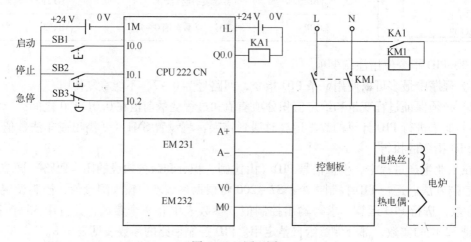

图 6-31　原理图

（6）编写程序

编写 PLC 控制程序共有三种方案：第一种方案不需要使用 PID 指令，直接从底层算法编写程序，这种编程方法，PID 的控制精度较高，对编写者的编程水平要求高，本书不作介绍，读者可以参考相关文献；第二种方案采用指令向导，比较常用，后续将详细介绍；第三种方案直接用 PID 指令编写程序，其程序如图 6-32 所示。

编写此程序首先要理解 PID 参数表中各个参数的含义，其次要理解数据类型的转换。要将整数转换为实数，必须先将整数转换为双整数，因为 S7-200 PLC 中没有直接将整数转换为实数的指令。

用指令向导生成子程序进行 PID 控制的方法比较常用，以下详细介绍。

（1）用指令向导生成子程序

1）打开指令向导。单击菜单栏中的"工具"→"指令向导"即可打开指令向导画面，如图 6-33 所示。或者单击左侧"工具"→"指令向导"也可以打开指令向导画面。

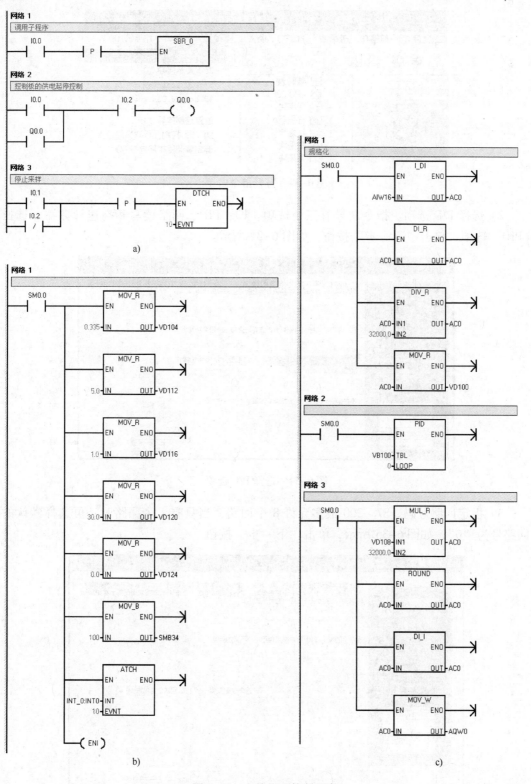

图 6-32 电炉 PID 控制程序

a) 主程序 b) 子程序 c) 中断服务程序

图 6-33　打开指令向导

2）选择 PID 选项。指令向导有三个选项，即：PID、网络读写和高速计数器，选择"PID"选项，单击"下一步"按钮，如图 6-34 所示。

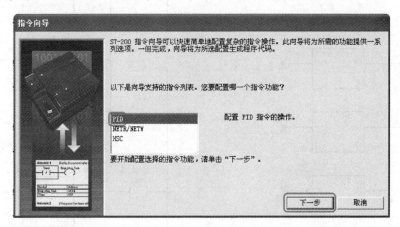

图 6-34　选择 PID 选项

3）指定回路号码。S7-200 最多允许 8 个回路，当只有一个回路时，可选择默认的回路号为"0"，如图 6-35 所示，单击"下一步"按钮。

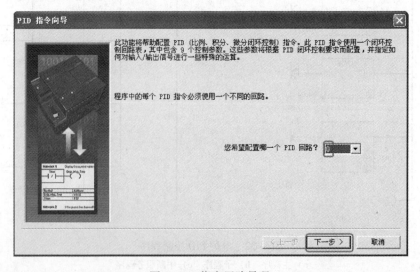

图 6-35　指定回路号码

4）设置回路参数。如图 6-36 所示，比例增益就是比例环节的参数（即 P），本例设置为"2"；采样时间是 0.2 s，如果参数的变化快于 0.2 s 将不能采样，S7 - 200 规定最小采样时间是 0.1 s；本例积分时间是 10 min（即 I），如果要取消积分环节，则在积分事件中填入"INF"（即无穷大）；本例的微分时间为 0 min（即 D），也就是微分环节被取消。本例给定的范围为 0.0 ~ 100.0，可以理解为温度范围是 0 ~ 100℃（如果实际温度是 -10 ~ 1000℃，则按照实际填入），也可以理解为范围是 0 ~ 100%。以上参数可在调试时修改。单击"下一步"按钮。

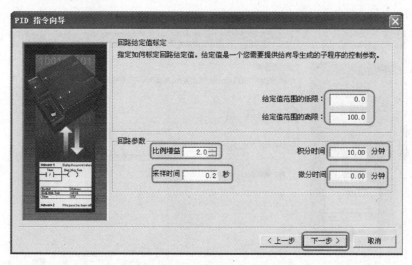

图 6-36　设置回路参数

5）设置回路输入和输出选项。

① 回路输入选项。"标定"中有单极性和双极性 2 个选项，代表输入信号的极性（过零则为双极性，如 ±2 V，不过零为单极性），如果输入信号是 4 ~ 20 mA，可选择"使用 20% 偏移量"；"过程变量"和回路给定值有一个对应关系，过程变量 0，对应回路给定值 0℃，过程变量 32000，对应回路给定值 100℃。如图 6-37 所示。

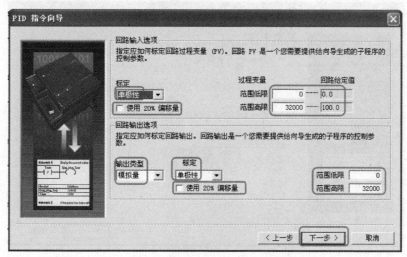

图 6-37　设置回路输入和输出选项

② 回路输出选项。"输出类型"有模拟量和数字量 2 个选项，本例使用的是EM 232 模拟量模块，故选择"模拟量"；"标定"中有单极性和双极性 2 个选项，代表输出信号的极性（过零则为双极性，如 ±2 V，不过零为单极性），如果输出信号是 4 ~ 20 mA，可选择"使用20% 偏移量"；范围低限和范围高限是 D－A 转换的数字量的范围，选择默认值。最后单击"下一步"按钮。

6）设置回路报警选项。当达到报警条件时，输出被置位，产生报警。如图 6-38 所示，当温度低于 100℃（10%）时报警，当温度高于 90℃（90%）时也报警。单击"下一步"按钮。

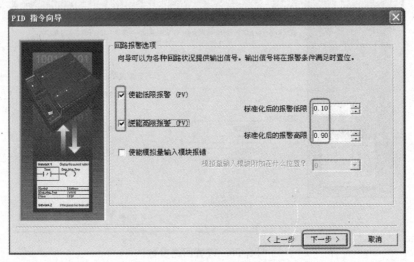

图 6-38　设置回路报警选项

7）为计算指定存储区。PID 指令使用 V 存储区中的一个 36 个字节的参数表，存储用于控制回路操作的参数。这个 V 存储区可以由读者分配也可以使用系统默认 V 存储区，但要注意，这个 V 存储区被系统占用后，读者编程时，不可以再使用，否则可能导致错误的结果。如图 6-39 所示，单击"下一步"按钮。

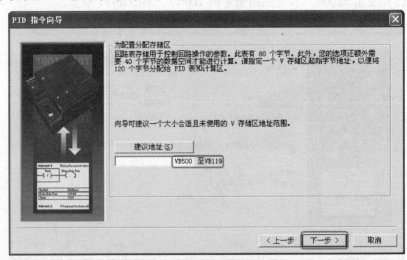

图 6-39　为计算指定存储区

8）指定子程序和中断程序。如图 6-40 所示，为子程序和中断程序的名称，这两个名称读者可以修改，也可以使用系统默认的名称，由于有多个回路时，初始化子程序不同，但多个回路使用同一个中断程序（如 PID_EXE），修改名称容易出错，所以不建议修改名称。如果需要手动控制，则勾选"增加 PID 手动控制"选项。单击"下一步"按钮。

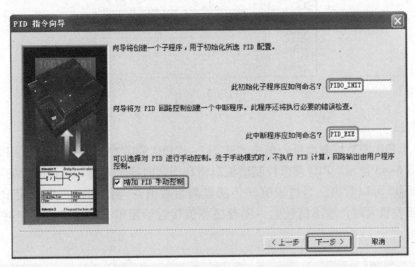

图 6-40　指定子程序和中断程序

本例的中断程序 PID_EXE 使用了定时中断 0，若读者还需使用定时中断，则只能使用定时中断 1。

9）生成 PID 代码。如图 6-41 所示，单击"完成"按钮，即可生成 PID 代码。

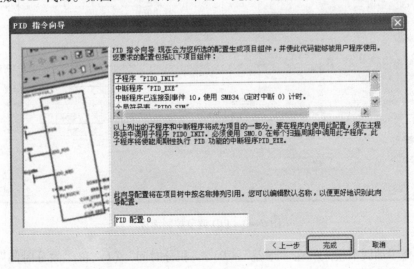

图 6-41　生成 PID 代码

（2）编写和下载程序

程序和符号表如图 6-42 所示，并将程序下载到 PLC 中。

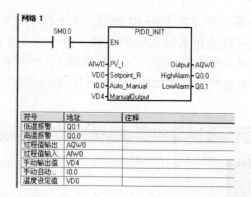

图 6-42　程序

(3) 调试

1) 打开 PID 调节控制面板。单击"工具"→"PID 调节控制面板",出现 PID 调节控制面板如图 6-43 所示。PID 调节控制面板只能在指令向导生成的 PID 程序中使用。

从图 6-43 可以看出,当过程值(传感器测量数值)与给定值(即设定值,本例为60.0℃)相差较大时,输出值较大,随着过程值接近给定值,输出值减小,并在一定的范围内波动。

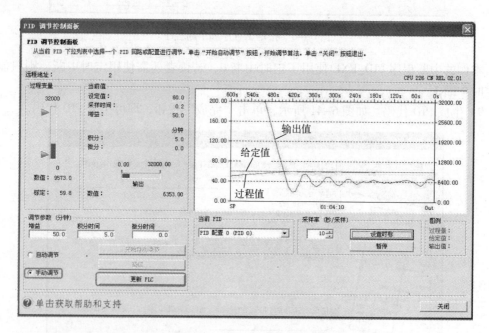

图 6-43　PID 调节控制面板

2) 选择手动调节模式。在"增益"(P)、"积分时间"(I) 和"微分时间"(D) 中输入参数,并单击"更新 PLC 参数"按钮,则 P、I、D 三个参数写入到 PLC 中。调试完成后,可看到的画面如图 6-44 所示,过程值和给定值基本重合(此图的给定值为 33.5℃)。

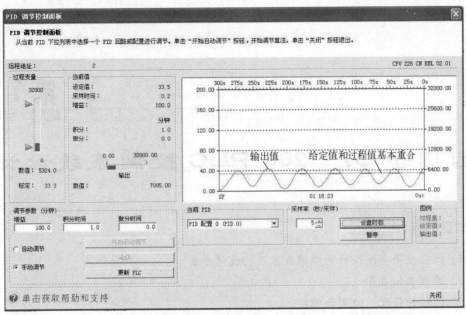

图 6-44　PID 调节控制面板

第 7 章

西门子 S7 - 200 PLC 控制系统设计

本章要点：

（1）PLC 应用系统设计的步骤及常用的设计方法

（2）典型实例应用

（3）PLC 的装配、检测和维护

经过前几章的学习，在了解掌握 PLC 的工作原理、结构、指令系统和编程原则之后，就可以和实际问题相结合，进行 PLC 应用系统的设计、调试和安装。PLC 控制系统的设计包括电气控制原理设计和工艺设计。原理设计主要以满足机械设备的基本要求为基础，综合考虑设备的自动化程度；而工艺设计的合理性则决定了控制系统生产的可行性、经济性、造型的美观及使用与维修的方便性。

7.1　PLC 应用系统的设计

用户在应用 PLC 进行实际控制系统的设计过程中，都会自觉或不自觉的遵循一定的方法和步骤。共同遵循这些 PLC 控制系统的一般设计方法和步骤，可使 PLC 应用系统的设计更趋于于科学化、规范化、工程化和标准化。

7.1.1　应用系统设计概述

在了解了 PLC 的基本工作原理和指令系统之后，可以结合实际进行 PLC 的设计，PLC 的设计包括硬件设计和软件设计两部分。

1. 硬件设计

PLC 应用系统硬件设计的主要内容包括 PLC 机型的选择、输入/输出设备的选择、控制柜的设计和控制系统各种技术文件的编写以及 PLC 外部硬件电路的设计等。在进行硬件设计时应注意：

1）最大限度地满足被控对象的工艺要求，详细了解工艺流程，然后与各方面人员协同工作，解决设计过程中出现的各种问题。

2）在满足生产工艺控制的前提下，尽可能使 PLC 控制系统结构简单、经济实用、维护方便。

3）保证控制系统的安全可靠。

4）考虑到生产的发展和工艺的改进，在选择 PLC 的型号、I/O 点数以及存储器容量等内容时，应留有适当的余量，以利于系统的调整和扩充。

2. 软件设计

PLC 应用系统软件设计的主要内容是编写 PLC 用户程序，即绘制梯形图或编写语句表。其设计的基本原则如下：

1）PLC 的用户程序要做到网络段结构简明，逻辑关系清晰，注释明了，动作可靠，能经得起实际工作的检验。

2）程序简短，占用内存少，扫描周期短。这样可以提高 PLC 对输入的响应速度。

3）程序可读性好，方便设计者对程序的理解、调试，便于他人阅读。要做到这一点，所设计的程序要注意层次结构尽可能清晰，采用标准化模块设计，并加注释。

7.1.2　PLC 控制系统的设计内容及设计步骤

1. PLC 控制系统的设计内容

一般情况下 PLC 控制系统的设计有以下内容：

1）根据设计任务书进行工艺分析，并确定控制方案，它是设计的依据。

2）选择输入设备（如按钮、开关、传感器等）和输出设备（如继电器、接触器、指示灯等执行机构）。

3）选定 PLC 的型号（包括机型、容量、I/O 模块和电源等）。

4）绘制 PLC 的 I/O 硬件接线图，分配 PLC 的 I/O 点。

5）设计控制系统的操作台、电气控制柜以及安装接线图等。

6）编写程序并调试。

7）编写设计说明书和使用说明书。

2. 设计步骤

PLC 控制系统设计可以按如下步骤进行：

（1）工艺分析

深入了解控制对象的工艺过程、工作特点和控制要求，划分控制的各个阶段、归纳各个阶段的特点和各阶段之间的转换条件。全面详细地了解被控对象的机械工作性能、基本结构特点、生产工艺和生产过程。从而对整个控制系统的硬件设计形成一个初步方案。在分析被控对象的基础上，根据 PLC 的技术特点优选控制方案。

（2）确定 I/O 点数

根据被控对象对 PLC 控制系统的技术指标和要求，确定用户所需的输入/输出设备，据此确定 PLC 的 I/O 点数。在估算系统的 I/O 点数和种类时，要全面考虑输入/输出信号的个数、I/O 信号类型（数字量 - 模拟量）、电流、电压等级以及是否有其他特殊控制要求等因素。以上统计的数据是一台 PLC 完成系统功能所必须满足的，但具体确定 I/O 点数时，则要按实际 I/O 点数再向上附加 15% ~30% 的备用量。

（3）选择 PLC 机型

选择 PLC 机型时应考虑厂家、性能结构、I/O 点数、存储容量以及特殊功能等方面。具体机型可以根据系统的控制要求、产品的性能、技术指标和用户的使用要求加以选择。

在选择 PLC 的 I/O 点数的同时，还必须考虑用户存储器的存储容量。对于以开关量控制为主的系统，PLC 响应时间无须考虑。

（4）选择输入/输出设备，分配 PLC 的 I/O 地址

根据生产设备现场需要，确定各种输入/输出产品的型号、规格及数量；根据所选 PLC 的型号，列出输入/输出设备与 PLC 的 I/O 端子的对照表，以便绘制 PLC 外部 I/O 接线图和编制程序。

（5）程序设计

PLC 的程序设计，就是以生产工艺要求和现场信号与 PLC 编程元件的对照表为依据，根据程序设计思想，绘出程序流程框图，然后以编程指令为基础，画出程序梯形图，编写程序注释。

（6）控制柜或操作台的设计和现场施工

设计控制柜及操作台的电器布置图及安装接线图；设计控制系统各部分的电气互锁图；根据图样进行现场接线，并检查。

（7）系统调试

根据电气接线图安装接线，用编程工具将用户程序输入计算机，经过反复编辑、编译、下载、调试和运行，直至结果正确。

（8）编制技术文件

技术文件应包括 PLC 的外部接线图等电气图样、电器布置图、电器元件明细表、顺序功能图以及带注释的梯形图和说明。

7.1.3 PLC 的硬件设计和软件设计及调试

1. PLC 的硬件设计

PLC 硬件设计包括 PLC 及外围线路的设计、电气线路的设计和抗干扰措施的设计等。

选定 PLC 的机型和分配 I/O 点后，硬件设计的主要内容就是电气控制系统原理图的设计、电气控制元器件的选择和控制柜的设计。电气控制系统的原理图包括主电路和控制电路。控制电路中包括 PLC 的 I/O 接线和自动、手动部分的详细连接等。电器元件的选择主要是根据控制要求选择按钮、开关、传感器、保护电器、接触器、指示灯以及电磁阀等。

2. PLC 的软件设计

软件设计包括系统初始化程序、主程序、子程序、中断程序、故障应急措施和辅助程序的设计，小型开关量控制一般只有主程序。首先应根据总体要求和控制系统的具体情况，确定程序的基本结构，画出控制流程图或功能流程图，简单的可以用经验法设计，复杂的系统一般用顺序控制设计法设计。

3. 软件硬件的调试

调试分模拟调试和联机调试。

软件设计完成后，一般先作模拟调试。模拟调试可通过仿真软件来代替 PLC 硬件在计算机上调试程序。如果有 PLC 的硬件，可以用小开关和按钮模拟 PLC 的实际输入信号（如启动、停止信号）或反馈信号（如限位开关的接通或断开），再通过输出模块上各输出位对应的指示灯，观察输出信号是否满足设计要求。需要模拟量信号 I/O 时，可用电位器和万用表配合进行。在编程软件中，可以用状态图或状态图表监视程序的运行或强

制某些编程元件。

硬件部分的模拟调试主要是对控制柜或操作台的接线进行测试。可在操作台的接线端子上模拟 PLC 外部的开关量输入信号，或操作按钮的指令开关，观察对应 PLC 输入点的状态。用编程软件将输出点强制 ON/OFF，观察对应的控制柜内 PLC 负载（指示灯、接触器等）的动作是否正常，或对应的接线端子上的输出信号的状态变化是否正确。

联机调试时，把编制好的程序下载到现场的 PLC 中。调试时，主电路一定要断电，只对控制电路进行联机调试。通过现场的联机调试，还会发现新的问题或对某些控制功能的改进。

7.1.4 PLC 程序设计常用的方法

PLC 程序设计常用的方法主要有经验设计法、继电器控制电路转换为梯形图法、逻辑设计法及顺序控制设计法等。

1. 经验设计法

经验设计法即在一些典型控制电路程序的基础上，根据被控制对象的具体要求进行选择组合，并多次反复调试和修改梯形图，有时需增加一些辅助触点和中间编程环节才能达到控制要求。这种方法没有规律可遵循，设计所用的时间和设计质量与设计者的经验有很大关系，所以称为经验设计法。经验设计法用于较简单的梯形图设计。应用经验设计法必须熟记一些典型的控制电路，如起保停电路、脉冲发生电路等，这些电路在前面的章节中已经介绍过。

2. 继电器控制电路转换为梯形图法

继电器接触器控制系统经过长期的使用，已有一套能完成系统要求的控制功能并经过验证的控制电路图，而 PLC 控制的梯形图和继电器接触器控制电路图很相似，因此可以直接将经过验证的继电器接触器控制电路图转换成梯形图。主要步骤如下：

1）熟悉现有的继电器控制线路。

2）对照 PLC 的 I/O 端子接线图，将继电器电路图上的被控器件（如接触器线圈、指示灯、电磁阀等）换成接线图上对应的输出点的编号，将电路图上的输入装置（如传感器、按钮及行程开关等）触点都换成对应的输入点的编号。

3）将继电器电路图中的中间继电器、定时器，用 PLC 的辅助继电器、定时器来代替。

4）画出全部梯形图，并予以简化和修改。

这种方法对简单的控制系统是可行的，比较方便，但对于比较复杂的控制电路不太适用。

3. 逻辑设计法

逻辑设计法是以布尔代数为理论基础，根据生产过程中各工步之间的各个检测元件（如行程开关、传感器等）状态的变化，列出检测元件的状态表，确定所需的中间记忆元件，再列出各执行元件的工序表，然后写出检测元件、中间记忆元件和执行元件的逻辑表达式，再转换成梯形图。该方法在单一的条件控制系统中非常好用，相当于组合逻辑电路，但在与时间有关的控制系统中，就很复杂。

例 7–1 现有六台电动机，要求顺序起动、逆序停止控制。控制系统为 S7 –200 PLC，具体控制要求如下：

1）按下起动按钮 SB1，起动信号灯点亮，延时 5 s。

2）5 s 后，第一台电动机起动；5 s 后，第二台电动机起动，依次类推，直至全部起动完成。

3）当按下停止按钮 SB2 后，第六台电动机立刻停止，同时停止指示灯点亮。

4）第六台电动机停止完成 5 s 后，第五台电动机停止；5 s 后，第四台电动机停止，依次类推，直至全部停止。

根据上述控制要求，编写程序。

（1）主要硬件配置

① 编程软件 V4.0 STEP 7–Micro/WIN SP9。

② 一台 CPU 226 CN。

③ PC/PPI 电缆 + 计算机。

④ 相关工具。

（2）步骤

1）电气原理图如图 7-1 所示。因为六台电动机的控制相同，故电气原理图也相同，其中"∗"表示 1、2、3、4、5、6，分别表示六台电动机。

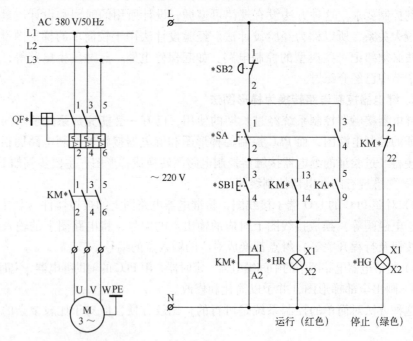

图 7-1　电气原理图

说明：

① 此原理图中，电动机分为现场控制与远程 PLC 控制，当 ∗SA 转换开关 1、2 接通时，为现场控制；当 ∗SA 转换开关 3、4 接通时，为远程 PLC 控制，只要 ∗KA 继电器常开触点接通，电动机就会运行。所以，要实现电动机自动起停，只要将六台电动机的转换开关 ∗SA 的 3、4 接通即可。工业控制中，多数电动机都要求有现场/远程控制。

② 在现场控制操作箱上有两个按钮，起动按钮 * SB1、停止按钮 * SB2；指示灯两个，运行指示灯 * HR 红色、停止指示灯 * HG。

2）PLC 控制原理图如图 7-2 所示。

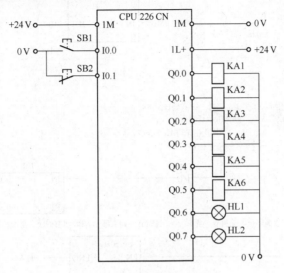

图 7-2 PLC 控制原理图

3）I/O 分配表见表 7-1。

表 7-1 I/O 分配表

符 号	地 址	说 明	符 号	地 址	说 明
SB1	I0.0	起动按钮	KA4	Q0.3	电动机 4 远程起停
SB2	I0.1	停止按钮	KA5	Q0.4	电动机 5 远程起停
KA1	Q0.0	电动机 1 远程起停	KA6	Q0.5	电动机 6 远程起停
KA2	Q0.1	电动机 2 远程起停	HL1	Q0.6	起动指示灯
KA3	Q0.2	电动机 3 远程起停	HL2	Q0.7	停止指示灯

4）编写梯形图，如图 7-3 所示。

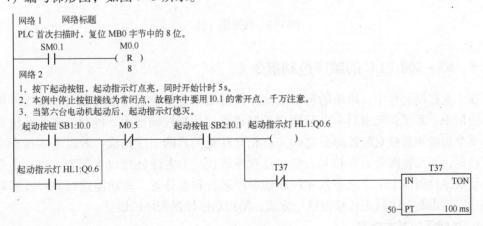

图 7-3 梯形图

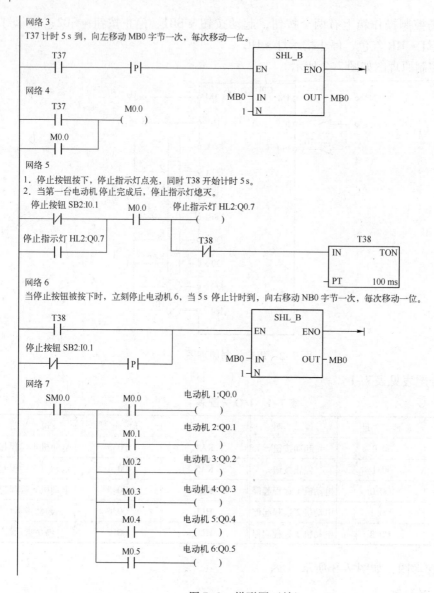

图 7-3　梯形图（续）

7.1.5　S7 – 200 PLC 的顺序控制指令

在工业控制过程中，简单的逻辑或顺序控制用基本指令通过编程就可以解决。但在实际应用中，系统常要求具有并行顺序控制或程序选择控制能力。同时，多数系统都是由若干个功能相对独立但各部分之间又有相互联锁关系的工序构成，若以基本指令完成控制功能，其联锁部分编程较易出错，且程序较长。为方便处理以上问题，PLC 中专门设计了顺序控制指令来完成多程序块联锁顺序运行和多分支、多功能选择并行或循环运行的功能，也制定了状态转移图这一方式，辅助顺序控制程序的设计。

1. 功能图的基本概念

功能图 SFC（Sequential Function Chart）是描述控制系统的控制过程、功能和特征的一种图解表示方法。它具有简单、直观等特点，不涉及控制功能的具体技术，是一种通用的语言，是 IEC 首选编程语言，近年来在 PLC 的编程中已经得到了普及与推广。

功能图的基本思想是：设计者按照生产要求，将被控设备的一个工作周期划分成若干个工作阶段（简称"步"），并明确表示每一步要执行的输出，"步"与"步"之间通过制定的条件进行转换，在程序中，只要通过正确连接，进行"步"与"步"之间的转换，就可以完成被控设备的全部动作。

PLC 执行 SFC 程序的基本过程是：根据转换条件选择工作"步"，进行"步"的逻辑处理。组成 SFC 程序的基本要素是步、转换条件和有向连线组成，如图 7-4 所示。

（1）步（Step）

一个顺序控制过程可分为若干个阶段，也称为步或状态。系统初始状态对应的步称为初始步，初始步一般用双线框表示。在每一步中，施控系统要发出某些"命令"，而被控系统要完成某些"动作"，把"命令"和"动作"都称为动作。当系统处于某一工作阶段时，则该步处于激活状态，称为活动步。

（2）转换条件

所谓"转换条件"，就是用于改变 PLC 状态的控制信号。不同状态的"转换条件"可以不同也可以相同，当"转换条件"各不相同时，SFC 程序每次只能选择其中一种工作状态，称为"选择分支"；当"转换条件"都相同时，SFC 程序每次可以选择多个工作状态，称为"并行分支"。只有满足条件状态，才能进行逻辑处理与输出，因此，"转换条件"是 SFC 程序选择工作状态（步）的"开关"。

转移条件在状态转移图中是必不可少的，它表明了从一个状态到另一个状态转移时所要具备的条件。其表示非常简单，只要在各状态块之间的线段上画一短横线，旁边标注上条件即可，如图 7-5 所示。SM0.1 是从初始状态向 SCR1 段转移的条件，SCR1 段的动作是 Q0.0 接通输出；I0.0 是从 SCR1 段向 SCR2 段转移的条件，SCR2 段的动作是 Q0.1 接通输出。

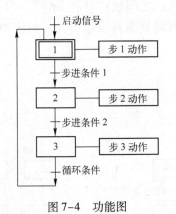

图 7-4　功能图　　　　　　　　　　图 7-5　转换条件的表示

（3）有向连线

步与步之间的连接线就是"有向连线"，"有向连线"决定了状态的转换方向与转换途径。在有向连线上有短线，表示转换条件。当条件满足时，转换得以实现。即上一步的动作结束而下一步的动作开始，因而不会出现动作重叠。步与步之间必须要有转换条件。

（4）功能图的结构分类

根据步与步之间的进展情况，功能图分为以下三种结构。

① 单一顺序。单一顺序动作是一个接一个完成，完成每步只连接一个转移，每个转移只连一个步，如图7-6所示。

② 选择顺序。选择顺序是指某一步后有若干个单一顺序等待选择，称为分支，一般只允许选择进入一个顺序，转换条件只能标在水平线之下。选择顺序的结束称为合并，用一条水平线表示，水平线以下不允许有转换条件跟着，如图7-7所示。

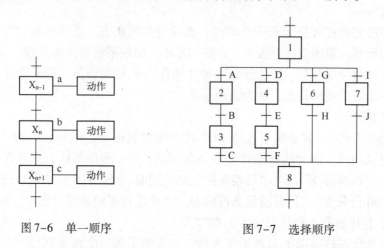

图7-6　单一顺序　　　　　　　　图7-7　选择顺序

③ 并行顺序。并行顺序是指在某一转换条件下，同时启动若干个顺序，也就是说转换条件实现导致几个分支同时激活。并行顺序的开始和结束都用双水平线表示，如图7-8所示。

（5）功能图设计的注意点

① 状态之间要有转换条件。图7-9所示的状态之间缺"转换条件"，为错误的功能图，应改成如图7-10所示正确的功能图。必要时转换条件可以简化，如将图7-11简化成图7-12。

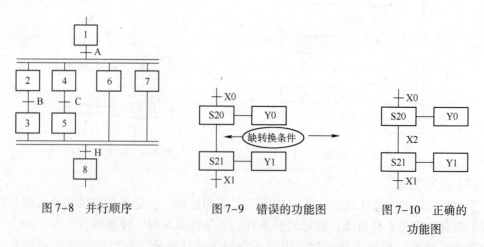

图7-8　并行顺序　　　　图7-9　错误的功能图　　　图7-10　正确的
　　　　　　　　　　　　　　　　　　　　　　　　　　　功能图

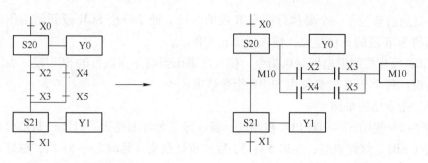

图 7-11　简化前的功能图　　　　图 7-12　简化后的功能图

② 转换条件之间不能有分支，错误的功能图如图 7-13 所示，应该改成图 7-14 所示的合并后的功能图，合并转换条件。

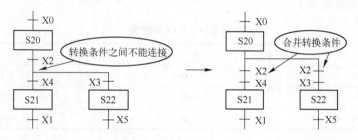

图 7-13　错误的功能图　　　　图 7-14　合并后的功能图

2. 顺序控制指令

顺序控制指令是实现顺序控制程序的基本指令，它由 LSCR、SCRT、SCRE 3 条指令构成，其操作数为顺序控制继电器（S）。

（1）指令梯形图和指令表格式

指令的梯形图和指令表格式见表 7-2。

表 7-2　LSCR、SCRT、SCRE 指令的梯形图和指令表格式

名　称	装载顺序控制继电器	顺序控制继电器转换	顺序控制继电器结束
指令	LSCR	SCRT	SCRE
指令表格式	LSCR n	SCRT n	SCRE
梯形图格式	Sbit ┤SCR├	┤─(SCRE)	Sbit ──(SCRT)
操作数 n	S（BOOL 型）	S（BOOL 型）	无

（2）指令功能

LSCR 装载顺序控制继电器指令，标志一个顺序控制继电器段（SCR 段）的开始。LSCR 指令将 S 位的值装载到 SCR 堆栈和逻辑堆栈的栈顶，其值决定 SCR 段是否执行，值为 1，执行该 SCR 段；值为 0，不执行该段。

SCRT 顺序控制继电器转换指令，用于执行 SCR 段的转换。SCRT 指令包含两方面功

能：一是通过置位下一个要执行的 SCR 段的 S 位，使下一个 SCR 段开始工作；二是使当前工作的 SCR 段的 S 位复位，使该段停止工作。

SCRE 顺序控制继电器结束指令，使程序退出当前正在执行的 SCR 段，表示一个 SCR 段的结束。每个 SCR 段必须由 SCRE 指令结束。

（3）指令使用举例

例 7-2　现用 S7－200 PLC 控制红、黄、绿三盏灯的亮灭。具体控制要求如下：按下启动按钮 SB1，红灯点亮，延时 5 s；5 s 后，黄灯点亮，延时 5 s；5 s 后，绿灯点亮，依次循环。

根据上述控制要求，编写程序，要求使用顺序控制指令。

1）PLC 控制原理图如图 7-15 所示。

2）I/O 分配表见表 7-3。

表 7-3　I/O 分配表

符　号	地　址	说　明
HR	Q0.0	红灯
HY	Q0.1	黄灯
HY	Q0.2	绿灯

3）功能图如图 7-16 所示。

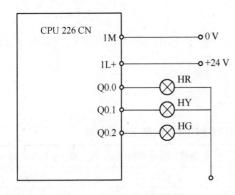

图 7-15　PLC 控制原理图

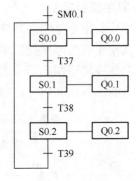

图 7-16　功能图

4）程序梯形图如图 7-17 所示。

3. 顺序控制指令编程要点

1）顺序控制指令的操作数为顺序控制继电器 S，也称为状态器，每一个 S 位都表示状态转移图中一个 SCR 段的状态。S 的范围是 S0.0 ~ S31.7。各 SCR 段的程序能否，执行取决于对应的 S 位是否被置位。若需要结束某个 SCR 段，需要使用 SCRT 指令或对该段对应的 S 位进行复位操作。

2）要注意不能把同一个 S 位在一个程序中多次使用。例如，在主程序中使用了 S0.1，在子程序中就不能再次被使用。

3）状态图中的顺序控制继电器 S 位的使用不一定要遵循元件的顺序，即可以任意使用各 S 位。但编程时为避免在程序较长时各 S 位重复，最好做到分组、顺序使用。

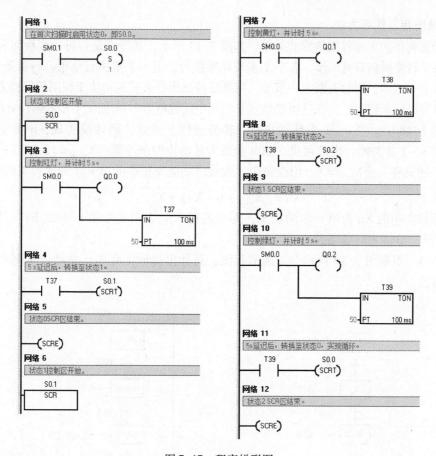

图 7-17 程序梯形图

4）每一个 SCR 段需要注意 3 个方面的内容：

① 本 SCR 段要完成什么样的工作？

② 什么条件下才能实现状态的转移？

③ 状态转移的目标是什么？

5）在 SCR 段中，不能使用 JMP 和 LBL 指令，即不允许跳入、跳出 SCR 段或在 SCR 段内跳转，同时也不能使用 FOR、NEXT 和 END 指令。

6）一个 SCR 段被复位后，其内部的元件（线圈、定时器等）一般也要复位，若要保持输出状态，则需要使用置位指令。

7）在所有 SCR 段结束后，要用复位指令 R 复位仍为运行状态的 S 位，否则程序会出现运行错误。

7.1.6 顺序控制设计法

根据功能流程图，以步为核心，从起始步开始一步一步地设计下去，直至完成。此法的关键是画出功能流程图。首先将被控制对象的工作过程按输出状态的变化分为若干步，并指出工步之间的转换条件和每个工步的控制对象。这种工艺流程图集中了工作的全部信息。在进行程序设计时，可以用中间继电器 M 来记忆工步，一步一步地顺序进行，也可以用顺序控制指令来实现。下面将详细介绍功能流程图的种类及编程方法。

1. 单流程及编程方法

功能流程图的单流程结构形式简单，如图 7-18 所示，其特点是：每一步后面只有一个转换，每个转换后面只有一步。各个工步按顺序执行，上一工步执行结束，转换条件成立，立即开通下一工步，同时关断上一工步。用顺序控制指令来实现功能流程图的编程方法，在前面的章节已经介绍过了，在这里将重点介绍用中间继电器 M 来记忆工步的编程方法。

在图 7-18 中，当 n-1 为活动步时，转换条件 b 成立，则转换实现，n 步变为活动步，同时 n-1 步关断。由此可见，第 n 步成为活动步的条件是：$X_{n-1}=1$，$b=1$；第 n 步关断的条件只有一个 $X_{n+1}=1$。用逻辑表达式表示功能流程图的第 n 步开通和关断的条件：

$$X_n = (X_{n-1} \cdot b + X_n) \cdot \overline{X_{n+1}}$$

式中，等号左边的 X_n 为第 n 步的状态，等号右边 X_{n+1} 表示关断第 n 步的条件，X_n 表示自保持信号，b 表示转换条件。

例 7-3 根据图 7-19 所示的功能流程图，设计出梯形图程序。并结合本例介绍常用的编程方法。

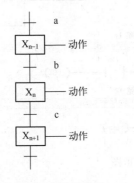

图 7-18 单流程结构

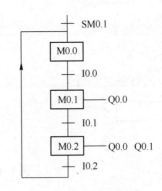

图 7-19 功能流程图

（1）使用起保停电路模式的编程方法

在梯形图中，为了实现前级步为活动步且转换条件成立时，才能进行步的转换，总是将代表前级步的中间继电器的常开触点与转换条件对应的触点串联，作为代表后续步的中间继电器得电的条件。当后续步被激活，应将前级步关断，所以用代表后续步的中间继电器常闭触点串在前级步的电路中。

如图 7-19 所示的功能流程图，对应的状态逻辑关系为

$$M0.0 = (SM0.1 + M0.2 \cdot I0.2 + M0.0) \cdot \overline{M0.1}$$

$$M0.1 = (M0.0 \cdot I0.0 + M0.1) \cdot \overline{M0.2}$$

$$M0.2 = (M0.1 \cdot I0.1 + M0.2) \cdot \overline{M0.0}$$

$$Q0.0 = M0.1 + M0.2$$

$$Q0.1 = M0.2$$

对于输出电路的处理应注意：Q0.0 输出继电器在 M0.1、M0.2 步中都被接通，应将 M0.1 和 M0.2 的常开触点并联去驱动 Q0.0；Q0.1 输出继电器只在 M0.2 步为活动步时才接通，所以用 M0.2 的常开触点驱动 Q0.1。

使用起保停电路模式编制的梯形图程序如图 7-20 所示。

（2）使用置位、复位指令的编程方法

S7 - 200 系列 PLC 有置位和复位指令，且对同一个线圈，置位和复位指令可分开编程，所以，可以实现以转换条件为中心的编程。

当前步为活动步且转换条件成立时，用 S 将代表后续步的中间继电器置位（激活），同时用 R 将本步复位（关断）。

图 7-19 所示的功能流程图中，如用 M0.0 的常开触点和转换条件 I0.0 的常开触点串联作为 M0.1 置位的条件，同时作为 M0.0 复位的条件。这种编程方法很有规律，每一个转换都对应一个 S/R 的电路块，有多少个转换就有多少个这样的电路块。用置位、复位指令编制的梯形图程序如图 7-21 所示。

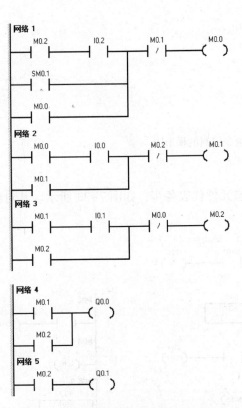

图 7-20　起保停电路模式编制的梯形图

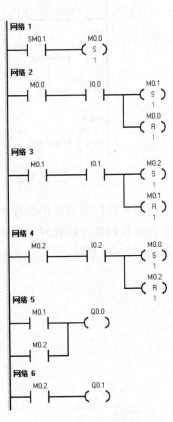

图 7-21　置位、复位指令编制的梯形图

（3）使用移位寄存器指令编程的方法

单流程的功能流程图各步总是顺序通断，并且同时只有一步接通，因此很容易采用移位寄存器指令实现这种控制。对于图 7-19 所示的功能流程图，可以指定一个两位的移位寄存器，用 M0.1、M0.2 代表有输出的两步，移位脉冲由代表步状态的中间继电器的常开触点和对应的转换条件组成的串联支路并联提供，数据输入端（DATA）的数据由初始步提供。对应的梯形图程序如图 7-22 所示。在梯形图中，将对应步的中间继电器的常闭触点串联连接，可以禁止流程执行的过程中移位寄存器 DATA 端置 "1"，以免产生误操作信号，从而保证了流程的顺利执行。

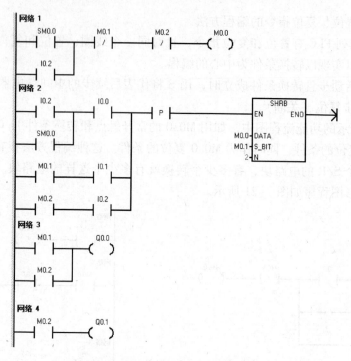

图7-22 移位寄存器指令编制的梯形图

（4）使用顺序控制指令的编程方法

使用顺序控制指令编程时，必须使用 S 状态元件代表各步，如图 7-23 所示。其对应的梯形图如图 7-24 所示。

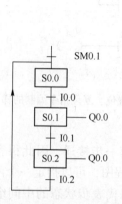

图7-23 用S状态元件代表各步

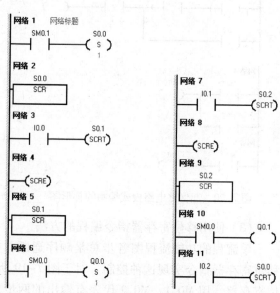

图7-24 用顺序控制指令编程

2. 选择分支及编程方法

选择分支分为两种：选择分支开始、选择分支结束。

选择分支开始是指一个前级步后面紧接着若干个后续步可供选择，各分支都有各自的转换条件，在各自分支中，则表示为代表转换条件的短画线。

选择分支结束，又称选择分支合并，是指几个选择分支在各自的转换条件成立时转换到一个公共步上。

例 7-4　根据图 7-25 所示的功能流程图，设计出梯形图程序。

（1）使用起保停电路模式的编程对应的状态逻辑关系为

$$M0.0 = (SM0.1 + M0.3 \cdot I0.4 + M0.0) \cdot \overline{M0.1} \cdot \overline{M0.2}$$

$$M0.1 = (M0.0 \cdot I0.0 + M0.1) \cdot \overline{M0.3}$$

$$M0.2 = (M0.0 \cdot I0.2 + M0.2) \cdot \overline{M0.3}$$

$$M0.3 = (M0.1 \cdot I0.1 + M0.2 \cdot I0.3) \cdot \overline{M0.0}$$

$$Q0.0 = M0.1$$

$$Q0.1 = M0.2$$

$$Q0.2 = M0.3$$

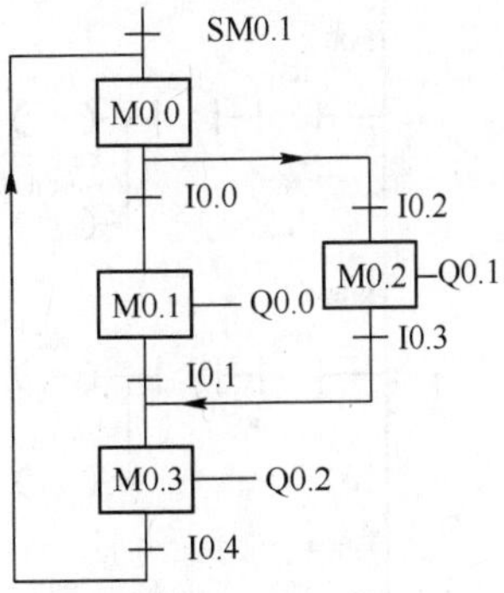

对应的梯形图程序如图 7-26 所示。

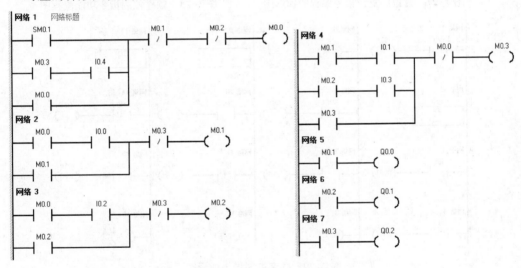

图 7-25　功能流程图

图 7-26　起保停电路模式编程的梯形图

（2）使用置位、复位指令的编程

对应的梯形图程序如图 7-27 所示。

（3）使用顺序控制指令的编程

对应的功能流程图如图 7-28 所示。对应的梯形图程序如图 7-29 所示。

3. 并行分支及编程方法

并行分支分为两种，图 7-30a 为并行分支的开始，图 7-30b 为并行分支的结束，也称为合并。并行分支的开始是指当转换条件实现后，同时使多个后续步激活。为了强调转换的同步实现，水平连线用双线表示。在图 7-30a 中，当工步 2 处于激活状态，若转换条件 e＝1，则工步 3、4、5 同时起动，工步 2 必须在工步 3、4、5 都开启后，才能关断。并行分支的合并是指在图 7-30b 中，当前级步 6、7、8 都为活动步，且转换条件

f 成立时，开通步 9，同时关断步 6、7、8。

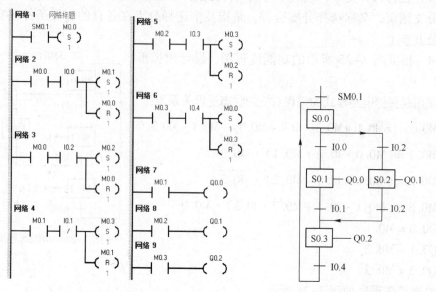

图 7-27 置位、复位指令编程的梯形图　　图 7-28 顺序控制指令功能流程图

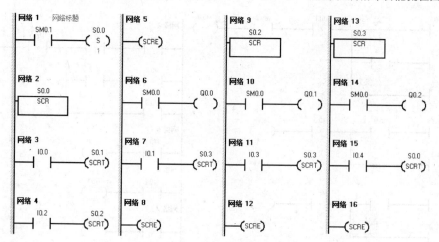

图 7-29 顺序控制指令梯形图

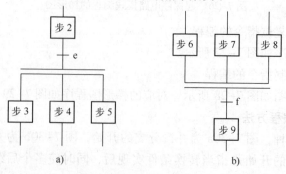

图 7-30

a) 并行分支开始　b) 并行分支结束

例 7-5　根据图 7-31 所示的功能流程图，设计出梯形图程序。

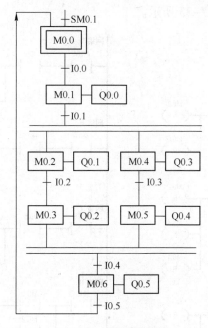

图 7-31　功能流程图

（1）使用起保停电路模式的编程

对应的梯形图程序如图 7-32 所示。

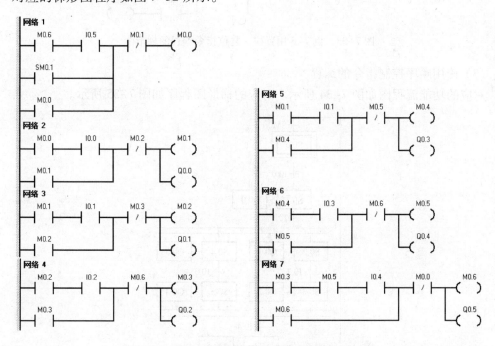

图 7-32　例 7-5 用起保停电路模式编程的梯形图

（2）使用置位、复位指令的编程

对应的梯形图程序如图 7-33 所示。

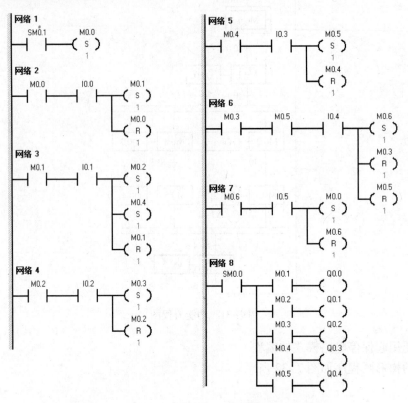

图 7-33　例 7-5 用置位、复位指令编程的梯形图

（3）使用顺序控制指令的编程

对应的功能流程图如图 7-34 所示。对应的梯形图程序如图 7-35 所示。

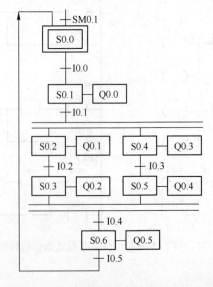

图 7-34　例 7-5 顺序控制指令功能流程图

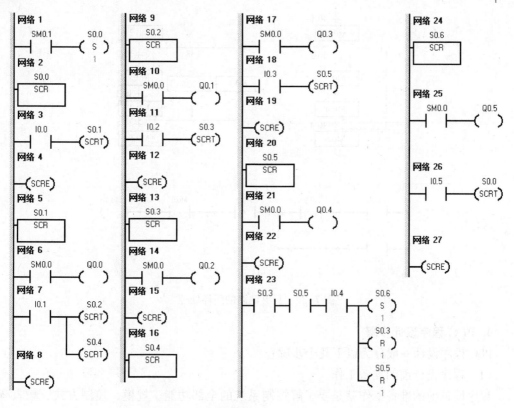

图 7-35　例 7-5 顺序控制指令编程梯形图

（4）循环、跳转流程及编程方法

在实际生产的工艺流程中，若要求在某些条件下执行预定的动作，则可用跳转程序。若需要重复执行某一过程，则可用循环程序。如图 7-36 所示。

跳转流程：当步 2 为活动步时，若条件 f = 1，则跳过步 3 和步 4，直接激活步 5。

循环流程：当步 5 为活动步时，若条件 e = 1，则激活步 2，循环执行。

编程方法和选择流程类似，不再详细介绍。

需要注意的是：转换是有方向的，若转换的顺序是从上到下，即为正常顺序，可以省略箭头。若转换的顺序从下到上，箭头不能省略。

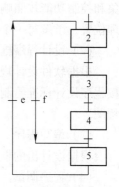

图 7-36　循环、
跳转流程图

（5）只有两步的闭环的处理。

在顺序功能图中，只有两步组成的小闭环，如图 7-37a 所示，因为 M0.3 既是 M0.4 的前级步，又是它的后续步，所以对应的使用起保停电路模式设计的梯形图程序，如图 7-37b 所示。从梯形图中可以看出，M0.4 线圈根本无法通电。解决的办法是在小闭环中增设一步，这一步只起短延时（≤0.1 s）作用，由于延时取得很短，对系统的运行不会有什么影响，如图 7-37c 所示。

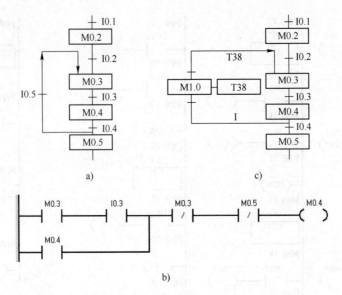

图 7-37　只有两路的闭环处理

4. PLC 程序设计步骤

PLC 程序设计一般分为以下几个步骤：

（1）程序设计前的准备工作

程序设计前的准备工作就是要了解控制系统的全部功能、规模、控制方式、输入/输出信号的种类和数量、是否有特殊功能的接口、与其他设备的关系、通信的内容与方式等，从而对整个控制系统建立一个整体的概念。接着进一步熟悉被控对象，可把控制对象和控制功能按照响应要求、信号用途或控制区域分类，确定检测设备和控制设备的物理位置，了解每一个检测信号和控制信号的形式、功能、规模及之间的关系。

（2）设计程序框图

根据软件设计规格书的总体要求和控制系统的具体情况，确定应用程序的基本结构，按程序设计标准绘制出程序结构框图，然后再根据工艺要求，绘出各功能单元的功能流程图。

（3）编写程序

根据设计出的框图，逐条地编写控制程序。编写过程中要及时给程序加注释。

（4）程序调试

调试时先从各功能单元入手，设定输入信号，观察输出信号的变化情况。各功能单元调试完成后，再调试全部程序，调试各部分的接口情况，直到满意为止。程序调试可以在实验室进行，也可以在现场进行。如果在现场进行测试，需将 PLC 系统与现场信号隔离，可以切断输入/输出模板的外部电源，以免引起机械设备动作。程序调试过程中先发现错误，后进行纠错。基本原则是"集中发现错误，集中纠正错误"。

（5）编写程序说明书

在说明书中通常对程序的控制要求、程序的结构以及流程图等给出必要的说明，并且给出程序的安装操作使用步骤等。

7.2　典型实例

7.2.1　送料小车自动往返运动的控制实例

例 7-6　现有一套送料小车系统，分别在工位一、工位二、工位三这三个地方来回自动送料，小车的运动由一台交流电动机进行控制。在三个工位处，分别装置了三个传感器 SQ1、SQ2、SQ3 用于检测小车的位置。在小车运行的左端和右端分别安装了两个行程开关 SQ4、SQ5，用于定位小车的原点和右极限位点。其结构示意图，如图 7-38所示。

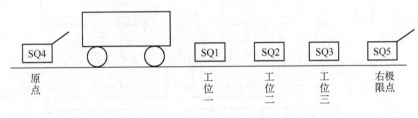

图 7-38　结构示意图

1. 控制要求

1）当系统上电时，无论小车处于何种状态，首先回到原点准备装料，等待系统的启动。

2）当系统的手/自动转换开关打开自动运行挡时，按下启动按钮 SB1，小车首先正向运行到工位一的位置，等待 10 s 卸料完成后正向运行到工位二的位置，等待 10 s 卸料完成后正向运行到工位三的位置，停止 5 s 后接着反向运行到工位二的位置，停止 5 s 后再反向运行到工位一的位置，停止 5 s 后再反向运行到原点位置，等待下一轮的启动运行。

3）当按下停止按钮 SB2 时，系统停止运行，如果电动机停止在某一工位，则小车继续停止等待；当小车正运行在去往某一工位的途中，则当小车到达目的地后再停止运行。再次按下启动按钮 SB1 后，设备按余下的流程继续运行。

4）当系统按下急停按钮 SB5 时，小车立即要求停止工作，直到急停按钮取消时，系统恢复到当前状态。

5）当系统的手/自动转换开关 SA1 打到手动运行挡时，可以通过手动按钮 SB3、SB4控制小车的正/反向运行。

2. PLC 原理图

根据控制要求，绘制 PLC 控制原理图，如图 7-39 所示。

3. 分配 I/O 分配表

根据 PLC 控制原理图，分配 PLC 控制的 I/O 分配表，见表 7-4。

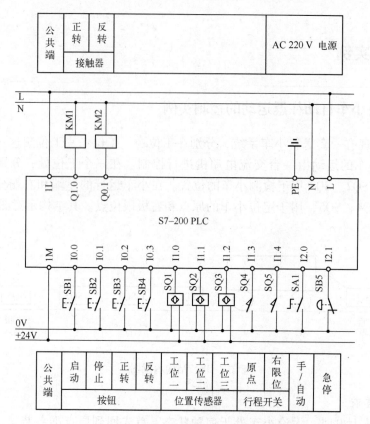

图 7-39　PLC 控制原理图

表 7-4　I/O 分配表

符　号	地　址	说　明	符　号	地　址	说　明
SB1	I0.0	启动按钮	KM1	Q1.0	正转接触器
SB2	I0.1	停止按钮	KM2	Q1.1	反转接触器
SB3	I0.2	正转点动按钮			
SB4	I0.3	反转点动按钮			
SQ1	I1.0	工位一传感器			
SQ2	I1.1	工位二传感器			
SQ3	I1.2	工位三传感器			
SQ4	I1.3	原点			
SQ5	I1.4	右极限			
SA1	I2.0	手/自动转换开关			
SB5	I2.1	急停按钮			

4. 功能图

根据控制要求，分析绘制控制功能图，如图 7-40 所示。

5. 编写程序

根据功能图，编写程序梯形图，如图 7-41 所示。

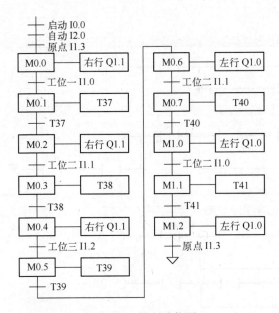

图 7-40 控制功能图

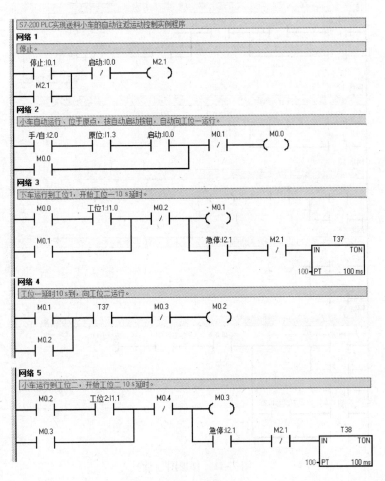

图 7-41 梯形图

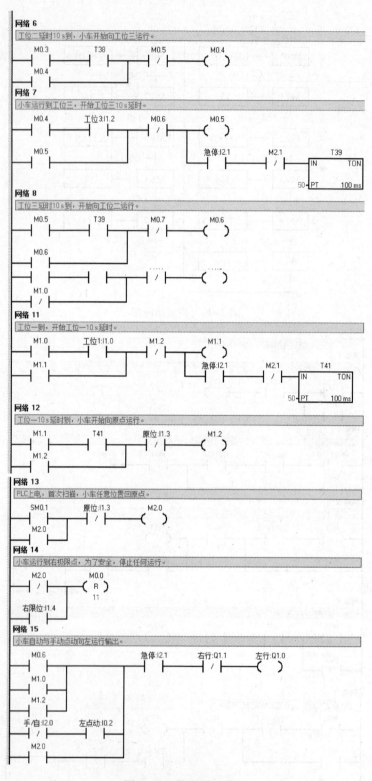

图 7-41　梯形图（续）

网络 16

小车自动与手动点动向右运行输出。

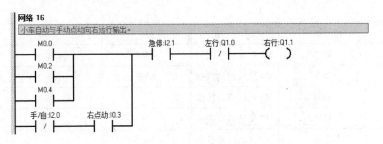

图 7-41　梯形图（续）

7.2.2　三级皮带输送机的控制实例

例 7-7　现有一套三级输送机，用于实现货料的传输，每一级输送机由一台交流电动机进行控制，电动机为 M1、M2、M3，分别由接触器 KM1、KM2、KM3、KM4、KM5、KM6 控制电动机的正反转运行。系统的结构示意图如图 7-42 所示。

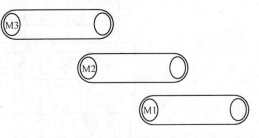

图 7-42　结构示意图

1. 控制要求

1）当装置上电时，系统进行复位，所有电动机停止运行。

2）当手/自动转换开关 SA1 打到左边时，系统进入自动状态。按下系统起动按钮 SB1 时，电动机 M1 首先正转起动，运转 10 s 以后，电动机 M2 正转起动，当电动机 M2 运转 10 s 以后，电动机 M3 正转起动，此时系统完成起动过程，进入正常运转状态。

3）当按下系统停止按钮 SB2 时，电动机 M3 首先停止，当电动机 M3 停止 10 s 以后，电动机 M2 停止，当 M2 停止 10 s 以后，电动机 M1 停止。系统在起动过程中按下停止按钮 SB2，电动机按起动的顺序反向停止运行。

4）当系统按下急停按钮 SB9 时，三台电动机要求立刻停止工作，急停后运行需要重新起动。

5）当手/自动转换开关 SA1 打到右边手动状态，系统只能由手动开关（SB3～SB8）控制电动机的运行。

2. PLC 原理图

根据控制要求，绘制 PLC 控制原理图，如图 7-43 所示。

3. 分配 I/O 分配表

根据 PLC 控制原理图，分配 PLC 控制的 I/O 分配表，见表 7-5。

表 7-5　I/O 分配表

符　号	地　址	说　明	符　号	地　址	说　明
SB1	I0.0	启动按钮	KM1	Q1.0	M1 正转接触器
SB2	I0.1	停止按钮	KM2	Q1.1	M1 反转接触器
SB3	I0.2	M1 正转点动按钮	KM3	Q1.2	M2 正转接触器
SB4	I0.3	M1 反转点动按钮	KM4	Q1.3	M2 反转接触器

（续）

符　号	地　址	说　明	符　号	地　址	说　明
SB5	I0.4	M2 正转点动按钮	KM5	Q1.4	M3 正转接触器
SB6	I0.5	M2 反转点动按钮	KM6	Q1.5	M3 反转接触器
SB7	I0.6	M3 正转点动按钮			
SB8	I0.7	M3 反转点动按钮			
SA1	I2.0	手/自动转换开关			
SB9	I2.1	急停按钮			

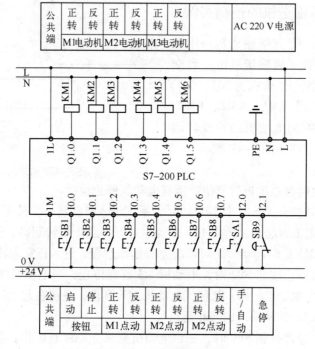

图 7-43　PLC 控制原理图

4. 编写程序

根据控制要求，编写程序梯形图，如图 7-44 所示。

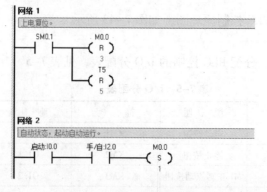

图 7-44　梯形图

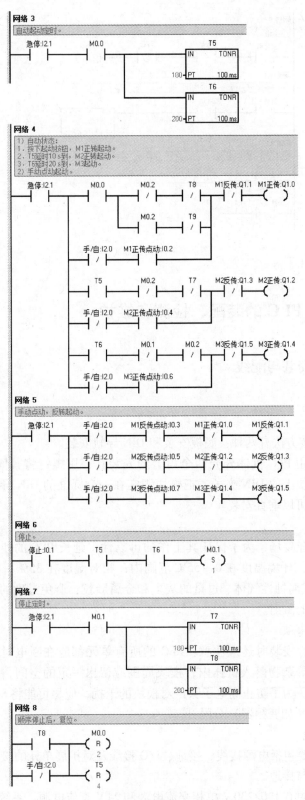

图 7-44　梯形图（续）

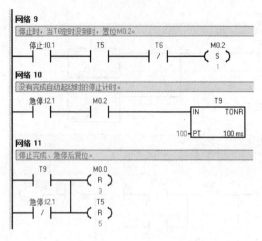

图 7-44　梯形图（续）

7.3　S7 - 200 PLC 的装配、检测和维护

7.3.1　PLC 的安装与配线

1. PLC 安装

（1）安装方式

S7 - 200 的安装方法有两种：底板安装和 DIN 导轨安装。

底板安装是利用 PLC 机体外壳四个角上的安装孔，用螺钉将其固定在底版上。DIN 导轨安装是利用模块上的 DIN 夹子，把模块固定在一个标准的 DIN 导轨上。导轨安装既可以水平安装，也可以垂直安装。

（2）安装环境

PLC 适用于工业现场，为了保证其工作的可靠性，延长 PLC 的使用寿命，安装时要注意周围环境条件：环境温度在 0 ~ 55℃ 范围内；相对湿度在 35% ~ 85% 范围内（无结霜），周围无易燃或腐蚀性气体、过量的灰尘和金属颗粒；避免过度的振动和冲击；避免太阳光的直射和水的溅射。

（3）安装注意事项

除了环境因素，安装时还应注意：PLC 的所有单元都应在断电时安装、拆卸；切勿将导线头、金属屑等杂物落入机体内；模块周围应留出一定的空间，以便于机体周围的通风和散热。此外，为了防止高电子噪声对模块的干扰，应尽可能将 S7 - 200 模块与产生高电子噪声的设备（如变频器）分隔开。

2. PLC 的配线

PLC 的配线主要包括电源接线、接地、I/O 接线及对扩展单元的接线等。

（1）电源接线与接地

PLC 的工作电源有 120/230 V 单相交流电源和 24 V 直流电源。系统的大多数干扰往往通过电源进入 PLC，在干扰强或可靠性要求高的场合，动力部分、控制部分、PLC 自身电源及 I/O 回路的电源应分开配线，用带屏蔽层的隔离变压器给 PLC 供电。隔离变压器的一次侧最好接 380 V，这样可以避免接地电流的干扰。输入用的外接直流电源最好采用稳压电源，因为整流滤波电源有较大的波纹，容易引起误动作。

　　良好的接地是抑制噪声干扰和电压冲击、保证 PLC 可靠工作的重要条件。PLC 系统接地的基本原则是单点接地，一般用独自的接地装置单独接地，接地线应尽量短，一般不超过 20 m，使接地点尽量靠近 PLC。

　　交流电源接线安装如图 7-45 所示。

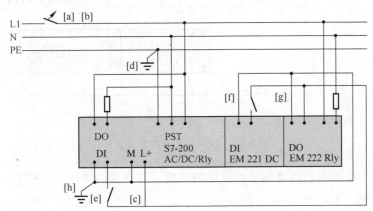

图 7-45　120/230 V 交流电源接线

其说明如下：

　　① 用一个单极开关 a 将电源与 CPU 所有的输入电路和输出（负载）电路隔开。

　　② 用一台过电流保护设备 b 以保护 CPU 的电源输出点以及输入点，也可以为每个输出点加上熔丝。

　　③ 当使用 Micro PLC DC 24 V 传感器电源 c 时可以取消输入点的外部过电流保护，因为该传感器电源具有短路保护功能。

　　④ 将 S7 - 200 的所有地线端子同最近接地点 d 相连接以提高抗干扰能力。所有的接地端子都使用 14 AWG 或 1.5 mm² 的电线连接到独立接地点上（也称一点接地）。

　　⑤ 本机单元的直流传感器电源可用来为本机单元的直流输入 e、扩展模块 f 以及输出扩展模块 g 供电。传感器电源具有短路保护功能。

　　⑥ 在安装中，如把传感器的供电 M 端子接到地上 h 可以抑制噪声。

　　直流电源安装如图 7-46 所示。说明如下：

　　① 用一个单极开关 a 将电源同 CPU 所有的输入电路和输出（负载）电路隔开。

　　② 用过电流保护设备 b、c、d 来保护 CPU 电源、输出点以及输入点，或在每个输出点加上熔丝进行过电流保护。当使用 Micro DC 24 V 传感器电源时，不用输入点的外部过电流保护，因为传感器电源内部具有限流功能。

　　③ 用外部电容 e 来保证在负载突变时得到一个稳定的直流电压。

　　④ 在应用中把所有的 DC 电源接地或浮地 f（即把全机浮空，整个系统与大地的绝缘电阻不能小于 50 MΩ）可以抑制噪声，在未接地 DC 电源的公共端与保护线 PE 之间串联电阻与电容的并联回路 g，电阻提供了静电释放通路，电容提供高频噪声通路。常取 $R = 1$ MΩ，$C = 4700$ pF。

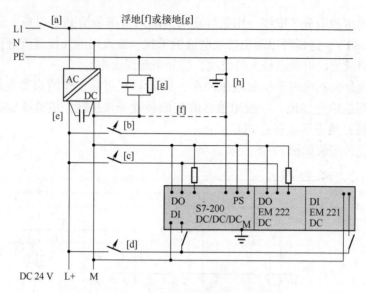

图 7-46　24 V 直流电源的安装

⑤ 将 S7－200 所有的接地端子同最近的接地点 h 连接，采用一点接地，以提高抗干扰能力。

⑥ DC 24 V 电源回路与设备之间，以及 AC 120/230 V 电源与危险环境之间，必须进行电气隔离。

（2）I/O 接线和对扩展单元的接线

PLC 的输入接线是指外部开关设备 PLC 的输入端口的连接线。输出接线是指将输出信号通过输出端子送到受控负载的外部接线。

I/O 接线时应注意：I/O 线与动力线、电源线应分开布线，并保持一定的距离，如需在同一线槽中布线时，须使用屏蔽电缆；I/O 线的距离一般不超过 300 m；交流线与直流线、输入线与输出线应分别使用不同的电缆；数字量和模拟量 I/O 应分开走线，传送模拟量 I/O 线应使用屏蔽线，且屏蔽层应一端接地。

PLC 的基本单元与各扩展单元的连接比较简单，接线时，先断开电源，将扁平电缆的一端插入对应的插口即可。PLC 的基本单元与各扩展单元之间电缆传送的信号小，频率高，易受干扰。因此不能与其他连线敷设在同一线槽内。

7.3.2　PLC 的自动检测功能及故障诊断

PLC 具有很完善的自诊断功能，如果出现故障，可以借助自诊断程序及时找到出现故障的部件，更换后就可以恢复正常工作。故障处理的方法可参见 S7－200 系统手册的故障处理指南。实践证明，外部设备的故障率远高于 PLC，而这些设备故障时，PLC 不会自动停机，可使故障范围扩大。为了及时发现故障，可用梯形图程序实现故障的自诊断和自处理。

1. 超时检测

机械设备在各工步的所需的时间基本不变，因此可以用时间为参考。当 PLC 发出信号，相应的外部执行机构开始动作时，启动一个定时器开始定计时，定时器的设定值比正常情况下该动作的持续时间长 20% 左右。如：某执行机构正常情况下运行 10 s 后，使限位开关动作，发出动作结束的信号。当该执行机构开始动作时，启动设定值为 12 s 的定时器定时，若 12 s 后还没有收到动作结束的信号，由定时器的常开触点发出故障信号，该信号停止正常的程序，启动报警和故障显示程序，使操作人员和维修人员能迅速判别故障的种类，及时采取排除故障的措施。

2. 逻辑错误检查

在系统正常运行时，PLC 的输入、输出信号和内部的信号（如存储器位的状态）相互之间存在着确定的关系，如出现异常的逻辑信号，则说明出了故障。因此，可以编制一些常见故障的异常逻辑关系，一旦异常逻辑关系为 ON 状态，就应按故障处理。如：机械运动过程中先后有两个限位开关动作，这两个信号不会同时接通，若它们同时接通，说明至少有一个限位开关被卡死，应停机进行处理。在梯形图中，用这两个限位开关对应的存储器的位的常开触点串联，来驱动一个表示限位开关故障的存储器的位就可以进行检测。

7.3.3　PLC 的维护与检修

虽然 PLC 的故障率很低，由 PLC 构成的控制系统可以长期稳定和可靠的工作，但对其进行维护和检查也是必不可少的。一般每半年应对 PLC 系统进行一次周期性的检查。检修内容包括：

1）供电电源。查看 PLC 的供电电压是否在标准范围内。交流电源工作电压的范围为 85 ~ 264 V，直流电源电压应为 24 V。

2）环境条件。查看控制柜内的温度是否在 0 ~ 55℃ 范围内，相对湿度在 35% – 85% 范围内，以及无粉尘、铁屑等积尘。

3）安装条件。连接电缆的插头是否完全插入旋紧，螺钉是否松动，各单元是否可靠固定、有无松动。

4）I/O 端电压。均应在工作要求的电压范围内。

7.3.4　PLC 应用中若干问题的处理

在实际应用中，经常会遇到 I/O 点数不够的问题，可以通过增加扩展单元或扩展模块的方法解决，也可以通过对输入信号和输出信号进行处理，减少实际所需 I/O 点数的方法解决。

1. 减少输入点数的方法

1）分时分组输入。一般系统中设有"自动"和"手动"两种工作方式，两种方式不会同时执行。将两种方式的输入分组，从而减少实际输入点。

2）硬件编码，PLC 内部软件译码。

3）输入点合并。将功能相同的常闭触点串联或将常开触点并联，就只占用一个输入点。一般多点操作的启动停止按钮、保护以及报警信号可采用这种方式。

4）将系统中的某些输入信号设置在 PLC 之外。系统中某些功能单一的输入信号，如一些手动操作按钮、热继电器的常闭触点等没有必要作为 PLC 的输入信号，可直接将其设置在输出驱动回路当中。

2. 减少输出点的方法

1）在 PLC 输出功率允许的条件下，可将通断状态完全相同的负载并联，共用一个输出点。

2）负载多功能化 。一个负载实现多种用途，如在 PLC 控制中，通过编程可以实现一个指示灯的平光和闪烁，这样一个指示灯可以表示两种不同的信息，节省了输出点。

第 8 章

西门子 S7 – 200 PLC 的通信与网络

本章知识要点:

(1) 西门子 S7 – 200 PLC 基本通信与网络简介
(2) 西门子 S7 – 200 PLC 的自由口通信应用及实例
(3) 西门子 S7 – 200 PLC 的 PPI 通信应用及实例
(4) 西门子 S7 – 200 PLC 的 Modbus 通信应用及实例
(5) 西门子 S7 – 200 PLC 的以太网通信应用及实例
(6) 西门子 S7 – 200 PLC 与 S7 – 300 PLC 的 PROFIBUS 通信应用及实例

8.1 西门子 S7 – 200 PLC 基本通信与网络简介

8.1.1 通信方式

在 S7 – 200 PLC 系统中的通信一般是指串行通信,即信息(数据字节)以二进制的"0"、"1"比特流的形式传输。S7 – 200 PLC 拥有出色的通信能力如图 8-1 所示,支持多种通信协议,兼容多种硬件,适应各种应用场合。了解并选择合适的通信方式,可以事半功倍,做到既节省硬件投资,也节约编程人力的投入,缩短工程周期,获得最大利益。

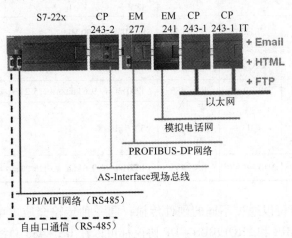

图 8-1 S7 – 200 PLC 的通信能力

相互通信的对象间要成功实现通信，必须满足下列条件：

1）直接连接的通信端口符合相同硬件标准。

2）通信对象支持相同的通信协议。

1. 通信的硬件标准

S7 – 200 系统支持的常见通信硬件标准有：

（1）RS – 232：微机技术中常见的串口标准；S7 – 200 的编程电缆（RS – 232/PPI 电缆）的 RS – 232 端连接到 PC 的 RS – 232 口。

（2）RS – 485：常用的支持网络功能的串行通信标准；S7 – 200 CPU 和 EM 277 通信模块上的通信口都符合 RS – 485 的电气标准。

（3）以太网：S7 – 200 通信模块 CP243 –1/CP243 –1 IT 提供了标准的以太网 RJ45 接口。

（4）模拟音频电话：S7 – 200 通过 EM 241 模块，支持模拟音频电话网上的数据通信（V. 34 标准 33.6K 波特率，RJ –11 接口）。

（5）AS – Interface：通过 CP243 –2 模块支持 AS – Interface 标准。

2. 通信硬件与通信协议

广义地说，一个完整的通信标准定义了硬件、软件规范。包括通信端口的具体电气性能、接插件的物理规格以及消息的组织格式等，典型的如 AS – Interface。

通信协议主要规定了数据的组织格式（帧格式）。表 8–1 列出了 S7 – 200 PLC 系统支持的通信协议略表。

表 8–1 S7 – 200 PLC 系统支持的通信协议略表

协议类型	端口位置	接口类型	传输介质	通信速率	备 注
PPI	EM 241 模块	RJ11	模拟电话	33.6 kbit/s	数据传输速率
MPI	CPU 口 0/1	DB – 9 针	RS – 485	9.6 kbit/s，19.2 kbit/s，187.5 kbit/s	主、从站
				19.2 kbit/s，187.5 kbit/s	仅从站
PROFIBUS–DP	EM 277	DB – 9 针	RS – 485	19.2 kbit/s…187.5 kbit/s…12 M	速率自适应从站
				9.6 kbit/s，19.2 kbit/s…187.5 kbit/s…12 M	
S7 协议	CP243 –1/CP243 –1 IT	RJ45	以太网	10 Mbit/s，100 Mbit/s	自适应
AS – Interface	CP243 –2	接线端子	AS – i 网络	5/10 ms 循环周期	主站
USS	CPU 口 0	DB – 9 针	RS – 485	1200 bit/s…9.6 kbit/s…115.2 kbit/s	主站自由口库指令
Modbus RTU	EM 241	RJ11	模拟电话	33.6 kbit/s	主站/从站、自由口库指令
					数据传输速率
自由口	CPU 口 0/1	DB – 9 针	RS – 485	1200 bit/s…9.6 kbit/s…115.2 kbit/s	

同一种通信协议可以通过不同的硬件传输；同一种传输介质也可以传输不同的通信协议。例如，PPI、MPI 和 PROFIBUS – DP 协议都可以在 RS – 485 总线上传输；而 PROFIBUS – DP 也可通过光纤传输。

如果通信对象支持相同的通信协议，但通信口的硬件标准不同，就需要使用接口转换器件。如 S7-200 编程软件通过 PPI 协议与 CPU 通信，计算机上的 RS-232 串口就需要 RS-232/PPI 电缆才能与 CPU 上的 RS-485 串口通信，RS-232/PPI 电缆在这里也起到了 RS-232 和 RS-485 之间的转换作用。这也包括光/电传输信号的转换、电信号与无线电信号之间的转换等。

使用何种通信传输方式，决定了通信的速率和距离。通信硬件的通信速率会成为接口转换成功与否的制约因素。如果某种"插入"的传输介质，对信号传输造成的影响超出此协议所容许的范围，就不能使用。例如，两个 CPU 之间基本不能通过一对传输速率较慢的数据电台使用 PPI 协议通信，而必须使用通信速率较低的"自由口协议"；而一个较快的光纤系统可以"插入"到使用 PPI 协议的 RS-485 电气网络中。

8.1.2　S7-200 PLC CPU 之间的通信

S7-200 PLC CPU 之间最简单易用的通信方式就是 PPI 通信。近来以太网和 Modem 通信也获得越来越多的应用。表 8-2 列出了 S7-200 PLC CPU 之间的主要通信方式。

表 8-2　S7-200 PLC CPU 之间的主要通信方式

通信方式	介质	本地需用设备	通信协议	通信距离	通信速率/（bit/s）	数据量	本地需做工作	远端需做工作	远端需用设备	特点
PPI	RS-485	RS-485 网络部件	PPI	RS-485	9.6 k 19.2 k 187.5 k	较少	编程（或编程向导）	无	RS-485 网络部件	简单可靠经济
Modem	音频模拟电话网	EM 241 扩展模块、模拟音频电话线（RJ11 接口）	PPI	电话网	33.6 k	大	编程向导编程	编程向导编程	EM 241 扩展模块、模拟音频电话线（RJ11 接口）	距离远
Ethernet	以太网	CP 243-1 扩展模块（RJ45 接口）	S7	以太网	10M/100M	大	编程向导编程	编程向导编程	CP 243-1 扩展模块（RJ45 接口）	速度高
无线电	无线电波	无线电台	自定义（自由口）	电台通信距离	1200～115.2 k	中等	自由口编程	自由口编程	无线电台	多站联网时编程较复杂

8.1.3　S7-200 PLC 与 S7-300/400 PLC 之间的通信

S7-200 与 S7-300/400 之间最常用和最可靠的是 PROFIBUS-DP 通信，以太网也越来越多地采用，其他不常用。表 8-3 列出了 S7-200 PLC 与 S7-300/400 PLC 之间的主要通信方式。

表8-3　S7－200 PLC 与 S7－300/400 PLC 之间的主要通信方式

通信方式	介质	本地需用设备	通信协议	通信距离	通信速率/(bit/s)	数据量	本地需做工作	远端需做工作	远端需用设备	特　点
PROFIBUS－DP	RS－485	EM 277扩展模块、RS－485网络部件	PROFIBUS－DP	RS－485	9.6k~12M	中等	无	配置或编程	PROFIBUS－DP模板/带DP口的CPU	可靠,速度高;仅作从站
MPI	RS－485	RS－485硬件	MPI	RS－485	9.6k 19.2k 187.5k	较少	无	编程	CPU上的MPI口	少用;仅作从站
Ethernet	以太网	CP 243-1扩展模块(RJ45接口)	S7	以太网	10M/100M	大	编程向导配置编程	配置和编程	以太网模板/带以太网口的CPU	速度快
Modbus RTU	RS－485	RS－485网络部件	Modbus RTU	RS－485	1200~115200	大	指令库	编程	串行通信模块+Modbus选件	仅作从站
无线电	RS－485/无线电转换	无线电台	自定义(自由口)	电台传播距离	1200~115200	中等	自由口编程	串行通信编程	串行通信模块	
			Modbus RTU			大	指令库	指令库编程	串行通信模块+Modbus选件+无线电台	仅作从站

8.1.4　S7－200 PLC 与西门子驱动装置之间的通信

　　S7－200 与西门子 MicroMaster 系列变频器（如 MM440、MM420、MM430 以及 MM3 系列、新的 SINAMICS G110）用 USS 通信协议通信。

　　可以使用 STEP 7-Micro/WIN32 V3.2 以上版本指令库中的 USS 库指令，简单方便地实现通信。

8.1.5　S7－200 PLC 与第三方 HMI/SCADA 软件之间的通信

　　S7－200 与第三方 HMI/SCADA 软件之间的通信，主要有以下几种方法：

　　1）OPC 方式（PC Access V1.0）。

　　2）PROFIBUS－DP。

　　3）Modbus RTU（可以直接连接到 CPU 通信口上，或者连接到 EM 241 模块上，后者需要 Modem 拨号功能）。

　　如果监控软件是 VB/VC 应用程序，可以采用如下几种方法：

　　1）PC 上安装西门子的 PC Access V1.0 软件，安装后在目录中提供了连接 VB 的例子。

　　2）Modbus RTU 通信（可以直接连接到 CPU 通信口上，或者连接到 EM 241 模块上，后者需要 Modem 拨号功能）。

　　3）S7－200 采用自由口功能，通过确定的通信协议（如 Modbus RTU）或其他自定义协议通信。

　　4）如果 VB/VC 应用程序能够通过计算机访问 PROFIBUS－DP 网络，可以使用

PROFIBUS - DP 方式。

S7 - 200 与第三方 HMI/SCADA 软件（上位机）之间的通信方式，取决于对方的通信硬件和软件能力。有关事宜请咨询第三方提供商。

8.1.6　S7 - 200 PLC 与第三方 PLC 之间的通信

S7 - 200 与第三方的 PLC 设备通信可以采用以下主要方式：

1）PROFIBUS - DP。如果对方能作 PROFIBUS - DP 主站，采用此方式最为方便可靠。

2）Modbus RTU。如果对方能做 Modbus RTU 主站，可使用此方式。

3）自定义协议（自由口）。

8.1.7　S7 - 200 PLC 与第三方 HMI（操作面板）之间的通信

如果第三方厂商的操作面板支持 PPI、PROFIBUS - DP、MPI、Modbus RTU 等 S7 - 200 支持的通信方式，也可以和 S7 - 200 连接通信。

西门子不测试第三方的 HMI 与 S7 - 200 之间的连接，有相关的问题必须咨询第三方 HMI 的提供者。

8.1.8　S7 - 200 PLC 与第三方变频器之间的通信

S7 - 200 如果和第三方变频器通信，需要按照对方的通信协议，在本地用自由口编程。如果对方支持 Modbus，需要 S7 - 200 侧按主站协议用自由口编程。

8.1.9　S7 - 200 PLC 与其他串行通信设备之间的通信

S7 - 200 可以与其他支持串行通信的设备，如串行打印机、仪表等通信。如果对方是 RS - 485 接口，可以直接连接；如果是 RS - 232 接口，则需要转换。此种通信都需要按照对方的通信协议，使用自由口模式编程。

8.2　西门子 S7 - 200 PLC 的自由口通信应用基础

所谓自由口就是建立在 RS - 485 半双工硬件基础上的串行通信功能，其字节传输格式为：一个起始位、7 位或 8 位数据、一个可选的奇偶校验位、一个停止位。凡支持此格式的通信对象，一般都可以与 S7 - 200 通信。在自由口模式下，通信协议完全由通信对象或者用户决定。

8.2.1　S7 - 200 PLC 的自由口通信简介

S7 - 200 CPU 上的通信口（Port0、Port1）可以工作在"自由口"模式下。选择自由口模式后，用户程序就可以完全控制通信端口的操作，通信协议也完全受用户程序控制。通过自由口方式，S7 - 200 可以与串行打印机、条码阅读器等通信。S7 - 200 PLC 的 CPU 上的通信口在电气上是标准的 RS - 485 半双工串行通信口。因此，此串行字符通信的格式同样包括：

1）一个起始位。

2）7 或 8 位字符（数据字节）。

3）一个奇/偶校验位，或者没有校验位。

4）一个停止位。

自由口通信速波特率可以设置为 1200、2400、4800、9600、19 200、38 400、57 600 或 112 500 bit/s。凡是符合这些格式的串行通信设备，都可以和 S7 - 200 CPU 通信。如

图8-2所示，S7-200 PLC 可以通过自由口通信协议访问下列设备：打印机、调制解调器、第三方 PLC 以及条形码等。

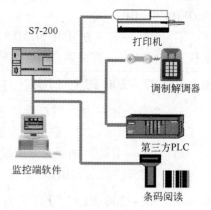

8.2.2 S7-200 PLC 自由口通信口硬件

RS-485 通信，采用正负两根信号线作为传输线路，两线之间的电压差为 +2～+6 V 表示逻辑"1"；两线间的电压差为 -2～-6 V 表示逻辑"0"。RS-485 接口为 9 针 D 型接口，共 9 只引脚，具体定义见表 8-4。

S7-200 PLC 自由口通信的通信电缆与接头最好使用 PROFIBUS 网络电缆和 PROFIBUS 总线连接器，若要求不高，可选择市场上的 DB9 接插件。PROFIBUS 网络电缆和 PROFIBUS 总线连接器如图 8-3 所示。自由口通信时，只需要将两个接插件的 3 和 8 角对连即可，如图 8-4 所示。

图 8-2 S7-200 通过自由口协议可以访问的设备

表 8-4　DB9 引脚定义

连　接　器	针	定　　义	说　　明
	1	屏蔽	机壳接地
	2	24 V 返回	逻辑地
	3	RS-485 信号 B	RS-485 信号 B
	4	发送申请	RTS
	5	5 V 返回	逻辑地
	6	+5 V	+5 V，100 Ω 串联电阻
	7	+24 V	+24 V
	8	RS-485 信号 A	RS-485 信号 A
	9	不用	10 位协议选择（输入）
连接器外壳	屏蔽		机壳接地

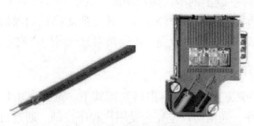

图 8-3　PROFIBUS 网络电缆和总线连接器

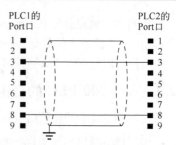

图 8-4　自由口通信连线

PROFIBUS 网络电缆为紫色，在拨开外皮与里面的屏蔽层后，可以看到颜色分别为红色、绿色的两根电缆。在打开 PROFIBUS 总线连接器后，可以看见 4 个接线端子，其中两个标示为"A"，颜色为绿色；另外两个标示为"B"，颜色为红色。"A"、"B"分别组成一组进线与一组出线；PROFIBUS 总线连接器上的箭头，指向接头内部的为进线；指向接头外部的为出线。

在制作通信电缆时，如果是进线，只要将 PROFIBUS 总线连接器进线端的"A"和"B"，分别与 PROFIBUS 网络电缆的绿色和红色线连接即可；如果是出线，只要将 PROFIBUS 总线连接器出线端的"A"和"B"，分别与 PROFIBUS 网络电缆的绿色和红色线连接即可。

8.2.3　S7 – 200 PLC 自由口通信口特殊字节与指令

1. 特殊字节

（1）特殊标志字节

S7 – 200 CPU 使用 SMB30 与 SMB130 来分别定义通信口 Port0、Port1 的工作模式，其控制字节的定义如图 8–5 所示。可以从 SMB30 和 SMB130 读取或向 SMB30 和 SMB130 写入。这些字节配置各自的通信端口，进行自由口操作，并提供自由口或系统协议支持选择。

MSB　　　　　　　　LSB
7　　　　　　　　　　0

p	p	d	b	b	b	m	m

图 8–5　SMB30/SMB130 控制字节的定义

1）通信口的工作模式由控制字最低的两位"mm"来决定。

① mm = 00：点对点接口模式（即 PPI/从属模式），默认为 00。

② mm = 01：自由口协议模式。

③ mm = 10：PPI/主站模式。

④ mm = 11：保留（PPI/从站模式默认）。

因此，要实现自由口通信，S7 – 200 CPU 必须将 SMB30 或 SMB130 赋值为 2#01。

2）通信速率由控制字的"bbb"来控制。

① bbb = 000：38 400 bit/s。

② bbb = 001：19 200 bit/s。

③ bbb = 010：96 00 bit/s。

④ bbb = 011：4800 bit/s。

⑤ bbb = 100：2400 bit/s。

⑥ bbb = 101：1200 bit/s。

⑦ bbb = 110：115 200 bit/s。

⑧ bbb = 111：57 600 bit/s（需要 S7 – 200 CPU 版本 1.2 或以上）。

3）每个字符的位数由控制字的"d"来控制。

① d = 0：每个字符 8 个数据位。

② d = 1：每个字符 7 个数据位。

4）奇偶校验选择由控制字的"pp"来控制。

① pp = 00：无校验。

② pp = 01：偶校验。

③ pp = 10：无校验。

④ pp = 11：奇校验。

（2）接受信息的状态字节

S7 – 200 在自由口通信时，用于接收信息的状态有 SMB86 和 SMB186，SMB86 用于 S7 – 200 的 Port0 的通信，SMB186 用于 S7 – 200 的 Port1 的通信，两者的格式一样，其状态字节的定义如图 8–6 所示。下面以 SMB186 为例，介绍其组成。SMB186 各位的含义如下：

n = 1 时：禁止接收信息。

MSB　　　　　　　　LSB
7　　　　　　　　　　0

n	r	e	0	0	t	c	p

图 8–6　SMB86/SMB186 状态字节的定义

r = 1 时：接收信息结束。

e = 1 时：收到结束字符。

t = 1 时：接收信息超时错误。

c = 1 时：接收信息字符超长错误。

p = 1 时：接收信息奇、偶校验错误。

（3）接收信息的控制字节

S7 – 200 在自由口通信时，用于接收信息的控制字节有 SMB87 和 SMB187，SMB87 用于 S7 – 200 的 Port0 的通信，SMB187 用于 S7 – 200 的 Port1 的通信，两者的格式一样，其控制字节的定义如图 8-7 所示。下面以 SMB187 为例，介绍其组成。SMB187 各位的含义如下：

MSB 7							LSB 0
en	sc	ec	il	c/rn	Trnk	bk	0

图 8-7　SMB87/SMB187
状态字节的定义

en = 0 时：禁止接收信息。

en = 1 时：允许接收信息。

sc = 0 时：不使用起始字符开始。

sc = 1 时：使用起始字符作为接收信息的开始。

ec = 0 时：不使用结束字符结束。

ec = 1 时：使用结束字符作为接收信息的结束。

il = 0 时：不使用空闲线检测。

il = 1 时：使用空闲线检测。

c/m = 0 时：定时器是字符定时器。

c/m = 1 时：定时器是信息定时器。

tmr = 0 时：不使用超时检测。

tmr = 1 时：使用超时线检测。

bk = 0 时：不使用中断检测。

bk = 1 时：使用中断检测。

其他和自由口通信有关的特殊字节见表 8-5。

表 8-5　其他和自由口通信有关的特殊字节

SMB88、SMB188	信息字符开始
SMB89、SMB189	信息字符结束
SMW90、SMW190	字数据：以毫秒为单位给出的空闲线时段。空闲线时间失败后收到的第一个字符是新信息的开始
SMW92、SMW192	字数据：以毫秒为单位给出的字符间/讯息间计时器超时数值。如果超过时段，接受信息被终止
SMB94、SMB194	最长接收字符数（1~255 B）

2. 传送与接受指令

（1）传送指令

传送（XMT）指令在自由端口模式中使用，通过通信端口传送数据。传送（XMT）指令在 STEP7 – Micro/WIN 编程软件中的样式，如图 8-8 所示。以字节为单位。

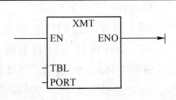

图 8-8　XMT 指令

传送（XMT）指令用于激活发送数据缓冲区 TBL 中

的数据，数据格式如下所示，数据缓冲区中的第一个数据是指定要发送的数据的总字节数，最大为 255 个，从第二个数据开始是依次要发送的数据，PORT 指定用于发送的端口。

TBL：数据缓冲区首地址，只指定要发送的数据字符数量。

PORT：通信端口号，0 或 1。

在发送缓冲区中的最后一个数据时产生中断事件。Port0 口为中断事件 9，Port1 口为中断事件 26。也可以通过监控 SM4.5（Port0 口）或 SM4.6（Port1 口）的状态来判断发送是否完成，为 1 即为发送完成。

传送数据缓冲区格式如下（n <= 255）：

地址（BYTE）	TBL	TBL + 1	TBL + 2	TBL + 3	· · ·	TBL + n
数据	n	被发送的数据				

例如，如图 8-9 所示，VB99 = 5，说明发送的数据长度为 5 B，则被发送的数据是 VB100 ~ VB104；PORT 输入 0，说明使用 PLC 端口 0 进行发送数据。

（2）接收指令

接收（RCV）指令开始或终止"接收信息"服务。必须指定一个开始条件和一个结束条件，"接收"方框才能操作。通过指定端口（PORT）接收的信息存储在数据缓冲区（TBL）中。数据缓冲区中的第一个条目指定接收的字节数目。

接收（RCV）指令在 STEP7-Micro/WIN 编程软件中的样式，如图 8-10 所示。以字节为单位。

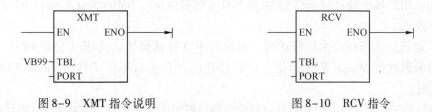

图 8-9　XMT 指令说明　　　　　　　　图 8-10　RCV 指令

接收指令 RCV 用于从指定的端口接收数据，并将接收到的数据存储于其参数 TBL 所指定的缓冲区内，缓冲区的第一个字节指示接收到的字节数量，第二个字节指示接收的起始字符，最后一个字节指示的是结束字符，起始字符和结束字符之间是接收到的数据，同发送缓冲区一样，接收缓冲区的最大数量也是 255 个字节。

TBL：数据缓冲区首地址，只指定要接收的数据字符数量。

PORT：通信端口号，0 或 1。

接收完成后，产生一个中断事件，Port0 口为中断事件 23，Port1 口为中断事件 24。也可以通过监控 SMB86（Port0 口）或 SMB186（Port1 口）的状态来判断发送是否完成，状态为非零即为发送完成。

接收数据缓冲区格式如下（n <= 255）：

地址（BYTE）	TBL	TBL + 1	TBL + 2	TBL + 3	· · ·	TBL + n
数据	n	接收到的数据				

例如，如图 8-11 所示，VB999 = 10，说明接收的数据长度为 10 B，则接收的数据是从 VB1000 至 VB1009；PORT 输入 0，说明使用 PLC 端口 0 进行接收数据。

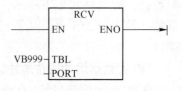

图 8-11　RCV 指令说明

XMT 和 RCV 指令与通信网络上通信对象的地址无关，只对本地 PLC 的通信端口操作。另外，由于自由口通信是半双工的，所以如果为了考虑节省内存，发送缓冲区与接收缓冲区可以相同。

8.2.4　S7 – 200 PLC 与自由口通信相关的中断

表 8-6 列出了与自由口通信相关的中断。

表 8-6　与自由口通信相关的中断

中 断 号	定 义	中 断 号	定 义
8	端口 0：接收字符	24	端口 1：接收字符
9	端口 0：发送完成	25	端口 1：发送完成
23	端口 0：接收信息完成	26	端口 1：接收信息完成

8.2.5　S7 – 200 PLC 的自由口通信要点

应用自由口通信首先要把通信口定义为自由口模式，同时设置相应的通信波特率和通信格式。用户程序通过特殊存储器 SMB30（对端口 0）、SMB130（对端口 1）控制通信口的工作模式。

CPU 通信口工作在自由口模式时，通信口不支持其他通信协议（比如 PPI），此端口不能再与编程软件 Micro/WIN 通信。CPU 停止时，自由口不能工作，Micro/WIN 就可以与 CPU 通信。

通信口的工作模式是可以在运行过程中由用户程序重复定义的。如果调试时需要在自由口模式与 PPI 模式之间切换，可以使用 SM0.7 的状态决定通信口的模式；而 SM0.7 的状态反映的是 CPU 运行状态开关的位置（在 RUN 时 SM0.7 = "1"，在 STOP 时 SM0.7 = "0"）。

自由口通信的核心指令是发送（XMT）和接收（RCV）指令。在自由口通信常用的中断有"接收指令结束中断"、"发送指令结束中断"以及通信端口缓冲区接收中断。用户程序使用通信数据缓冲区和特殊存储器与操作系统交换相关的信息。

XMT 和 RCV 指令的数据缓冲区类似，起始字节为需要发送的或接收的字符个数，随后是数据字节本身。如果接收的消息中包括了起始或结束字符，则它们也算数据字节。

调用 XMT 和 RCV 指令时，只需要指定通信口和数据缓冲区的起始字节地址。

XMT 和 RCV 指令与网络上通信对象的"地址"无关，而仅对本地的通信端口操作。如果网络上有多个设备，消息中必然包含地址信息；这些包含地址信息的消息才是 XMT 和 RCV 指令的处理对象。

S7 – 200 的通信端口是半双工 RS – 485 芯片，XMT 指令和 RCV 指令不能同时有效，即不能同时收发数据。

8.2.6　S7 - 200 PLC 自由口通信实现步骤

1. 作为主站，实现自由口通信步骤

作为主站，实现自由口通信步骤如下：

1）根据自由口协议定义发送缓冲区。

2）在 CPU 首次扫描中设置相关通信参数，如：波特率、端口等。

3）在 CPU 首次扫描中连接"接收完成中断"和"发送消息"中断。

4）启用发送 XMT 指令，把缓冲区数据发送出去。

5）在发送完成中断程序里，调用接收 RCV 指令。

6）在接收完成中断程序里，判断接收是否正确，如果正确，调用发送 XMT 指令，重新请求数据；如果不正确，可考虑再次重发一次请求。

2. 作为从站，实现自由口通信步骤

作为从站，实现自由口通信步骤如下：

1）在 CPU 首次扫描中设置相关通信参数，如：波特率、端口等。

2）在 CPU 首次扫描中连接"接收完成中断"和"发送消息"中断。

3）启用接收 RCV 指令，等待主站发送过来的请求。

4）在接收完成中断程序里，判断接收是否正确，如果正确，将接收的数据相应的放到缓冲区里，并调用发送 XMT 指令；如果不正确，重新调用接收 RCV 指令。

5）在发送完成中断程序里，调用接收 RCV 指令。

8.3　西门子 S7 - 200 PLC 的自由口通信应用实例

以两台 S7 - 200 CPU 之间的自由口通信为例，介绍 S7 - 200 系列 PLC 之间的自由口通信的编程方法。

例 8-1　两台 S7 - 200 PLC，CPU 均为 226 CN，两者之间进行自由口通信。实现将 PLC1 中的 VB100 的数据传送到 PLC2 中的 VB100 中，将 PLC2 中 VB200 中的数据传送到 PLC1 中的 VB200 中。要求：PLC1 中的 VB100 以每秒加 1 不停变化，大于 100 时自动归 0；PLC2 中的 VB200 以每秒加 2 不停变化，大于 200 时自动归 0。

（1）主要硬件配置

① 编程软件 V4.0 STEP 7 - Micro/WIN SP9。

② 2 台 CPU 226 CN。

③ 一个双绞屏蔽线 +2 个 DB9 接头，有条件的最好使用 PROFIBUS 电缆 + DP 接头。

④ PC/PPI 电缆 + 计算机。

⑤ 必要的工具。

两台 PLC 自由口通信的硬件配置及连接如图 8-12 所示。

（2）编写程序

PLC1 的主程序如图 8-13 所示。

PLC1 的通信子程序如图 8-14 所示。

PLC1 的中断程序 0 如图 8-15 所示。

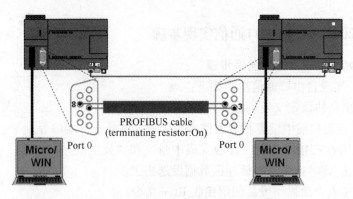

图 8-12　自由口通信硬件配置及连接

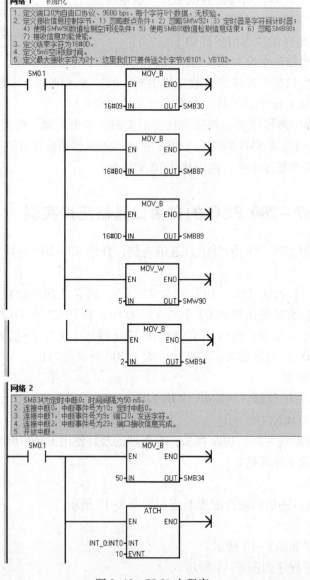

图 8-13　PLC1 主程序

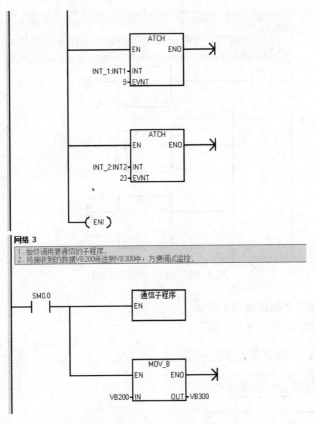

图 8-13　PLC1 主程序（续）

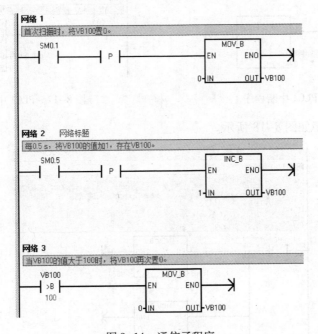

图 8-14　通信子程序

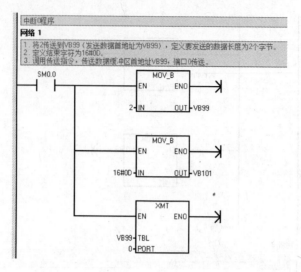

图 8-15　PLC1 中断程序 0

PLC1 的中断程序 1 如图 8-16 所示。

PLC1 的中断程序 2 如图 8-17 所示。

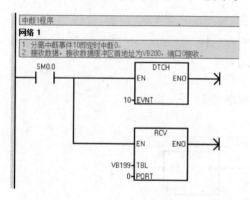

图 8-16　PLC1 中断程序 1

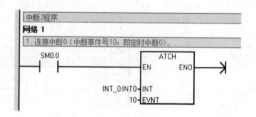

图 8-17　PLC1 中断程序 2

PLC2 的主程序如图 8-18 所示。

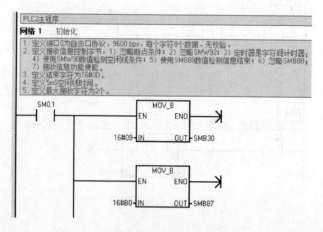

图 8-18　PLC2 主程序

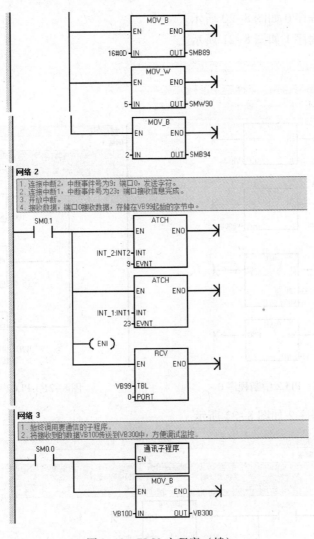

图 8-18 PLC2 主程序（续）

PLC2 的通信子程序如图 8-19 所示。

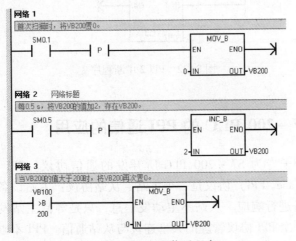

图 8-19 PLC2 通信子程序

PLC2 的中断程序 0 如图 8-20 所示。

PLC2 的中断程序 1 如图 8-21 所示。

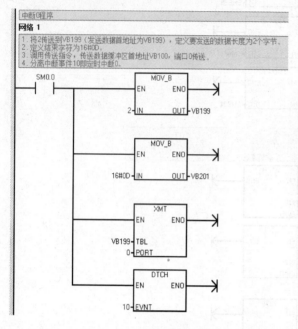

图 8-20　PLC2 中断程序 0

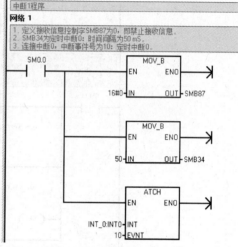

图 8-21　PLC2 中断程序 1

PLC2 的中断程序 2 如图 8-22 所示。

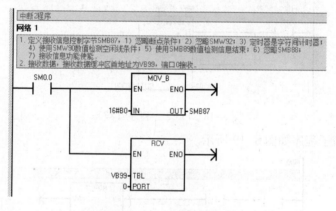

图 8-22　PLC2 中断程序 2

8.4　西门子 S7－200 PLC 的 PPI 通信的应用

PPI 协议是西门子专为 S7－200 PLC 所开发的通信协议。PPI 协议：点对点接口（Point_to_Point Interface，PPI）协议是一个主站－从站协议：主站设备将请求发送至从站设备，然后从站设备进行响应。从站不主动发信息，只是等待主站发送的要求并作出相应的响应。主站靠一个 PPI 协议管理的共享连接与从站通信。PPI 不限制可与任何从站通信的主站数目；然而，不能在网络上安装超过 32 个主站。

网络上所有 S7 - 200 CPU 都默认为从站，如果在用户程序中使能 PPI 主站模式，S7 - 200 CPU 在运行模式下可以作主站，在使能 PPI 主站模式之后，可以使用网络读、写指令来读、写另外一个 S7 - 200。当 S7 - 200 作 PPI 主站时，它仍然可以作为从站响应其他主站的请求。

注意：（1）对于 S7 - 200 CPU 作主站还是从站，主要是对 SMB30/SMB130 进行设置，这个我们在自由口通信中已经介绍。

（2）如果对 SMB30/SMB130 不做任何设置，即保持默认，则 S7 - 200 PLC 即为从站，如：S7 - 200 PLC 通过 PC/PPI 电缆与计算机进行通信 S7 - 200 PLC 就是从站。

针对于 S7 - 200 设备的 PPI 网络，可以分为单主站 PPI 网络与多主站 PPI 网络。对于简单的单主站网络来说，编程站可以通过 PPI 多主站电缆或编程站上的通信处理器（CP）卡与 S7 - 200CPU 进行通信。如图 8-23a 所示的网络实例中，编程站（STEP7 - Micro/WIN）是网络的主站。如图 8-23b 所示的网络实例中，人机界面（HMI）设备（例如：TD200、TP 或者 OP）是网络的主站。在两个网络中，S7 - 200 CPU 都是从站响应来自主站的要求。

图 8-24 给出了有一个从站的多主站网络示例。编程站（STEP 7 - Micro/WIN）可以选用 CP 卡或 PPI 多主站电缆，STEP 7 - Micro/WIN 和 HMI 共享网络。STEP 7 - Micro/WIN 和 HMI 设备都是网络的主站，它们必须有不同的网络地址。如果使用 PPI 多主站电缆，那么该电缆将作为主站，并且使用 STEP7 - Micro/WIN 提供给它的网络地址，S7 - 200 CPU 将作为从站。

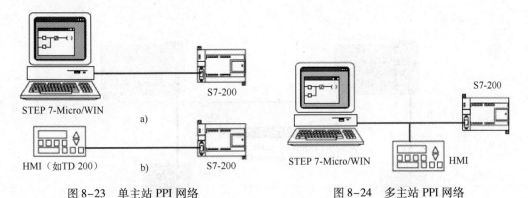

图 8-23　单主站 PPI 网络　　　　　图 8-24　多主站 PPI 网络

8.4.1　S7 - 200 PLC 的 PPI 主站的定义

S7 - 200 CPU 使用 SMB30 与 SMB130 来分别定义通信口 Port0、Port1 的工作模式，其控制字节的定义，如图 8-25 所示。可以从 SMB30 和 SMB130 读取或向 SMB30 和 SMB130 写入。这些字节配置各自的通信端口，进行自由口操作，并提供自由口或系统协议支持选择。

通信口的工作模式由控制字的最低两位 "mm" 来决定。

（1）mm = 00：点对点接口模式（即 PPI/从属模式），默认为 00。

图 8-25　SMB30/SMB130 控制字节的定义

（2）mm = 01：自由口协议模式。

（3）mm = 10：PPI/主站模式。

（4）mm = 11：保留（PPI/从站模式默认）。

因此，要实现 PPI 主站，S7 - 200 CPU 必须将 SMB30 或 SMB130 的最低两位赋值为 2#10。

8.4.2 S7 - 200 PLC 的 PPI 之间的 PPI 通信

PPI 通信协议是西门子专为 S7 - 200 PLC 开发的，通常有两种方法，一是用 STEP 7-Micro/WIN 中的"指令向导"实现，这种方法比较简单；二是用网络读/写指令编写通信程序，比较麻烦，不建议使用。因为指令向导足以满足常规的 PPI 通信，而且简单易懂。下面以"指令向导"的方法为例，进行 PPI 通信的讲解。

例 8-2 控制要求：两台 S7 - 200 PLC，CPU 均为 226 CN，两者之间进行 PPI 通信。实现将主站 PLC1 的 I0.0 ~ I0.7，分别控制从站 PLC2 的 Q0.0 ~ Q0.7 的输出；从站 PLC2 的 I1.0 ~ I1.7 分别控制主站 PLC1 的 Q1.0 ~ Q1.7 的输出。请编写程序。

（1）主要硬件配置

① 编程软件 STEP 7 - Micro/WIN SP9 V4.0。

② 两台 CPU 226 CN。

③ 一根 PROFIBUS 电缆 + 2 个 DP 接头。

④ PC/PPI 电缆 + 计算机。

⑤ PPI 通信硬件配置，其连接如图 8-26 所示。

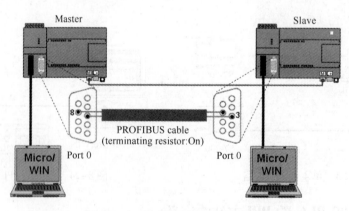

图 8-26 PPI 通信硬件配置及连接

（2）软件中根据向导配置

以主站 PLC1 的向导配置为例，进行向导配置说明。

1）打开 STEP 7-Micro/WIN 软件，新建一个工程，展开"田🖿"；双击"🖎"，弹出如图 8-27 所示的"NET/NETW 指令向导"对话框。

2）指定需要的网络操作数。本例需要进行一个网络读与一个网络写操作，故设为"2"，如图 8-27 所示；单击"下一步"按钮。

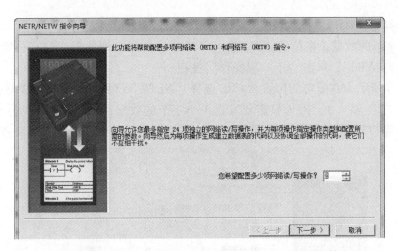

图 8-27　"NETR/NETW 指令向导"对话框

3）指定端口号即子程序名称。由于所用 CPU 226 CN 有 Port0/Port1 两个通信端口，本例中使用 Port0 进行 PPI 通信，保持默认，不改变子程序名称，如图 8-28 所示，直接单击"下一步"按钮。

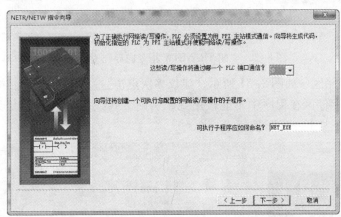

图 8-28　"NETR/NETW 指令向导"对话框

4）指定网络操作。如图 8-29 所示的界面相对复杂，需要设置 5 项参数。在图中的位

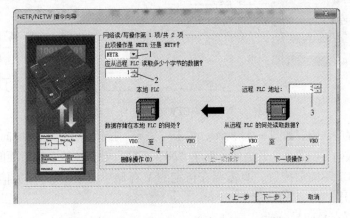

图 8-29　"NETR/NETW 指令向导"对话框

置"1"，选择"NETR"（网络读），主站读取从站信息；在位置"2"输入1，因为只需要读取1个字节的数据；在位置"3"输入"3"，从站 PLC 地址为"3"；位置"4"和位置"5"保持"VB0"，单击"下一项操作"按钮。

如图8-9所示，在图中的位置"1"，选择"NETW"（网络写），主站向从站发送信息；在位置"2"输入1，因为只需要发送1个字节的数据；在位置"3"输入"3"，从站 PLC 地址为"3"；位置"4"和位置"5"保持"VB1"，单击"下一步"按钮。

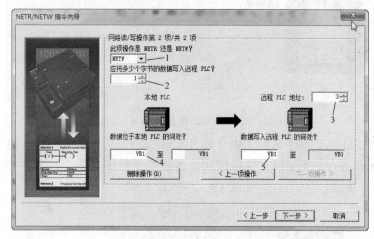

图8-30 "NETR/NETW 指令向导"对话框

5）分配 V 存储区。如图8-31所示，建议多次点击 建议地址(S) 按钮，分配 V 存储区，分配的 V 存储区在程序中不能被用到，否则会导致程序执行中出现错误；分配好 V 存储区后，单击"下一步"按钮。

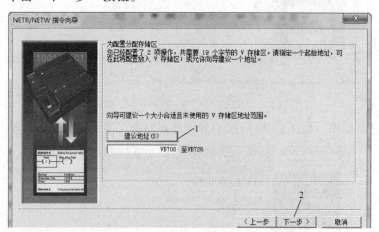

图8-31 "NETR/NETW 指令向导"对话框

6）生成子程序代码。如图8-32所示，单击"完成"按钮，提示"完成向导配置"，单击"是"按钮，完成向导配置。至此通信子程序"NET_EXE"已经生成，在后面的编程中调用。

7）从站 PLC2 不需要配置，只需要在指定的 V 存储单元中读/写相关信息即可。

（3）编写程序

1）由控制要求及向导分析：

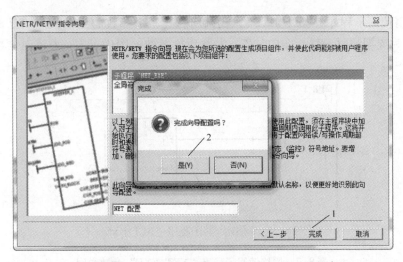

图 8-32 "NETR/NETW 指令向导"对话框

① 如图 8-33 所示，可以清楚看出主站 PLC1 与从站 PLC2 的数据传送。首先，从站 PLC2 将 IB0 外部开关类状态放到 VB0 存储单元中，主站 PLC1 通过网络读取指令，读取从站 PLC2 的 IB0 的状态，将读取的状态保存在自己的 VB0 存储单元中，从而用 VB0 的状态（即从站 PLC2 的 IBO 的状态）来控制自己 QB0 的输出。

图 8-33 主站 PLC1 与从站 PLC2 数据传送示意图

② 主站 PLC1 将自己 IB0 外部开关类状态放到 VB1 存储单元中，通过网络写指令，将 VB1 的数据发送给从站 PLC2 的 VB1 存储单元，从站 PLC2 用 VB1 存储单元数据的状态来控制自己的 QB0 的输出。

2）调用网络读写子程序"NET_EXE"说明：

① 配置向导生成子程序介绍 当完成配置向导时，STEP 7 - Micro/WIN 软件自动生成网络读写子程序"NET_EXE"，如图 8-34 所示。在编写主站程序时，要在程序扫描的每个周期调用此子程序，因此要用 SM0.0 来调用。

图 8-34 网络读/写子程序"NET_EXE"

② 网络读写子程序"NET_EXE"，在调用时有三个参数需要输入，如图 8-35 所示。图中"1"为周期超时参数；图中"2"为循环位参数；图中"3"为错误位参数，具体说明见表 8-7。

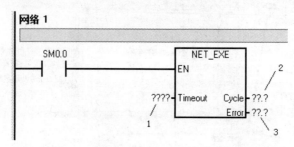

图 8-35　网络读/写子程序"NET_EXE"

表 8-7　网络读写子程序"NET_EXE"参数说明

序　号	符　号	变量类型	数据类型	注　释
1	Timeout	IN	INT	0 = 不计时；1~32767 = 计时值（秒）
2	Cycle	OUT	BOOL	所有网络读/写操作完成一次时切换状态
3	Error	OUT	BOOL	0 = 无错误；1 = 出错（检查 NETR/NETW 指令缓冲区状态字节以获取错误代码）

（4）编写程序

主站 PLC1 与从站 PLC2 程序如图 8-36 所示。

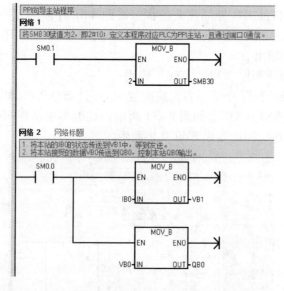

图 8-36　主站与从站程序
a）主站程序　b）从站程序

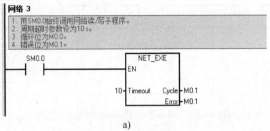

a)

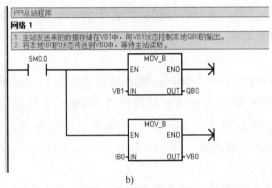

b)

图 8-36　主站与从站程序（续）

a）主站程序　b）从站程序

（5）程序调试说明

本例中主站 PLC1 的地址为 "2"，从站 PLC2 的地址为 "3"，在程序运行之前，必须将主站与从站的地址设置正确。另外，主站与从站的通信波特率必须选择相等。

8.5　西门子 S7 – 200 PLC Modbus 通信

8.5.1　S7 – 200 PLC Modbus 通信概述与使用注意事项

1. S7 – 200 PLC Modbus 通信概述

Modbus 是公开通信协议，其最简单的串行通信部分仅规定了串行线路的基本数据传输格式，在 OSI 七层协议模型中只到 1、2 层。

Modbus 具有两种串行传输模式：ASCII 和 RTU。它们定义了数据如何打包、解码的不同方式。支持 Modbus 协议的设备一般都支持 RTU 格式。S7 – 200 PLC 只支持 Modbus RTU 协议，不支持 Modbus ASCII 协议。

Modbus 通信双方必须同时支持上述模式中的一种。

Modbus 是一种单主站的主/从通信模式。Modbus 网络上只能有一个主站存在，主站在 Modbus 网络上没有地址，从站的地址范围为 0 ~ 247，其中 0 为广播地址，从站的实际地址范围为 1 ~ 247，图 8-37 所示为 S7 – 200 Modbus 网络示意图。

一个 Modbus 通信的传输字符应包括 1 个起始位、8 个数据位、1 个或 0 个校验位（奇偶校验或无校验可选择）以及 1 个停止位。

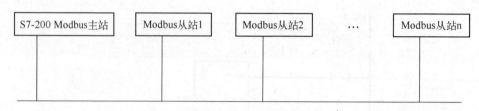

图 8-37　S7 – 200 Modbus 网络示意图

Modbus 通信标准协议可以通过各种传输方式传播，如 RS – 232C、RS – 485、光纤以及无线电等。在 S7 – 200 CPU 通信口上实现的是 RS485 半双工通信，使用的是 S7 – 200 的自由口功能。

S7 – 200 PLC 编程软件 STEP 7-Micro/WIN 的指令库中，包括预组态的子程序和专门设计用于 Modbus 通信的中断例行程序，这就使得 Modbus 主站和从站设备的通讯变得简单。Modbus 从站指令，可以将 S7 – 200 组态为 Modbus RTU 从站设备与 Modbus 主站设备进行通信。Modbus 主站指令可将 S7 – 200 组态为 Modbus RTU 主站设备与一个或多 Modbus 从站设备通信。

Modbus 协议指令，在使用前，需要在 STEP7 – Micro/WIN 指令树的库文件夹中安装，安装完成后，可以在库文件中找到 Modbus 协议指令，如图 8 – 38 所示。当在程序中输入一个 Modbus 指令时，自动将一个或多个相关的子程序添加到项目中。

图 8-38　S7 – 200 Modbus 库协议指令

Modbus 主站协议库有两个版本：一个版本使用 CPU 的端口 0 为 "Modbus Master Port 0"；另一个版本使用 CPU 的端口 1 为 "Modbus Master Port 1"。端口 1 库在 POU 名称后附加了一个 _P1（例如，MBUS_CTRL_P1），用于指示 POU 使用 CPU 上的端口 1。两个 Modbus 主站库在其他方面均完全相同。

Modbus 从站库仅支持端口 0 通信，故 Modbus 从站协议也只有一个版本为 "Modbus Slave Port 0"。

2. S7 – 200 PLC Modbus 协议使用注意事项

1）Modbus 主站协议指令使用来自 S7 – 200 的以下资源：

① 初始化 Modbus 从站协议使特定的 CPU 端口专用于 Modbus 主站协议通信。当 CPU 端口用于 Modbus 主站协议通信时，它无法用于其他用途，包括与 STEP 7–Micro/WIN 通信。MBUS_CTRL 指令控制 Port0 的设定是 Modbus 主站协议还是 PPI。MBUS_CTRL_P1 指令（来自端口 1 库）控制将端口 1 分配给 Modbus 主站协议或 PPI。

② Modbus 主站协议指令影响与所使用的自由端口通信相关的所有 SM 位置，即在自由口通信里介绍的 SMB 特殊寄存器。

③ Modbus 主站协议指令使用 3 个子程序和 1 个中断例行程序。

④ Modbus 主站协议指令要求约 1620 B 的程序空间来存储两个 Modbus 主站指令支持例行程序。

⑤ Modbus 主站协议指令的变量要求 284 B 的 V 存储区，该块的起始地址由用户指定，保留给 Modbus 变量。故在使用 V 存储区时，不能与分配给 Modbus 主站协议指令所占的 V 存储区相重复。

⑥ S7 – 200 CPU 必须是固化程序版本 V 2.0 或更高版本，才能支持 Modbus 主站协议库。

⑦ Modbus 主站库对某些功能使用用户中断，不得由用户程序禁止用户中断。

2）Modbus 从站协议指令占用 S7 – 200 的以下资源：

① 初始化 Modbus 从站协议占用 Port 0 作为 Modbus 从站协议通信。当 Port 0 用作 Modbus 从站协议通信时，它不能再用作任何其他目的，包括与 STEP 7–Micro/WIN 通信。MBUS_INIT 指令控制 Port 0 的设定是 Modbus 从站协议还是 PPI。

② Modbus 从站协议指令影响与端口 0 自由端口通信相关的所有 SM 位置。

③ Modbus 从站协议指令使用 3 个子程序和 2 个中断服务程序。

④ Modbus 从站协议指令的两个 Modbus 从站指令及其支持子程序需占用 1857 B 的程序空间。

⑤ Modbus 从站协议指令的变量要求 779 B 的 V 寄存器。该块的起始地址由用户指定，保留给 Modbus 变量。

8.5.2　S7 – 200 PLC Modbus 协议使用

1. S7 – 200 Modbus 协议的初始化和执行时间

Modbus 主站协议——Modbus 主站协议每次扫描只需少量时间即可执行 MBUS_CTRL

指令。当 MBUS_CTRL 正在初始化 Modbus 主站（第 1 次扫描）时，时间约为 1.11 ms，在后续扫描中时间约为 0.41 ms。

当 MBUS_MSG 子程序执行请求时，延长扫描时间。大部分时间用于计算请求和响应的 Modbus CRC 上。CRC（循环冗余校验）确保通信信息的完整性。对请求和响应的每个字，扫描时间约延长 1.85 ms。最大请求/响应（读或写 120 个字）将扫描时间延长约 222 ms。当从从站接收响应时，主要由读请求延长扫描时间，当发送请求时，读请求对扫描时间的影响较小。当将数据发送至从站时，主要由写请求延长扫描时间，而在接收响应时，写请求影响程度较小。

Modbus 从站协议——Modbus 通信使用 CRC（循环冗余检验）以确保通讯信息的完整性。Modbus 从站协议使用一个预计算值的表以减少信息处理所需的时间。CRC 表的初始化需要大约 240 ms。该初始化在 MBUS_INIT 内部完成，而且通常是在进入 RUN 模式的第一个用户程序周期完成。如果 MBUS_INIT 子程序和任何其他用户初始化所需的时间超过 500 ms 的循环时间监控，需要复位时间看门狗并保持输出使能（如果扩展模块要求）。输出模块时间看门狗可通过写模板输出复位。

当 MBUS_SLAVE 子程序进行请求服务时，循环时间增加。由于大部分时间消耗在计算 Modbus CRC 上，所以对于每一字节的请求和响应，循环时间增加 420 ms。最大的请求/响应（读或写 120 个字）可增加循环时间大约 100 ms。

2. S7－200 Modbus 地址

Modbus 地址通常是包含数据类型和偏移量的 5 个字符值。第一个字符确定数据类型，后面四个字符选择数据类型内的正确数值。

Modbus 主站寻址—— Modbus 主站指令可将地址映射到正确功能，然后发送至从站设备。Modbus 主站指令支持下列 Modbus 地址：

① 00001～09999 是离散输出（线圈）。

② 10001～19999 是离散输入（触点）。

③ 30001～39999 是输入寄存器（通常是模拟量输入）。

④ 40001～49999 是保持寄存器。

所有 Modbus 地址都基于 1，即从地址 1 开始第一个数据值。有效地址范围取决于从站设备。不同的从站设备将支持不同的数据类型和地址范围。

Modbus 从站寻址——Modbus 从站设备将地址映射到正确功能。Modbus 从站指令支持以下地址：

① 00001～00128 是实际输出，对应于 Q0.0～Q15.7。

② 10001～10128 是实际输入，对应于 I0.0～I15.7。

③ 30001～30032 是模拟输入寄存器，对应于 AIW0～AIW62。

④ 40001～04XXXX 是保持寄存器，对应于 V 区。

所有 Modbus 地址都是从 1 开始编号的。表 8-8 为 Modbus 地址与 S7－200 地址的对应关系。

表 8-8 Modbus 地址与 S7 - 200 地址的对应关系

序号	Modbus 地址	S7 - 200 地址	序号	Modbus 地址	S7 - 200 地址
1	00001	Q0.0	3	30001	AIW0
	00002	Q0.1		30002	AIW2
	00003	Q0.2		30003	AIW4
	…	…		…	…
	00128	Q15.7		30032	AIW62
2	10001	I0.0	4	40001	HoldStart
	10002	I0.1		40002	HoldStart + 2
	10003	I0.2		40003	HoldStart + 4
	…	…		…	…
	10128	I15.7		4xxxx	HoldStart + 2 * (xxxx - 1)

3. S7 - 200 Modbus 协议指令库的安装

要想正确使用 Modbus 协议指令，必须在编程软件 STEP 7 - Micro/WIN 中安装库文件 "Toolbox_V32 - STEP 7 - Micro/WIN 32 Instruction Library"，如图 8-39 所示。此库文件可以在西门官方购买，或者可以问西门子人员申请。解压此文件，双击 " 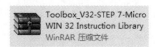 Setup " 安装，安装完成后，打开编程软件 STEP7 - Micro/WIN，可在 "库" 中找到 Modbus 协议指令，如图 8-40 所示。

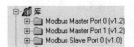

图 8-39 S7 - 200 库文件　　　　图 8-40 Modbus 协议指令

4. S7 - 200 Modbus 主站指令使用

（1）MBUS_CTRL 指令（初始化主站）

使用 S7 - 200 端口 0 的 MBUS_CTRL 指令（或端口 1 的 MBUS_CTRL_P1 指令）来初始化、监控或禁用 Modbus 通信。MBUS_CTRL 指令必须无错误地执行，然后才能使用 MBUS_MSG 指令。在继续下一步指令之前，完成当前的指令并立即设置 Done 位。在 EN 输入接通时，每次扫描都必须调用 MBUS_CTRL 指令，以便使它能够监控由 MBUS_MSG 指令启动的所有待处理信息的进程，否则 Modbus 主站协议将不能正常工作。

MBUS_CTRL 指令（初始化主站）只要用鼠标拖动或双击即可以添加到程序中，其输入/输出参数见表 8-9。

MBUS_CTRL 指令执行结果 Error 输出。表 8-10 定义因执行 MBUS_CTRL 指令而引起的错误状态。

（2）MBUS_MSG 指令

MBUS_MSG 指令（或对端口 1 使用 MBUS_MSG_P1）用于启动对 Modbus 从站的请求，并处理响应。

表 8-9　MBUS_CTRL 指令的参数

子程序	输入/输出	说明	数据类型
MBUS_CTRL EN Mode Baud　Done Parity　Error Timeout	EN	使能	BOOL
	Mode	Mode 输入值选择通信协议 输入值 1 将 CPU 端口分配给 Modbus 协议并启用协议 输入值 0 将 CPU 端口分配给 PPI 系统协议并禁用 Modbus 协议	BOOL
	Baud	波特率，可设置为 1200、2400、4800、9600、19200、38400、57600 或 115200 bit/s	DWORD
	parity	奇偶性设置，应与 Modbus 从站设备的相匹配。所有设置均使用一个起始位和一个停止位。允许的值为：0—无校验；1—奇校验；2—偶校验	BYTE
	Timeout	等待从站相应的时间，单位：毫秒。可设置为 1 ~ 32767 ms 之间的任意一个值。典型的数值为 1000 ms（1 s）	WORD
	Done	当 MBUS_CTRL 指令完成时，Done 输出接通	BOOL
	Error	执行结果，详见表 8-10	BYTE

表 8-10　MBUS_CTRL 执行错误代码

错误代码	描述
0	无错误
1	奇偶校验选择无效
2	波特率选择无效
3	超时选择无效
4	模式选择无效

当 EN 输入和第一个输入均为接通时，MBUS_MSG 指令启动对 Modbus 从站的请求。发送请求、等待响应和处理响应通常要求多个扫描。EN 输入必须接通才能启用发送请求，并应在 Done 位置位之前保持接通。

注意：一次只能有一个 MBUS_MSG 指令处于活动状态。如果启用了一个以上 MBUS_MSG 指令，则将处理第一个 MBUS_MSG 指令，所有后续 MBUS_MSG 指令将被中止，并输出错误代码 6。

MBUS_MSG 指令（初始化主站）只要用鼠标拖动或双击即可以添加到程序中，其输入/输出参数见表 8-11。

MBUS_MSG 指令执行结果 Error 输出。表 8-12 定义由 MBUS_MSG 指令返回的 Modbus 主站 MBUS_MSG 执行错误。低编号的错误代码（1 ~ 8）是由 MBUS_MSG 指令检测的错误。这些错误代码通常指示 MBUS_MSG 指令的输入参数错误，或从站接收响应错误。奇偶校验和 CRC 错误指示存在响应，但数据没有正确接收，这通常由电气故障引起，例如连接不良或电气噪声。

高编号的错误代码（从 101 开始）是由 Modbus 从站设备返回的错误。这些错误指示从站不支持所请求的功能，或 Modbus 从站设备不支持所请求的地址（数据类型或地址范围）。

表8-11　MBUS_MSG 指令的参数

子 程 序	输入/输出	说　　明	数据类型
	EN	使能	BOOL
	First	只有在发送一个新请求时，参数 First 才接通一个扫描周期。First 输入应通过一个边沿检测元件接通（即正边沿），这将一次发送请求	BOOL
	Slave	参数 Slave 是 Modbus 从站设备的地址。允许范围是 0～247。地址 0 是广播地址，只能用于写请求。S7－200 Modbus 从站库不支持广播地址	BYTE
	RW	参数 RW 指定是否读或写该消息。RW 允许使用下列两个数值。0—读；1—写	BYTE
	Addr	参数 Addr 是 Modbus 起始地址。允许使用下列数值范围 00001～09999 用于离散输出（线圈） 10001～19999 用于离散输入（触点） 30001～39999 用于输入寄存器 40001～49999 用于保持寄存器 Addr 的特定数值范围基于 Modbus 从站设备支持的地址	DWORD
MBUS_MSG EN First Slave　　Done RW　　　Error Addr Count DataPtr	Count	参数 Count 指定要在该请求中读或写的数据元素数目。对位数据类型而言，Count 是位数，对字数据类型而言，Count 是字数 地址 0xxxx Count 是要读或写的位数 地址 1xxxx Count 是要读的位数 地址 3xxxx Count 是要读的输入寄存器字数 地址 4xxxx Count 是要读或写的保持寄存器字数 MBUS_MSG 指令将最多读或写 120 个字或 1920 位（240 字节的数据）。Count 的实际限制将取决于 Modbus 从站设备的限制	INT
	Dataptr	参数 DataPtr 是一个间接地址指针，该指针指向 S7－200 CPU 中与读或写请求相关的数据的 V 存储器 对于读请求，DataPtr 应指向用于存储从 Modbus 从站读取的数据的第一个 CPU 存储位置 对于写请求，DataPtr 应指向要发送至 Modbus 从站的数据的第一个 CPU 存储位置 例如，如果要写入 Modbus 从站设备的数据从 S7－200 CPU 的地址 VW200 开始，则 DataPtr 的数值应为 &VB200（VB200 的地址）。即使指针指向字数据，指针也必须是 VB 类型	DWORD
	Done	在发送请求和接收响应期间，Done 输出关闭。当响应完成，或 MBUS_MSG 指令因出错而中止时，Done 输出接通。只有在 Done 输出接通时，Error 输出才有效	BOOL
	Error	执行结果，见表8-11	BYTE

表8-12　Modbus 主站 MBUS_MSG 执行错误代码

错 误 代 码	描　　述
0	无错
1	响应中的奇偶校验错误：只有在使用偶校验或奇校验时才可能发生此类错误。传输受到干扰，可能接收错误的数据。该错误通常由电气故障引起，例如接线错误或影响通信的电气噪声
2	不用
3	接收超时：在 Timeout 时间内没有来自从站的响应。一些可能的原因是到从站设备的电气连接不良，主站和从站设为一种不同的波特率/奇偶校验设置以及错误的从站地址

（续）

错误代码	描 述
4	请求参数出错：一个或多个输入参数（Slave、RW、Addr 或 Count）被设为非法数值。查看输入参数允许数值的文档
5	Modbus 主站未启用：在每次扫描时在调用 MBUS_MSG 之前调用 MBUS_CTRL
6	Modbus 正忙于处理另一个请求：一次只有一个 MBUS_MSG 指令处于活动状态
7	响应出错：所接收的响应与请求不一致。这表示从站设备出现某些故障或错误的从站设备对请求进行了响应
8	响应中的 CRC 错误：传输受到干扰，可能接收到错误的数据。该错误通常由电气故障引起，例如接线错误或影响通信的电气噪声
101	从站不支持该地址的请求功能：请参见"使用 Modbus 主站指令"帮助主题中的所要求的 Modbus 从站功能支持表
102	从站不支持数据地址：Addr 和 Count 所请求的地址范围超出从站的允许地址范围
103	从站不支持数据类型：从站设备不支持 Addr 类型
105	从站接收消息，但响应被延迟：这是 MBUS_MSG 错误，用户程序应稍后重新发送请求
106	从站接收消息，但响应被延迟：这是 MBUS_MSG 错误，用户程序应稍后重新发送请求。从站忙碌，拒绝消息：可以重新尝试同一个请求来获取响应
107	由于某种未知原因，从站拒绝消息
108	从站存储器奇偶校验错误：从站设备出错

5. S7-200 Modbus 从站指令使用

（1）MBUS_INIT 指令（初始化从站）

MBUS_INIT 指令用于使能和初始化或禁止 Modbus 通信。MBUS_INIT 指令必须无错误的执行，然后才能够使用 MBUS_SLAVE 指令。在继续执行下一条指令前，MBUS_INIT 指令必须执行完并且 Done 位被立即置位。

MBUS_INIT 指令（初始化主站）只要用鼠标拖动或双击即可添加到程序中，其输入/输出参数见表 8-13。

表 8-13　MBUS_INIT 指令的参数

子 程 序	输入/输出	说 明	数据类型
MBUS_INIT EN Mode　　Done Addr　　Error Baud Parity Delay MaxIQ MaxAI MaxHold HoldSt~	EN	使能，MBUS_INIT 指令应该在每次通信状态改变时只执行一次。因此，EN 输入端应使用边沿检测元素以脉冲触发，或者只在第一个循环周期内执行一次	BOOL
	Mode	Mode 输入值选择通信协议 输入值 1 将 CPU 端口分配给 Modbus 协议并启用协议 输入值 0 将 CPU 端口分配给 PPI 系统协议并禁用 Modbus 协议	BYTE
	Addr	参数 Addr 设置地址，其数值在 1~247 之间	BYTE
	Baud	波特率，可设置为 1200、2400、4800、9600、19200、38400、57600 或 115200 bit/s。	DWORD
	Parity	参数 Parity 用于设置校验使之与 Modbus 主站相配匹。所有设置使用一个停止位。可接受值为 0—无校验；1—奇校验；2—偶校验	BYTE

（续）

子 程 序	输入/输出	说　明	数据类型
MBUS_INIT ─ EN ─ Mode　　　Done ─ ─ Addr　　　Error ─ ─ Baud ─ Parity ─ Delay ─ MaxIQ ─ MaxAI ─ MaxHold ─ HoldSt~	Delay	参数 Delay 通过为标准 Modbus 信息超时增加指定数量的毫秒，扩展标准 Modbus 信息结束超时条件。当在一个连接的网络上操作时，该参数的典型值为 0 　如果使用具有纠错功能的调制解调器时，将延迟时间设为 50 ~ 100 ms。 　如果使用宽频电台，设置该延迟值为 10 ~ 100 ms。Delay 的数值可以是 0 ~ 32767 ms。	WORD
	MaxIQ	参数 MaxIQ 将 Modbus 地址 0xxxx 和 1xxxx 可用的 I 和 Q 点数设为一个 0 ~ 128 之间的数值。数值为 0 时，禁止输入和输出的所有读和写操作。建议 MaxIQ 的取值为 128，即允许访问 S7 – 200 的所有 I 点和 Q 点	WORD
	MaxAI	参数 MaxAI 将 Modbus 地址 3xxxx 可用的字输入（AI）数目设为一个 0 ~ 32 之间的数值。数值为 0 时，禁止读模拟量输入。要允许访问所有的 S7 – 200 模拟输入，MaxAI 的建议值如下：CPU 221 为 0；CPU 222 为 16；CPU 224、CPU 224 XP 和 CPU 226 为 32	WORD
	MaxHold	参数 MaxHold 设置可以使用的 V 区字保持寄存器的个数，相应于 Modbus 地址 4xxxx。例如，要允许主站访问 2000 字节的 V 存储区，则设置 MaxHold 为 1000 字（保持寄存器）	WORD
	HoldStart	V 存储区的保持寄存器的起始地址	DWORD
	Done	MBUS_INIT 指令完成时，Done 输出接通	BOOL
	Error	执行结果，详见表 8-14	BYTE

MBUS_INIT 指令执行结果 Error 输出。表 8-14 定义因执行 MBUS_INIT 指令而引起的错误状态。

表 8-14　MBUS_INIT 执行错误代码

错误代码	描　述	错误代码	描　述
0	无错误	6	接收校验错误
1	存储区范围错误	7	接收 CRC 错误
2	非法波特率或非法校验	8	非法功能请求/不支持的功能
3	非法从站地址	9	请求中有非法存储区地址
4	Modbus 参数的非法值	10	从站功能未使能
5	保持寄存器与 Modbus 从站符号地址重复		

（2）MBUS_SLAVE 指令

MBUS_SLAVE 指令用于服务来自 Modbus 主站的请求，必须在每个循环周期都执行，以便检查和响应 Modbus 请求。

MBUS_SLAV 指令只要用鼠标拖动或双击即可以添加到程序中，其输入/输出参数见表 8-15。

表 8–15　MBUS_SLAV 指令的参数

子 程 序	输入/输出	说　明	数据类型
MBUS_SLAVE –EN Done– Error–	EN	使能，MBUS_SLAVE 指令在每次扫描时都执行	BOOL
	Done	当 MBUS_SLAVE 指令响应 Modbus 请求时 Done 输出接通。如果没有服务的请求，Done 输出会断开	BOOL
	Error	Error 输出包含该指令的执行结果。该输出只有 Done 接通时才有效。如果 Done 断开，错误代码不会改变，其详细结果同 MBUS_INIT 指令执行结果 Error 相同	BYTE

6. S7－200 PLC Modbus 协议使用步骤

1）S7－200 程序中使用 Modbus 主站指令遵循以下步骤：

① 在程序中插入 MBUS_CTRL 指令，在每次扫描时执行 MBUS_CTRL，用 SM0.0 在主程序中调用。可以使用 MBUS_CTRL 指令初始化或改变 Modbus 通信参数。当插入 MBUS_CTRL 指令时，几个隐藏的子程序和中断服务程序会自动地添加到程序中。

② 使用库存储器命令为 Modbus 主站协议指令所需的 V 存储器分配一个起始地址。

③ 在程序中输入一个或多个 MBUS_MSG 指令。可以按要求将多个 MBUS_MSG 指令添加到程序中，但每次只有一个指令处于活动状态。当存在多个从站需要访问时，可以用 MBUS_MSG 的 Done 位采用轮询的方式，即上一个 MBUS_MSG 的 Done 位是下一个 MBUS_MSG 使能的条件。

④ 连接 S7－200 CPU 上的端口 0（或对端口 1 库，使用端口 1）和 Modbus 从站设备之间的通信电缆。

2）S7－200 程序中使用 Modbus 从站指令请遵循以下步骤：

① 在程序中插入 MBUS_INIT 指令并且只在一个循环周期中执行该指令，用 SM0.0 来调用，即仅在首个扫描周期调用一次。MBUS_INIT 指令可用于对 Modbus 通信参数的初始化或修改。当插入 MBUS_INIT 指令时，几个隐藏的子程序和中断服务程序会自动地添加到程序中。

② 使用库存储器命令为 Modbus 从站协议指令所要求的 V 存储器分配一个起始地址。

③ 在程序中只使用一个 MBUS_SLAVE 指令。该指令在每个循环周期中执行，为接收到的所有请求提供服务。

④ 使用通信电缆将 S7－200 的端口 0 和 Modbus 主站设备连接在一起。

8.5.3　S7－200 PLC Modbus 通信实例

例 8–3　三台 S7－200 PLC，CPU 均为 226 CN，进行 Modbus 通信。要求实现如下功能：主站 PLC VB100 起始的 2 个字的数据写入从站 PLC1 的 VB100 起始的 V 存储区中；主站 PLC 读取从站 PLC2 的 VB200 起始的 2 个字的数据，放在主站 PLC 的 VB200 起始的 V 存储区中。从站 PLC1 地址为 2；从站 PLC2 地址为 3。

（1）主要硬件配置

① 编程软件 V4.0 STEP 7－Micro/WIN SP9。

② 3 台 CPU 226 CN。

③ 2 根 POFIBUS ＋3 个 DP 接头。

④ PC/PPI 电缆 + 计算机。

⑤ 必要的工具。

（2）步骤

1）硬件连接。Modbus 网络连接如图 8-41 所示。

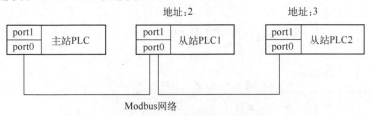

图 8-41 Modbus 网络连接

2）编写程序。主站 PLC 程序如图 8-42 所示；从站 PLC1 程序如图 8-43 所示；从站 PLC2 程序如图 8-44 所示。

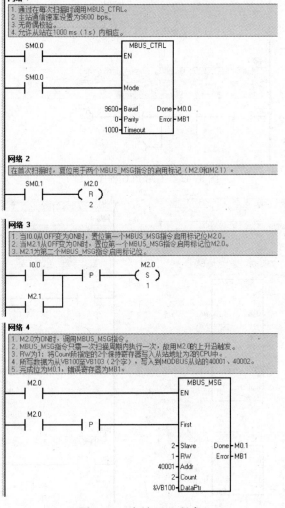

图 8-42 主站 PLC 程序

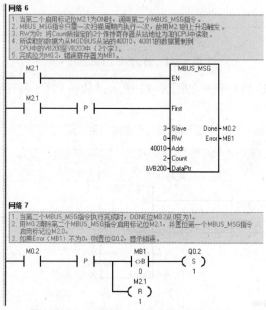

图 8-42　主站 PLC 程序（续）

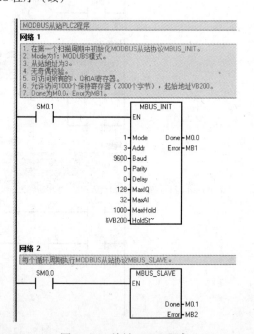

图 8-43　从站 PLC1 程序　　　　图 8-44　从站 PLC2 程序

　　注意：在调用 Modbus 指令库指令后，一定要对库存储区进行分配，否则即使程序语法没错误，在编译时也会提示有许多错误，而且分配的 V 存储区不能与存放数据在程序中用的 V 存储区重复，否则会引起程序执行中出现错误。分配存储区的方法如下：先选中"指令树"上方的"程序块"，再单击鼠标右键，弹出快捷菜单，并单击"库存储区"，如图 8-45 所示。再在"库存储区"中填写所需用到的存储区起始地址，或者单击"建议地址（S）"分配存储区，如图 8-46 所示。

图 8-45　库存储区　　　　　　　　　图 8-46　库存储区分配起始地址

8.6　西门子 S7－200 PLC 以太网通信

8.6.1　S7－200 PLC 以太网通信概述与使用注意事项

1. S7－200 PLC 以太网通信概述

　　S7－200 PLC 自身并不带以太网，要实现以太网通信，必须配备以太网模块。与 S7－300/400 系统中的 CP 343－1 和 CP 443－1 一样，S7－200 也提供以太网模块 CP 243－1，如图 8-47a 所示。除了 CP 343－1 以外，S7－200 还提供一种因特网模块 CP 243－1 IT，如图 8-47b 所示。CP 243－1 IT 除了具有 CP 243－1 的功能外，还支持一些 IT 功能，如 FTP（文件传送）、E－mail、HTML 网页等。CP 243－1 IT 与 CP 243－1 完全兼容，CP 243－1 所编写的用户程序也可在 CP 243－1 IT 中运行。本节内容主要以 CP 243－1 为例讲解 S7－200 PLC 的以太网通信。

　　CP 243－1 与 CP 243－1 IT 均是一种通信处理器，与 S7－200 PLC 一起使用，通过以太网通信将 S7－200 PLC 连接到工业以太网（IE）中。

　　通过 CP 243－1 或 CP 243－1 IT 通信处理器，使用 STEP 7－Micro/WIN 编程软件，即使距离很远，也可以对 S7－200 PLC 进行组态、编程和诊断。同样，通过 CP 243－1 或 CP 243－1 IT 通信处理器，一台 S7－200 PLC 可以与另一台 S7－200、S7－300 或 S7－400 PLC 进行以太网通信，也可与 OPC 服务器进行通信。

图 8-47　CP 243 -1 和 CP 243 -1 IT 以太网

a) CP 243 -1　b) CP 243 -1 IT

CP 243 -1 既可以作为客户机（Client），也可以作为服务器（Server）。

可以使用 STEP 7 - Micro/WIN 32、版本 3.2.1 或以上，对 CP 243 -1、CP 243 -1 IT 通信处理器进行组态。在用户程序中进行通信编程时，CP 243 -1 使用 STEP 7 - Micro/WIN 中的"以太网向导"；而 CP 243 -1 IT 使用 STEP 7 - Micro/WIN 中的"因特网向导"；如图 8-48 所示。两者配置基本相同。

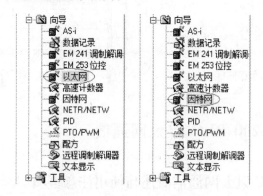

图 8-48　CP 243 -1 和 CP 243 -1 IT 的"因特网向导"

2. S7 -200 PLC 以太网通信使用注意事项

1）每个 S7 -200 CPU 只能连接一个 CP 243 -1 或一个 CP 243 -1 IT。如果还连接了其他 CP 243 -1 或 CP 243 -1 IT 处理器，S7 -200 系统将不能正常运行。

2）一个 CP 243 -1 或一个 CP 243 -1 IT 可同时与最多 8 个以太网 S7 控制器通信，即建立 8 个 S7 连接。除此之外，还可以同时支持一个 STEP 7 - Micro/WIN 的编程连接。一个客户端（Client）可以包含 1 ~ 32 个数据传输操作，一个读/写操作最多可以传输 212 个字节。如果 CP 243 -1 或 CP 243 -1 IT 作为服务器运行，每个读操作可以传送 222 个字节。

3）CP 243 -1 或 CP 243 -1 IT 模块不能直接连接光缆，必须通过其他模块转换。

4）虽然其他厂家的 CPU 也支持以太网 TCP/IP 协议，但不能与西门子的 CPU 进行以太网通信。这是因为 TCP/IP 协议中，TCP 属于传输协议，IP 属于网络协议；而在应用层协议中，西门子使用的是 S7 协议。其他厂家的 CPU 虽然能接收到西门子 CPU 的数据包，却读不懂 S7 协议的内容，反之亦然。西门子的以太网模块只允许在西门子的产品间进行工业以太网通信。对于 PC 上位监控软件，可以安装西门子 SIMATIC NET 软件（或 PC Access）后，通过 OPC SEVER 实现以太网访问。

5）对 S7 - 200 PLC 进行程序的上载或下载，要实现用以太网对 S7 - 200 CPU 编程，此时需要有：装有以太网卡的 PC，PC 上装有 STEP 7 - Micro/WIN（V 3.2 SP1 以上）软件，而且首次做通信编程时，必须使用 PPI 电缆进行。用 STEP 7 - Micro/WIN 软件，在 Tools > Ethernet Wizard（以太网向导）中对 CP 243 - 1 进行配置，为其设定 IP 地址、子网掩码等。注意：要保证 CP 243 - 1 和 PC 机的 IP 地址在一个网段上。CP 243 - 1 模块不会自动适应电缆的接线方式，因此，直接连接 PC 网卡和 CP 243 - 1 模块时，需要注意网线的类型。

6）CP 243 - 1 或 CP 243 - 1 IT 配置完成并下载后，必须断电重启后，才能生效。

7）CP 243 - 1 在 S7 - 200 系统位置中不能随意安装。CP 243 - 1 在 S7 - 200 系统中的运行位置，取决于 S7 - 200 CPU 的固件版本。如果使用版本 1.20 或以上的固件，则 CP 243 - 1 可以安装在 S7 - 200 系统中 7 个位置中的任意一个位置；而对于版本 1.20 以下的固件，CP 243 - 1 必须安装在位置 0，除非在位置 0 安装有其他智能模板，此时 CP 243 - 1 可安装在位置 1。如果在使用中编程与组态没有错误，而 CP 243 - 1 上的 SF 灯一直闪烁，就说明安装位置错误（笔者就曾经遇到过）。

8）地址占用。S7 - 200 系统中除了数字量和模拟量 I/O 扩展模块占用输入/输出地址外，一些智能模块（特殊功能模块）也需要在地址范围中占用地址。CP 243 - 1 与 CP 243 - 1 IT 作为通信模块，自然也属于智能模块，它们在使用中将占用输出地址，所以在向导配置中要为其分配输出地址。这些被占用的数据地址被模块用来进行功能控制，一般不直接连接到外部信号。表 8-16 列出了 S7 - 200 系列中智能模块所占用的地址。

表 8-16　智能模块占用地址

模块型号		EM 277	EM 241	EM 253	CP 243 - 1/IT	CP 243 - 2
占用地址	输入	不占用	不占用	不占用	不占用	1IB + 8AIW
	输出	不占用	1QB	1QB	1QB	1QB + 8AQW

8.6.2　S7 - 200 PLC CP 243 - 1 模块

S7 - 200 PLC CP 243 - 1 模块的接线与状态指示，如图 8-49 所示。CP 243 - 1 的模块接口及 LED 状态指示灯的具体说明如下：

（1）CP 243 - 1 具有的连接

1）DC 24 V 电源供电连接，CP 243 - 1 需要提供 DC 24V 电源，此电源应与 CPU 电源来自同一电源，L + 接 + 24 V，M 接 0 V，并正确接地。

2）以太网连接接口，适用 8 针 RJ45 接头。

3）I/O 总线插入式连接器，用于其他扩展模块使用。

4）带有插座的 I/O 总线集成扁平电缆，连接其他扩展模块。

（2）CP 243 - 1 状态指示 LED 所指含义

在前面共有 5 个 LED，用以显示 CP 243 - 1 的工作状态，详细见表 8-17。

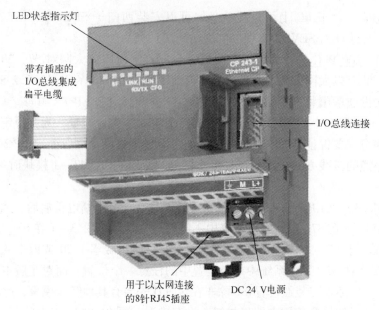

LED状态指示灯

带有插座的
I/O总线集成
扁平电缆

I/O总线连接

用于以太网连接
的8针RJ45插座

DC 24 V电源

图 8-49　CP 243－1 模块接口及 LED 指示灯

表 8-17　CP 243－1 LED 状态指示灯及含义

LED 显示	颜　　色	含　　　　　　义
SF	红色，连续点亮	系统错误：在出现错误时点亮
	红色，闪烁	系统错误：组态错误且没找到 BOOTP 服务器，1 s 闪烁一次
LINK	绿色，常亮	通过 RJ45 接口连接：已建立以太网连接
RX/TX	绿色，闪烁	以太网活动：数据正通过以太网进行接收和传输
RUN（运行）	绿色，常亮	运行：CP 243－1 已准备就绪
CFG	黄色，常亮	组态：在 STEP 7－Micro/WIN 软件通过 CP 243－1 与 S7－200 CPU 保持连接时常亮

8.6.3　S7－200 PLC 以太网通信实例

下面以两台 S7－200 CPU 之间的以太网通信为例，介绍 S7－200 系列 PLC 之间的以太网通信的编程方法。

例 8-4　两台 S7－200 PLC，CPU 均为 226 CN（一台作为服务器，一台作为客户机）进行以太网通信。要求实现如下功能：

① 服务器 PLC 的 IB0 的数据写入 VB0 并传送至客户机 PLC 的 VB0 中，从而控制客户机 PLC 的 QB0 的输出。

② 客户机 PLC 的 IB0 的数据写入 VB1 并传送至服务器 PLC 的 VB1 中，从而控制服务器 PLC 的 QB0 的输出。服务器与客户机之间的数据传送，如图 8-50 所示。

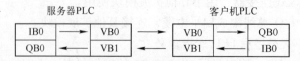

图 8-50　客户机与服务器的数据交换

（1）主要硬件配置

① 装有编程软件 V4.0 STEP 7 – Micro/WIN SP9 的计算机。

② 2 台 CPU 226 CN + 2 块 CP 243 – 1 扩展模块。

③ 以太网交换机、3 根 RJ45 接口电缆（普通网线）。

④ 一根 PC/PPI 电缆。

⑤ 必要的工具。

（2）硬件接线图

以太网网络连接如图 8–51 所示。连接说明：首先用编程电缆将计算机与一台 PLC 连接，通过软件编程并下载程序到 CPU 中，之后将计算机与另一台 PLC 连接，通过软件编程并下载程序到 CPU 中。这样当两台 PLC 完成以太网配置之后，就可以将计算机接入以太网网络，实现通过以太网的编程和诊断以及两台 PLC 基于以太网的数据交换。

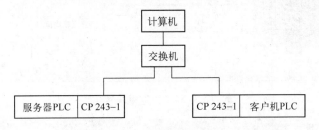

图 8–51　以太网网络连接

（3）配置服务器与客户机

1）配置服务器。

① 进入以太网配置向导。选择项目树下的"向导"并展开，找到"以太网"并双击；或者从"工具"下拉菜单中找到"以太网向导（N）"单击进入，如图 8–52 所示。弹出"以太网向导"对话框，单击"下一步"按钮，如图 8–53 所示。

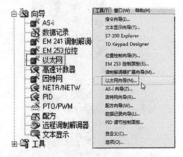

图 8–52　进入以太网配置向导

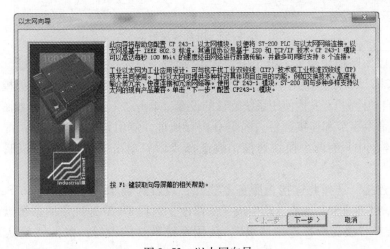

图 8–53　以太网向导

② 指定以太网模块位置。在模块位置中输入模块位置号，本例为"0"；在线情况下通过单击"读取模块"按钮可以搜寻在线的 CP 243 - 1 模块；如图 8-54 所示。单击"下一步"按钮。如果不在线，单击"下一步"按钮，会弹出"选择模块的版本"窗口，选择你所选用的模块，并单击"下一步"按钮，如图 8-55 所示。

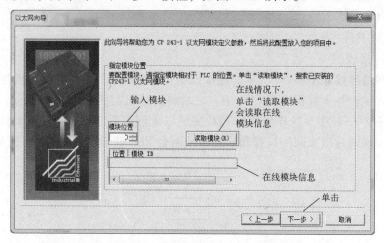

图 8-54　指定模块号

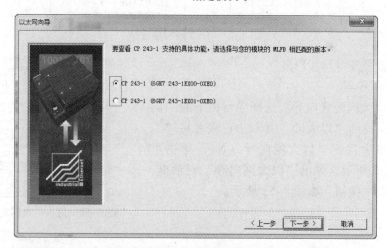

图 8-55　选择模块版本

③ 指定以太网模块地址。设定模块的 IP 地址，自定义适用的 IP 地址。本例中设为"192.168.0.2"；填写适用的子网掩码，本例中设为"255.255.255.0"；选择模块的通信连接类型为"自动检测"，其他使用系统默认的设置；单击"下一步"按钮，如图 8-56 所示。

④ 指定命令字节和连接数目。确定 Q 内存地址，使用系统默认设置；配置模块的连接数目，在本例中只有两个模块通信，故选择"1"；单击"下一步"按钮；如图 8-57 所示。

⑤ 配置连接。选择此连接为服务器连接；设置远程 TSAP（Transport Service Access Point）地址，本地 TSAP 地址自动生成无法修改，远程 TSAP 地址使用系统默认的设置即"10.00"；选择"接受所有连接请求"；使用系统默认的设置；单击"确认"按钮；如图 8-58 所示。

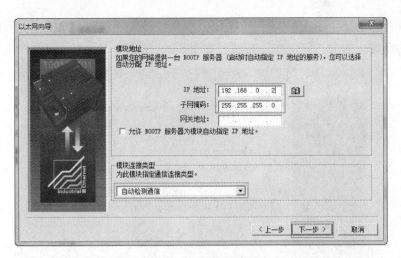

图 8-56 指定模块地址

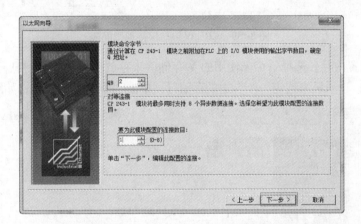

图 8-57 指定命令字节和连接数目

图 8-58 配置连接

⑥ CRC 保护与保持现用间隔。选择 CRC 保护；设置"保持活动"的时间间隔，使用系统默认的设置；单击"下一步"按钮；如图 8-59 所示。

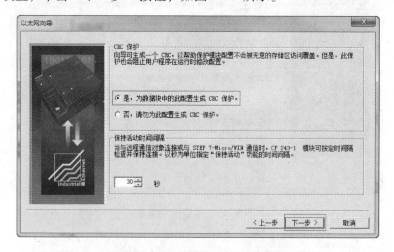

图 8-59　CRC 保护与保持现用间隔

⑦ 分配配置内存。选择一个未使用的 V 存储区来存放模块的配置信息，可以单击"建议地址"按钮，让系统来选定一个合适的存储区；单击"下一步"按钮；如图 8-60 所示。

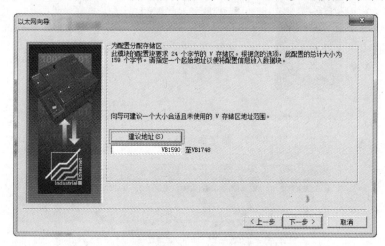

图 8-60　分配配置内存

⑧ 生成项目组件。编辑此配置的名称，本例中使用系统默认的名称；单击"完成"按钮，完成配置；如图 8-61 所示。

⑨ 生成以太网配置。完成配置后，在"项目树"下的"以太网"配置中会生成所配置的以太网，且在"指令树"下的"调用子程序"中生成以太网通信子程序；如图 8-62 所示。

2）配置客户机。

① 进入以太网配置向导。

② 指定以太网模块位置。

第一步与第二步的配置与配置服务器的步骤相同，这里不再重复。

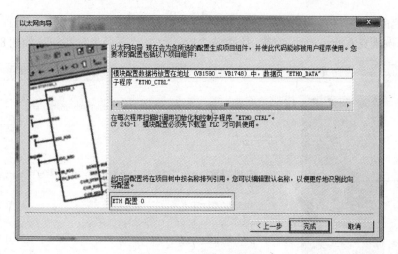

图 8-61　生成项目组件

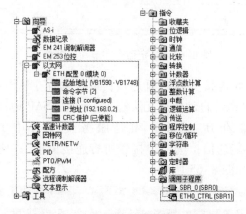

图 8-62　生成的以太网配置和子程序

③ 指定以太网模块地址。设定模块的 IP 地址，自定义适用的 IP 地址。客户机的 IP 地址与服务器的 IP 地址，必须在同一网段，且不能相同，故本例中客户机 IP 地址设为"192.168.0.3"；填写适用的子网掩码，本例中设为"255.255.255.0"；选择模块的通信连接类型为"自动检测"，其他使用系统默认的设置；单击"下一步"按钮，如图 8-63 所示。

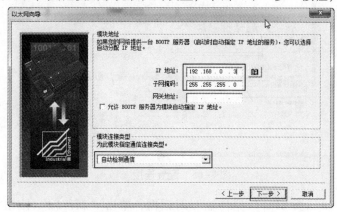

图 8-63　指定模块地址

④ 指定命令字节和连接数目。确定 Q 内存地址，使用系统默认设置；配置模块的连接数目，在本例中只有两个模块通信，故选择"1"；单击"下一步"按钮；如图 8-64 所示。

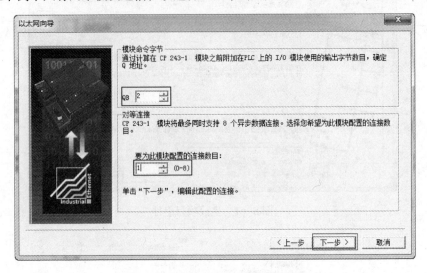

图 8-64　指定命令字节和连接数目

⑤ 配置连接。选择此连接为客户机连接；设置远程 TSAP（Transport Service Access Point）地址，本地 TSAP 地址自动生成无法修改，远程 TSAP 地址使用系统默认的设置即"10.00"；指定服务器的 IP 地址必须是服务器配置中的 IP 地址，故设置为"192.168.0.2"，否则不能通信；选择"接受所有连接请求"；使用系统默认的设置；单击"数据传输"按钮；如图 8-65 所示。

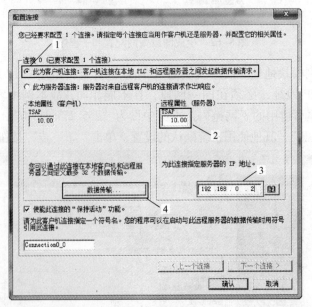

图 8-65　配置连接（1）

弹出"配置 CPU 至 CPU 数据传输"对话框，单击"新传输"按钮，弹出"添加一个新数据传输吗"窗口，单击"是"按钮，如图 8-66 所示。

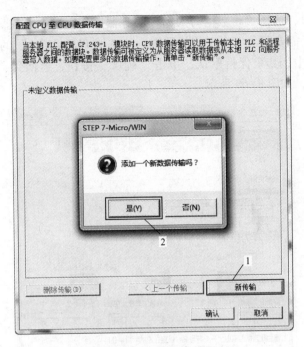

图 8-66　配置连接（2）

⑥ 配置 CPU 至 CPU 数据传输。配置数据传输 0，选择"从远程服务器连接读取数据"，从服务器读取的字节数据设为"1"，因为本例中只需要读取 1 个字节的数据；从服务器的"VB0"读取数据，并存储在本地 PLC 的"VB0"中；其余保持默认，单击"新传输"按钮，弹出"添加一个新数据传输吗"窗口，单击"是"按钮，如图 8-67 所示。

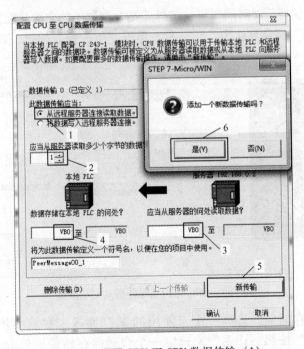

图 8-67　配置 CPU 至 CPU 数据传输（1）

配置数据传输1，选择"将数据写入远程服务器连接"，向服务器写入的字节数设为"1"，因为本例中只需要写入1个字节的数据；从本地 PLC "VB1"的数据，写入到服务器 PLC 的"VB1"中；其余保持默认，单击"确认"按钮，返回到"配置连接"窗口，单击"确认"按钮，如图 8-68 所示。

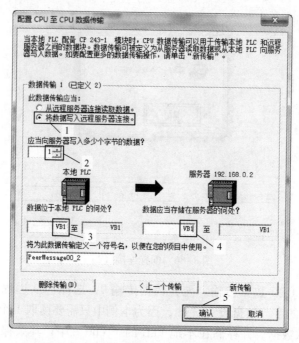

图 8-68　配置 CPU 至 CPU 数据传输 (2)

⑦ CRC 保护及保持活动时间间隔。选择"是，为数据块中的此配置生成 CRC 保护"，"保持活动时间间隔"保持默认为"30"秒，单击"下一步"按钮，如图 8-69 所示。

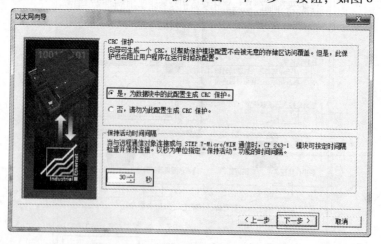

图 8-69　CRC 保护及保持活动时间间隔

⑧ 为配置分配存储区。选择一个未使用的 V 存储区来存放模块的配置信息，可以单击"建议地址"按钮，让系统来选定一个合适的存储区；单击"下一步"按钮；如图 8-70 所示。

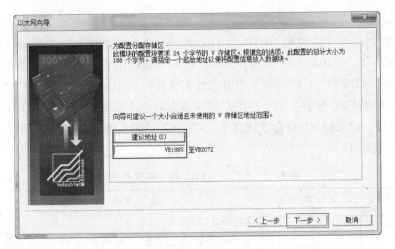

图 8-70　分配存储区

⑨ 生成项目组件。编辑此配置的名称，本例中使用系统默认的名称；单击"完成"按钮，弹出提示"完成向导配置吗?"，单击"是"按钮，完成配置；如图 8-71 所示。

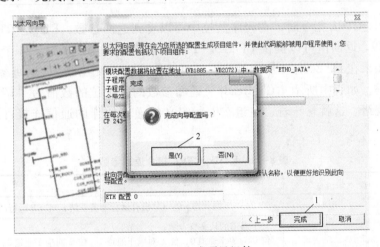

图 8-71　生成项目组件

⑩ 生成以太网配置。完成配置后，在"项目树"下的"以太网"配置中会生成所配置的以太网，且在"指令树"下的"调用子程序"中生成以太网通信子程序；如图 8-72 所示。

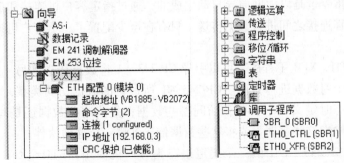

图 8-72　生成的以太网配置和子程序

（4）编写程序

① 模块控制指令使用说明。ETHx_CTRL 指令是以太网向导自动生成的，用于初始化和监控 CP 243 - 1。必须在每次循环开始时，在 S7 - 200 用户程序中调用该子程序。如果 CRC 校验打开，CP 243 - 1 识别到一个组态数据变化，调用子程序会造成 CP 243 - 1 重新启动。相反，如果 CRC 校验关闭，在用户程序或新的组态从 STEP 7 - Micro/WIN 中下载到 S7 - 200 CPU 后，CP 243 - 1 总会重新启动，并且 S7 - 200 CPU 接着启动。ETHx_CTRL 指令格式及说明见表8-18。

表8-18　ETHx_CTRL 指令格式及说明

LAD	输入/输出	说　明	数据类型
ETHO_CTRL EN CP_Ready Ch_Ready Error	EN	使能 ETHx_CTRL 指令	BOOL
	CP_Ready	当以太网模块准备从其他指令接收命令时，CP_Ready 变为现用	WORD
	Ch_Ready	Ch_Ready 有一个指定给每个通道的位，显示该特定通道的连接状态。例如，当通道0建立连接后，位0打开	BOOL
	Error	Error（错误）包含模块状态	WORD

使用 ETHx_CTRL 指令时，在程序监控中可以看到返回参数，ETHx_CTRL 指令返回参数见表8-19。返回值可以提供 CP 243 - 1 的一般状态信息以及最多8个通信通道的状态信息。如果在 CP 243 - 1 中出现错误，可以从"Error（出错）"返回参数中读取相关的错误代码。如表中所示"Ch_Ready"返回参数的一个位的数值为"1"，表示相关通道已准备就绪。这就意味着，在组态中所定义的通信伙伴的通信连接可以根据通信参数建立。

表8-19　ETHx_CTRL 指令返回参数

名　称	类　型	含　义
CP_Ready	BOOL	CP 243 - 1 的状态。0：CP 没有运行准备就绪；1：CP 运行准备就绪
Ch_Ready	WORD	每个通道的状态（=第一个字节） 位0对应于通道0；位1对应于通道1；位2对应于通道2；位3对应于通道3；位4对应于通道4；位5对应于通道5；位6对应于通道6；位7对应于通道7。 0：通道没有准备就绪；1：通道准备就绪
Error	WORD	错误代码。0x0000：没有出现错误；其他：出错

ETHx_XFR 指令也是以太网向导自动生成的，通过指定客户机连接和信息号码，命令在 S7 - 200 和远程连接之间进行数据传送。只有在至少配置了一个客户机连接时，才会生成该子程序。

通过调用 ETHx_XFR 子程序，可以引导 CP 243 - 1 将数据传送到另一个 S7 系统，或从这样一个系统中对数据进行排队。CP 243 - 1 所进行的数据访问类型，在组态时规定。因此，可以在组态时定义以下参数：访问哪些数据；是读这些数据还是写这些数据；从哪一个通信伙伴检索这些数据，或将这些数据传送到哪一个通信伙伴。

如果至少将 CP 243 - 1 中的一个通道组态为客户机使用，ETHx_XFR 子程序只能由 Ethernet Wizard 在 STEP 7 - Micro/WIN 中生成。然后，只能从一个 S7 - 200 用户程序中通过 CP 243 - 1 进行数据访问。

　　每个通道一次只能有一个 ETHx_XFR 子程序激活。在一个通道不能并行进行几个数据访问。因此，可以将"START"输入与 ETHx_XFR 子程序的"Done"返回值和 ETHx_CTRL 子程序的"CH_Ready"返回值的相应位进行关联。ETHx_XFR 指令格式及说明见表 8-20。

表 8-20　ETHx_XFR 指令格式及说明

LAD	输入/输出	说　　明	数据类型
	EN	EN 位必须打开，才能启用模块命令，EN 位应当保持打开，直至设置表示执行完成的 Done（完成）位	BOOL
	START	发布读/写命令的输入条件 0：没有发布读/写命令；1：发布读/写命令	BOOL
ETH0_XFR EN START Chan_ID　　Done Data　　　Error Abort	Chan_ID	可以访问数据的通道数量。该通道必须作为一个客户机进行组态。数值范围：0~7	BYTE
	Data	通道相关数据块的数量，在此组态可以描述要执行的读/写命令。数值范围：0~31	BYTE
	Abort	中止数据访问的输入条件。0：不能中止数据访问；1：中止数据访问	BOOL
	Done	子程序调用的状态。0：子程序还没有执行；1：子程序已执行，读/写命令已完成，子程序准备下一次执行	BOOL
	Error	错误代码。16#00：没有出现错误；其他：出错	BYTE

　　② 编写服务器程序，如图 8-73 所示，并下载至服务器端 PLC。

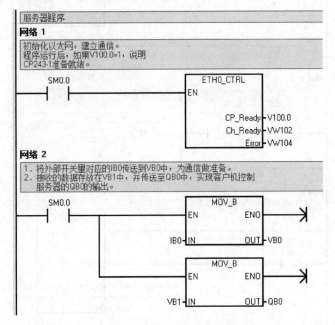

图 8-73　服务器 PLC 程序

　　③ 编写客户机程序，如图 8-74 所示，并下载至客户机端 PLC。

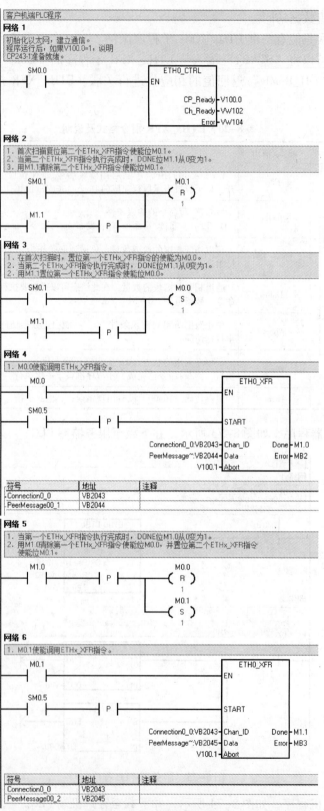

图 8-74　客户机端 PLC 程序

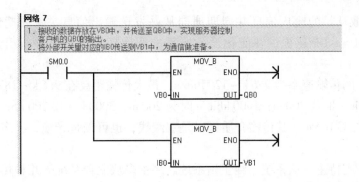

图 8-74 客户机端 PLC 程序（续）

客户机端通道号码（Chan_ID）的符号分别是 PeerMessage00_1 和 PeerMessage00_2，数据（Data）的符号是 Connection0_0，这些符号是以太网向导自动生成的，当打开如图 8-75 的符号表可知：Connection0_0 的地址是 VB2043，PeerMessage00_1 的地址是 VB2044，PeerMessage00_2 的地址是 VB2045，编写程序时，只要将 VB2043 写入客户机通道号码（Chan_ID）中，自动弹出 Connection0_0；将 VB2044 和 VB2045 写入数据（Data），自动弹出 PeerMessage00_1 和 PeerMessage00_2。

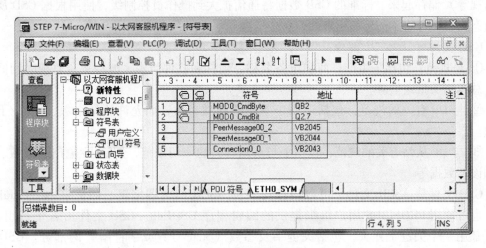

图 8-75 符号表

8.7 西门子 S7 –200 PLC 与 S7 –300 PLC 的 PROFIBUS 通信应用及实例

8.7.1 PROFIBUS 通信概述

PROFIBUS – DP（或 DP 标准）是由欧洲标准 EN 50170 定义的远程 I/O 协议。即使各个设备由不同的公司制造，只要满足该标准便相互兼容。DP 表示分布式外围设备，亦即远程 I/O。PROFIBUS 表示过程现场总线，其作为现场总线通信的标准之一，多数厂商均遵循此通信协议，用于现场层的高速数据传送，在工业通信中应用十分广泛。

主站周期地读取从站的输入信息并周期地向从站发送输出信息。除周期性用户数据传输外，PROFIBUS – DP 还提供智能化设备所需的非周期性通信以进行组态、诊断和报警处理。

PROFIBUS 的传输速率为 9.6 k ~ 12 Mbit/s，最大传输距离在 9.6 k ~ 187.5 kbit/s 时为 1000 m，500 kbit/s 时为 400 m，1500 kbit/s 时为 200 m，3000 k ~ 12 000 kbit/s 时为 100 m，可用中继器延长至 10 km。其传输介质可以是双绞线，也可以是光缆，最多可挂接 127 个站点。

PROFIBUS 支持主 – 从系统、纯主站系统、多主多从混合系统等几种传输方式。主站具有对总线的控制权，可主动发送信息。对多主站系统来说，主站之间采用令牌方式传递信息，得到令牌的站点可在一个事先规定的时间内拥有总线控制权，并事先规定好令牌在各主站中循环一周的最长时间。按 PROFIBUS 的通信规范，令牌在主站之间按地址编号顺序，沿上行方向进行传递。主站在得到控制权时，可以按主 – 从方式，向从站发送或索取信息，实现点对点通信。主站可采取对所有站点广播（不要求应答），或有选择地向一组站点广播。

为了将不同厂家生产的 PROFIBUS 产品集成在一起，生产厂家必须以 GSD 文件（电子设备数据库文件）方式将这些产品的功能参数（如 I/O 点数、诊断信息、波特率、时间监视等）储存起来。标准的 GSD 数据将通信扩大到操作员控制级，使用根据 GSD 所作的组态工具，可将不同厂商生产的设备集成在同一总线系统中。

GSD 文件可分为三个部分：

① 总规范：包括了生产厂商和设备名称、硬件和软件版本、波特率、监视时间间隔以及总线插头指定信号。

② 与 DP 有关的规范：包括适用于主站的各项参数，如允许从站个数、上装/下装能力。

③ 与 DP 从站有关的规范：包括了与从站有关的一切规范，如输入/输出通道数、类型和诊断数据等。

GSD 文件是 ASCII 文件，可以用任何一种 ASCII 编辑器编辑，如记事本、UltraEdit 等，也可使用 PROFIBUS 用户组织提供的编辑程序 GSDEdit。GSD 文件由若干行组成，每行都用一个关键字开头，包括关键字及参数（无符号数或字符串）两部分。GSD 文件中的关键字可以是标准关键字（在 PROFIBUS 标准中定义）或自定义关键字。标准关键字可以被 PROFIBUS 的任何组态工具所识别，而自定义关键字只能被特定的组态工具识别。

下面是一个 GSD 文件的例子。

#PROFIBUS DP;	DP 设备的 GSD 文件均以此关键存在
GSD Revision = 1;	GSD 文件版本
VendorName = " Meglev";	设备制造商
Model Name = "DP Slave";	产品名称
Revision = "Version 01";	产品版本
RevisionNumber = 01;	产品版本号（可选）
IdemNumber = 0x01;	产品识别号

ProtocoI Ident = 0;　　　　　　　协议类型（表示 DP）

StationType = 0;　　　　　　　　站类型（0 表示从站）

FMS Supp = 0;　　　　　　　　　不支持 FMS. 纯 DP 从站

Hardware Realease = "HW1. 0";　　硬件版本

Soltware Realease = "SWl. 0";　　软件版本

9. 6 supp = 1;　　　　　　　　　支持 9.6 kbit/s 波特率

19. 2 supp = l;　　　　　　　　　支持 19.2 kbit/s 波特率

MaxTsdr 9. 6 = 60;　　　　　　　9.6 kbit/s 时最大延迟时间

MaxTsdrl9. 2 = 60;　　　　　　　19.2 kbit/s 时最大延迟时间

RepeaterCtrl sig = 0;　　　　　　不提供 RTS 信号

24VPins = 0;　　　　　　　　　不提供 24 V 电压

Implementation Type = "SPC3";　　采用的解决方案

FreezeMode Supp = 0;　　　　　　不支持锁定模式

SyncMode Supp = 0;　　　　　　　不支持同步模式

AutoBaud Supp = l;　　　　　　　支持自动波特率检测

Set SlaveAdd Supp = 0;　　　　　不支持改变从站地址

Fail Safe = 0;　　　　　　　　　故障安全模式类型

MaxUser PrmDataLen = 0;　　　　最大用户参数数据长度（0 ~ 237）

Usel prmDataLen = 0;　　　　　　用户参数长度

Min Slave Imervall = 22;　　　　　最小从站响应循环间隔

Modular Station = l;　　　　　　　是否为模块站

MaxModule = l;　　　　　　　　从站最大模块数

MaxInput Len = 8;　　　　　　　最大输入数据长度

MaxOutput Len = 8;　　　　　　　最大输出数据长度

MaxData Len = 16;　　　　　　　最大数据的长度（输入/输出之和）

MaxDiagData Len = 6;　　　　　　最大诊断数据长度（6 ~ 244）

Family = 3;　　　　　　　　　　从站类型

Module = "Modulel"0x23, 0x13;　　模块1，输入/输出各 4 B

EndModule

Module = "Module2"0x27, 0x17;　　模块2. 输入/输出各 8 B

EndModule

8.7.2　S7-200 CPU 通过 EM 277 作为 DP 从站连接到 PROFIBUS 网络

1. EM 277 模块硬件

S7-200 CPU 本身不带 PROFIBUS 通信功能，若要实现 PROFIBUS 通信，必须扩展 PROFIBUS-DP 智能通信模块 EM 277。可以通过 EM 277 PROFIBUS-DP 从站模块连入 PROFIBUS-DP 网，主站可以通过 EM 277 对 S7-200 CPU 进行读/写数据。如图 8-76 所示，S7-200 CPU 通过 DP 从站模块 EM 277 与其他设备组成 PROFIBUS-DP 网络。

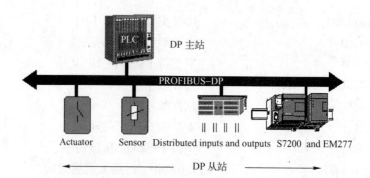

图 8-76　S7 – 200 CPU 通过 DP 从站模块 EM 277 与其他设备组成 PROFIBUS – DP 网络

作为 S7 – 200 的扩展模块，EM 277 像其他 I/O 扩展模块一样，通过出厂时就带有的 I/O 总线与 CPU 相连。因 M 277 只能作为从站，所以两个 EM 277 之间不能通信，S7 – 200 PLC 之间不能使用 EM 277 进行 DP 通信，同时 S7 – 200 也不能和只能做 DP 从站的变频器进行通信。但可以由一台 PC 作为主站，访问几个联网的 EM 277。从站模块 EM 27 的实物外形，如图 8-77 所示。

EM 277 从站模块的地址开关、LED 指示及接口的具体情况，如图 8-78 所示。

图 8-77　从站模块 EM 277

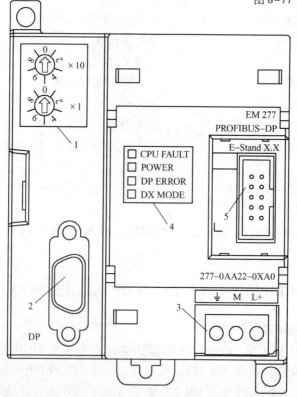

图 8-78　从站模块 EM 277 的地址开关、LED 指示及接口

1）地址开关的位置如图中"1"所示，具体说明如下：

① x10 = 设置地址的最高有效位，数字对应从 0～9，图中只标出"0、2、4、6、8"，而"1"位置位于"0"和"2"中间"/"所指位置为"3、5、7、9"同"1"。

② x1 = 设置地址的最低有效位，对应数字也是从 0～9，具体同"x10"。

例如，要设置 EM 277 从站的地址为 15，只需要将"x10"的箭头旋转到"1"；将"x1"的箭头旋转到"5"，组合成 15 = 1x10 + 5x1。

注意：设置完地址后，一定要断电重启，否则不起作用。

2）DP 从站端口连接器的位置如图上的"2"所示，与主站或从站连接时，使用PROFIBUS 连接器与 PROFIBUS 电缆，如图 8-79 所示。

图 8-79　PROFIBUS 连接器与电缆

3）电源供电。EM 277 模块工作时，需要提供 DC 24 V 电源，"L+"接"+24 V"，"M"接"0 V"，接地端要可靠接地，位置如图 8-78 中"3"所示。

4）LED 指示。EM 277 PROFIBUS - DP 模块在前面的面板上有四个状态 LED，用来指示 DP 端口的运行状态：

① S7 - 200 上电后，DX MODE 的 LED 熄灭，直到 DP 通信开始。

② 当 DP 的通信成功初始化后（EM 277 PROFIBUS - DP 模块进入和主站交换数据的状态时），DX MODE 的 LED 变绿直到数据交换状态结束。

③ 如果 DP 通信中断，强制 EM 277 模块退出数据交换模式，此时，DX MODE 的LED 熄灭而 DP ERROR 的 LED 变红。此状态一直保持到 S7 - 200 CPU 断电或数据交换重新开始。

④ 如果主站写入 EM 277 模块的 I/O 组态或参数信息错误，则 DP ERROR 的 LED 将呈红色闪烁。

⑤ 如果没有 DC 24 V 供电，POWER（电源）LED 将熄灭。表 8-21 总结了 EM 277 状态 LED 的各种状态。

表 8-21　EM 277 位控模块状态 LED

LED	OFF	红色	红色闪烁	绿色
CPU 故障	模块良好	内部模块故障	—	—
POWER	没有 DC 24 V 用户电源	—	—	DC 24 V 用户电源良好
DP ERROR	没有错误	脱离数据交换模式	参数化/组态错误	—
DX MODE	不在数据交换模式	—	—	在数据交换模式

注意：当 EM 277 PROFIBUS – DP 模块专门用作 MPI 从站时，只有绿色电源 LED 点亮。如果 EM 277 后面，还有扩展模块，即可通过总线连接器与后面的模块相连。

2. EM 277 模块使用说明

第一次使用 EM 277 时，在 EM 277 侧通常需要进行如下操作：

1）将 EM 277 和 S7 – 200 进行正确的连接，并为 EM 277 连接 24 V 电源。

2）为 EM 277 设置通信地址（使用模块上的拨码开关设置）。

3）将 EM 277 和 CPU 进行先断电后上电的操作，以保证通信地址的生效。

4）将通信电缆正确的连接在通信接口上。

通过 EM 277 模块进行的 PROFIBUS – DP 通信，是最可靠的通信方式。西门子建议在与 S7 – 300/400 或其他系统通信时，尽量使用此种通信方式。

EM 277 是智能模块，其通信速率为自适应，可运行于 9600 bit/s 和 12 Mbit/s 之间的任何 PROFIBUS 波特率。在 S7 – 200 CPU 中不用做任何关于 PROFIBUS – DP 的配置和编程工作，只需对数据进行处理。PROFIBUS – DP 的所有配置工作由主站完成，在主站中需配置从站地址及 I/O 配置。

在主站中完成的与 EM 277 通信的 I/O 配置共有三种数据一致性类型，即字节、字、缓冲区。所谓数据的一致性，就是在 PROFIBUS – DP 传输数据时，数据的各个部分不会割裂开来传输，是保证同时更新的。即：

① 字节一致性：保证字节作为整个单元传送。

② 字一致性：保证组成字的两个字节总是一起传送。

③ 缓冲区一致性：保证数据的整个缓冲区作为一个独立单元一起传送。如果数据值是双字或浮点数以及当一组值都与一种计算或项目有关时，也需要采用缓冲区一致性。

EM 277 作为一个特殊的 PROFIBUS – DP 从站模块，其相关参数（包括上述的数据一致性）是以 GSD（或 GSE）文件的形式保存的。在主站中配置 EM 277，需要安装相关的 GSD 文件。

EM 277 的 GSD 文件可以在西门子的网站下载，文件名是 "EM 277. ZIP"。

EM 277 模块同时支持 PROFIBUS – DP 和 MPI 两种协议。EM 277 模块经常发挥路由功能，使 CPU 支持这两种协议。EM 277 实际上是通信端口的扩展，这种扩展可以用于连接操作面板（HMI）等。

3. 使用 EM 277 模块的常见问题

（1）是否可以通过 EM 277 模块控制变频器？

答：不可以。EM 277 是 PROFIBUS – DP 从站模块，不能做主站；而变频器需要接受主站的控制。

（2）为什么重新设置 EM 277 地址后不起作用？

答：对 EM 277 重新设置地址后，需断电后重新上电才起作用。或者检查 EM 277 地址拨码是否到位。

（3）主站中对 EM 277 的 I/O 配置的数据通信区已经到了最大，但仍不能满足需通信的数据量怎么办？

答：可以在传送的数据区中设置标志位，分时分批传送。

（4）EM 277 所支持的通信速率和距离是多少？

答：表 8-22 列出了 EM 277 所支持的通信速率和距离，具体情况还要视现场的工况而定。

表 8-22　EM 277 所支持的通信速率和距离

电缆长度/m	所支持的通信速率/（kbit/s）	电缆长度/m	所支持的通信速率/（Mbit/s）
1200 >	93.75	200	1 ~ 1.5
1000	187.5	100	3 ~ 12
400	500		

（5）EM 277 的联网能力如何？

答：表 8-23 列出了 EM 277 的联网能力。

表 8-23　EM 277 的联网能力

联 网 能 力	数　　据
站地址设置	0 ~ 99（由旋钮开关设定）
每段最大站数	32
每个网络最大站数	126，最多 99 个 EM277 站
MPI 连接	一共 6 个，2 个保留（1 个给 PG，一个给 OP）

（6）S7－300 或 S7－400 的 PROFIBUS－DP 主站最多可以有多少个 EM 277 从站？

答：S7－300 或 S7－400 的 DP 口或 DP 模板的能力有关，要根据它所支持的 DP 从站数而定。一个网上最多可以有 99 个 EM 277。

4. PROFIBUS GSD 文件（EM 277）的下载

第一次使用 EM 277 时，在 EM 277 侧通常需要进行如下操作：EM 277 的 PROFIBUS GSD 文件，在西门子官方网站的下载中心的文档编号为：F0222。下载完成后，其为一个名为 "EM 277" 的压缩包；解压后，文件夹中的文件，图 8-80 所示。其中名称为 "siem089d. gsd" 的文件就是 EM 277 的 PROFIBUS GSD 文件。需要在 S7－300 PLC 编程软件中安装此 GSD 文件后，才能组态 EM 277，否则在软件里找不到 EM 277。安装在后面的实例中会讲到。

图 8-80　EM 277 的 GSD 文件压缩包及其中文件

8.7.3　S7－200 与 S7－300 PROFIBUS－DP 通信实例

S7－200 和 S7－300 通过 EM 277 可以实现两种通信方式：一种方式是 MPI 协议通信，MPI 协议通信是 S7－200 和 S7－300 使用 EM 277 的默认通信方式；另一种方式是通过 EM 277 的方式组建 DP 网络，S7－300 做 DP 主站，S7－200 做 DP 从站。

S7－200 与 S7－300 通过 EM 277 进行 PROFIBUS－DP 通信，需要在 STEP 7 中进行

S7 - 300 站组态，在 S7 - 200 系统中不需要对通信进行组态和编程，只需将要进行通信的数据整理存放在 V 存储区，与 S7 - 300 的组态 EM 277 从站时的硬件 I/O 地址相对应就可以了。下面用实例来说明 S7 - 200 和 S7 - 300 通过 EM 277 实现 PROFIBUS - DP 通信。

例 8-5 一台 S7 - 200 PLC（CPU 为 226CN），一台 S7 - 300 PLC（CPU 为 314C - 2DP），两者之间进行 PROFIBUS - DP 通信。功能要求：

1）将 S7 - 200 PLC 采集到的开关量信号（如：电动机运行、故障、阀门的开/关到位反馈信号等）共一个字的数据传送到 S7 - 300 PLC 中进行监控。

2）S7 - 300 PLC 发送一个字的数据到 S7 - 200 PLC，控制 S7 - 200 PLC 的输出，如：电动机的启停、阀门的开关等。

3）S7 - 200 PLC 采集的数字量信号存放在 VW102 中，接收 S7 - 300 PLC 发送过来的数据存放在 VW100 中。

4）S7 - 300 PLC 的 CPU 的 PROFIBUS - DP 地址为 2；S7 - 200 PLC 的 CPU 的 PROFI-BUS - DP 地址为 3。

（1）主要硬件配置

1）S7 - 200 PLC 编程软件 V4. 0 STEP 7 - Micro/WIN SP9 和 S7 - 300 PLC 编程软件 STEP7 V5. 5 SP3。

2）一台 CPU 226CN + 一台 CPU 314C - 2DP。

3）一个 PROFIBUS 电缆 + 2 个 DP 接头。

4）S7 - 200 PLC 编程电缆 PC/PPI 电缆 + S7 - 300 PLC 编程电缆 MPI 电缆 + 计算机。

5）必要的工具。

（2）步骤

1）PROFIBUS - DP 通信两台 PLC 的硬件配置及连接如图 8-81 所示。

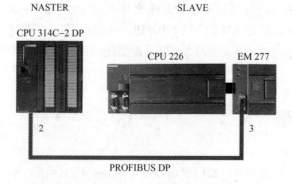

图 8-81 PROFIBUS - DP 通信硬件配置及连接

2）编写 S7 - 200 PLC 程序，S7 - 200 PLC 的程序如图 8-82 所示。

3）组态 S7 - 300 PLC。

① 打开 S7 - 300 PLC 编程软件 STEP 7，新建一个工程，命名为 "CPU314C - 2DP - S7200DP"，选择所建的项目名，单击鼠标右键选择 "插入对象" 中的 "SIMATIC 300 站点" 插入 300 站点，如图 8-83 所示。

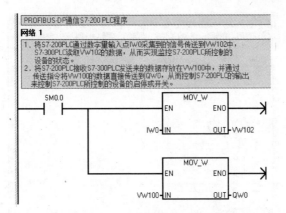

图 8-82　S7－200 PLC 程序

图 8-83　插入 300 站点

②双击生成的"SIMATIC 300（1）"如图 8-84 所示；弹出"硬件"，如图 8-85 所示。

③双击"对象名称"下的"硬件"，弹出"硬件配置"对话框，如图 8-86 所示。

图 8-84　生成 SIMATIC 300（1）

图 8-85　硬件

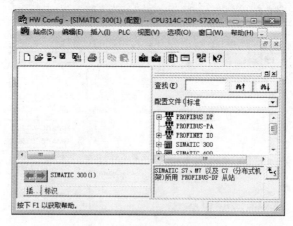

图 8-86　硬件配置对话框

④ 安装 GSD 文件。在硬件配置窗口中，单击菜单栏"选项"菜单，在下拉列表中找到"安装 GSD 文件…"并单击，如图 8-87 所示。弹出"安装 GSD 文件"对话框，单击"浏览"按钮，找到 EM 277 GSD 文件的存放路径，并单击"确定"按钮，如图 8-88 所示。

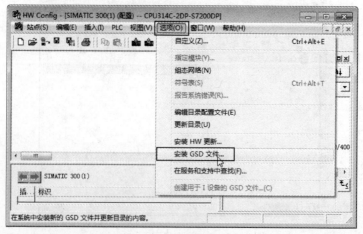

图 8-87　选项、安装 GSD 文件

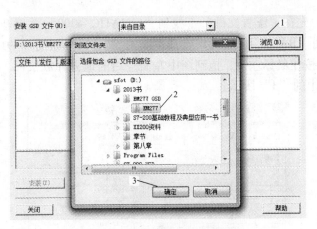

图 8-88　选择 GSD 文件存放路径

确定后，"siem089d. gsd"的文件会被添加进来，选中并单击"安装"按钮，会弹出是否"确认安装 GSD 文件"对话框，单击"是"按钮，如图 8-89 所示。

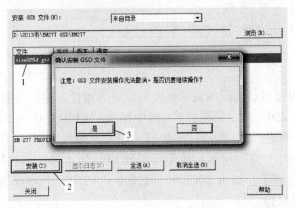

图 8-89　安装 GSD 文件

执行安装，如果是已经安装过的话，会提示覆盖信息，直接覆盖，安装完成后，弹出"安装已成功完成"对话框，单击"确定"按钮，并关闭"安装 GSD 文件"窗口，安装成功，如图 8-90 所示。

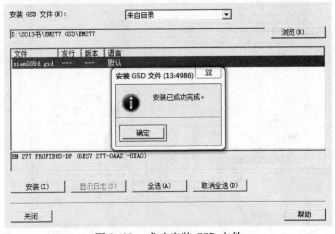

图 8-90　成功安装 GSD 文件

⑤ 插入导轨。先在"配置文件"下找到"SIMATIC - 300"并展开，如图8-91中的"1"所示；再找到"RACK - 300"并展开，双击"Rail"，如图8-91中的"2"所示；或选中"Rail"并按住鼠标左键，拖到图中左面空白的地方释放鼠标，生成"（0）UR"导轨，如图8-91中的"3"所示。

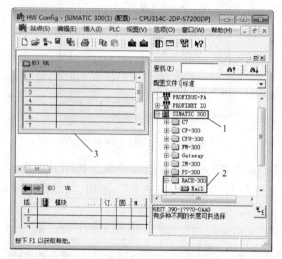

图 8-91　插入导轨

⑥ 添加模块。根据自己实际用到的模块与放置的槽位，逐一添加到导轨中。本例中，只用到"CPU 314C - 2DP"，故只在"2"槽中添加"CPU 314C - 2DP"。首先，先选中"2"槽，如图8-92中的"1"所示；再找到"CPU - 300"下的"CPU - 314 C - 2 DP"并展开，如图8-92中的"2"所示；找到所用的CPU版本号，本例使用"V2.0"版本，如图8-92中的"3"所示；双击"V2.0"或选中"V2.0"并按住鼠标左键，拖到图中"2"号槽的位置释放鼠标。

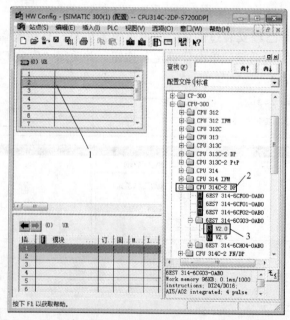

图 8-92　添加 CPU 314C - 2 DP

⑦ 配置 PROFIBUS 属性。添加完 CPU 后，弹出"PROFIBUS 接口属性"对话框，首先选择地址"2"，如图 8-93 中的"1"所示；再单击"新建"按钮，如图 8-93 中的"2"所示。

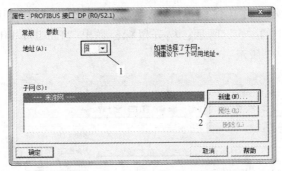

图 8-93　PROFIBUS 接口属性

单击"新建"按钮，弹出"新建子网 PROFIBUS 属性"对话框，如要更改名称，可以在"名称（N）"中更改，本例保持默认；选择"网络设置"，如图 8-94 中的"1"所示；选择传送速率为"1.5 Mbps"，如图 8-94 中的"2"所示；配置文件选择"DP"，如图 8-94 中的"3"所示；其余保持默认，单击"确认"按钮，如图 8-94 中的"4"所示。

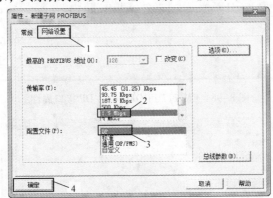

图 8-94　PROFIBUS 网络设置

单击"确认"按钮，返回"PROFIBUS 接口属性"对话框，可以看到生成名称为"PROFIBUS（1）"传送速率为"1.5 Mbps"的 PROFIBUS 网络，单击"确定"按钮，如图 8-95 所示。

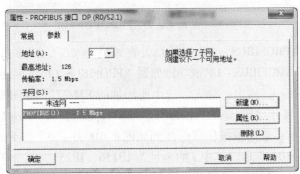

图 8-95　生成 PROFIBUS 网络

⑧ 添加 EM 277 PROFIBUS – DP。首先，选中所生成的"PROFIBUS（1）"网络，如图 8–96 中的"1"所示；展开"配置文件"下的"PROFIBUS DP"，如图 8–96 中的"2"所示；再展开"PLC"，如图 8–96 中的"3"所示；选中"EM 277 PROFIBUS – DP"，如图 8–96 中的"5"所示；并按住鼠标左键，拖到所选择的"PROFIBUS（1）"网络，当鼠标变成如图 8–96 中的"5"所示；松开鼠标，弹出"EM 277 PROFIBUS – DP 接口属性"对话框，如图 8–97 所示。

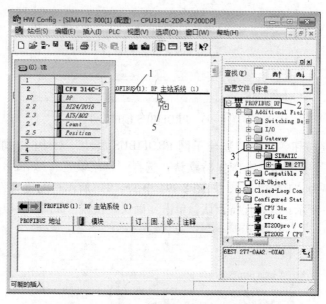

图 8–96　EM 277 PROFIBUS – DP 接口属性

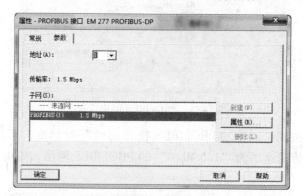

图 8–97　添加 EM 277 PROFIBUS – DP

⑨ 配置 EM 277 PROFIBUS – DP 属性。设置地址为"3"，并单击"确定"按钮，如图 8–98 所示。EM 277 PROFIBUS – DP 成功添加到"PROFIBUS（1）"网络下，如图 8–99 所示。

⑩ 添加 EM 277 输入/输出。首先，选中所添加的 EM 277，如图 8–100 中的"1"所示；再在配置文件中展开"EM 277 PROFIBUS – DP"，找到"1 Word Out/1 Word In"，如图 8–100 中"2"所示；双击或按住鼠标拖到如图 8–100 中"3"所示的位置，释放鼠标。生成的效果，如图 8–101 所示。其中 I 的地址为 IB256、IB257，两个字节组成一个字的长度的输入；Q 的地址为 QB256、QB257，也是一个字的长度的输出。

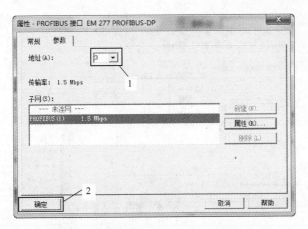

图 8-98 设置 EM 277 PROFIBUS - DP 地址为 3

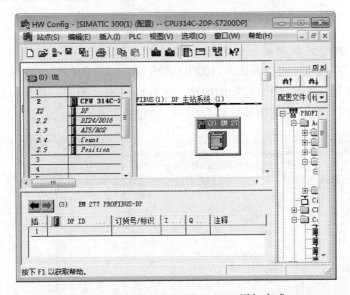

图 8-99 EM 277 PROFIBUS - DP 添加完成

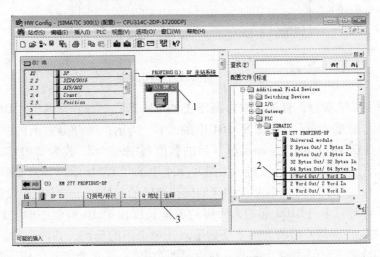

图 8-100 配置 EM 277 参数

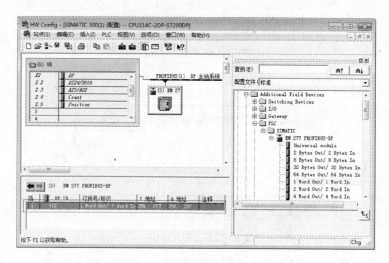

图 8-101   所添加的 1 Word Out/1 Word In

更改地址。如要更改地址，可以双击地址栏，如图 8-102 中的"1"所示；弹出"DP 从站属性"对话框，可以在图 8-102 中"2"和"3"的位置分别输入所要输出与输入的地址；本例全部使用"0"起始的地址，改好后单击"确定"按钮，如图 8-102 中的"4"所示；确定后，输入/输出地址变为 0~1，如图 8-103 所示。

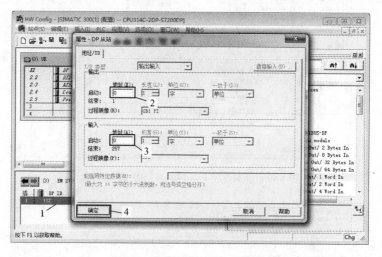

图 8-102   更改输入/输出地址

⑪ 分配 EM 277 参数。首先，双击网络上的 EM 277 "[图]"，弹出"DP 从站属性"对话框；选择"分配参数"，如图 8-104 中的"1"所示；展开参数下的"设备专用参数"并将"I/O Offset in the V - memory"后的数值列中的"0"改为"100"，如图 8-104 中的"2"所示；单击"确定"按钮，如图 8-104 中的"3"所示。"I/O Offset in the V - memory"表示在 S7 - 200 PLC 中 V 存储区的偏移地址的起始值，如本例中设置为"100"，表示所用的 V 存储区从 VB100 起始，所用的数据长度由第 10 步骤中的"1 Word Out/1 Word In"所决定，本例使用的为一个字的输入，一个字的输出，共两个字，故用到的 V 存储区从 VB100 到 VB103 共 4 个字节（也就是两个字），这 4 个字节在 S7 - 200 PLC 程序

中不可以再做其他使用。

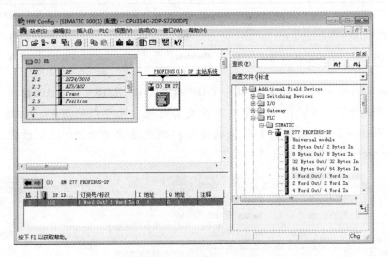

图 8-103　改变后的地址

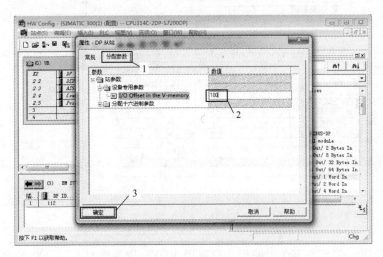

图 8-104　分配 EM 277 参数

⑫ 编译保存。单击编译保存"　"按钮，并关闭"硬件配置"窗口。下面就可以进行编程了。

4）编写 S7 - 300 程序。

① EM 277 与 S7 - 300 PLC 地址对应关系说明。在上面的硬件设置中，EM 277 的输出/输入地址分别设置 0...1；而且其数据格式为"1 Word Out/1 Word In"。EM 277 的输出对应 S7 - 300 的输入，EM 277 的输入对应 S7 - 300 的输出。也就是 EM 277 的 1 WordD Out 对应 S7_300 中的 PIB0 ~ PIB1；EM 277 的 1 WordD In 对应 PQB0 ~ PQB1。EM 277 的变量偏移量设置为 100，所以 S7 - 300 的 PQB0 ~ PQB1 对应 S7 - 200 中的 VB100 ~ VB101；PIB0 ~ PIB1 对应 S7 - 200 中的 VB102 ~ VB103。所以对 PQB0 ~ PIB1 和 PIB0 ~ PQB1 进行操作时实际就是同时对 S7 - 200 中的 VB100 ~ VB101 和 VB102 ~ VB103 进行操作。表 8-24 列出了 S7 - 300 与 S7 - 200 的地址对应关系。

表 8-24   S7-300 与 S7-200 地址对应关系

S7-300	传输方向	S7-200
PQB0 ~ PQB1（PQW0）	→	VB100 ~ VB101（VW100）
PIB0 ~ PIB1（PIW0）	←	VB102 ~ VB103（VW102）

注意： 在本例中使用的 CUP 314C-2 DP 本身自带 DI/DO、AI/AO 输入/输出 I/O 点数，如图 8-105 所示。在硬件组态中没有改变其地址，故可以使用 PQW0 与 PIW0，如果改变了 CUP 314C-2 DP 自带的 I/O 点的地址，则应注意用于 DP 通信所使用的 PQW 与 PIW 的地址不能与硬件地址重复。

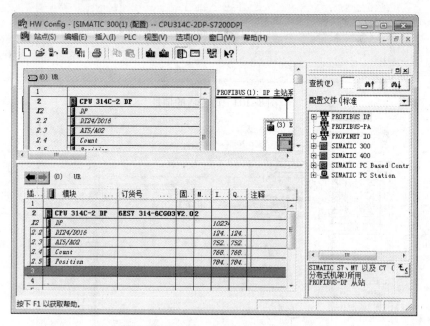

图 8-105   CUP 314C-2 DP 本身自带 I/O 点数

② 指令说明。在 S7-300 中编程，只要用 MOVE 指令将对 S7-200 的命令数据（如 MW0）放在 PQW0 中，将接收的 PIW0 的数据放在相应的存储区（如 MW2）中即可。如图 8-106 所示，用 MOVE 指令将 MW0 的数据放到 PQW0 中，实际上就是将 S7-300 PLC 的 MW0 的数据通过 PQW0 发送给 S7-200 PLC。如图 8-107 所示，用 MOVE 指令将 PIW0 的数据放到 MW2 中，实际上就是将 S7-200 PLC 的数据通过 PIW0 读取到 S7-300 PLC 的 MW2。

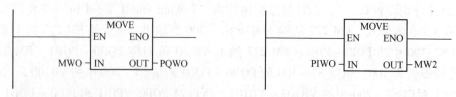

图 8-106   将 S7-300 中的 MW0
发送到 S7-200 中

图 8-107   将 S7-200 中的数据
读取到 S7-300 中的 MW2

③ 编写 S7 - 300 程序。直接打开 OB1 块，在 OB1 中编写 S7 - 300 与 S7 - 200 PLC 通过 EM 277 实现 DP 通信程序。S7 - 300 PLC 的程序如图 8-108 所示。

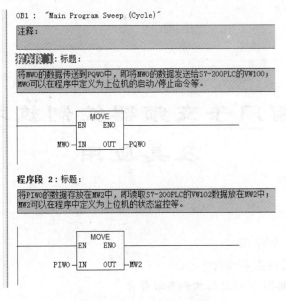

图 8-108　S7 - 300 PLC 程序

5）调试。把 EM 277 的硬件的拨码地址设置为和 S7 - 300 中组态的 EM 277 的 DP 地址一致就可以了，S7 - 200 PLC 必须断电重启，EM 277 的地址方能生效。经过上面的组态，在 S7 - 200 和 S7 - 300 中都不用编写任何有关通信的程序。

将 PROFIBUS 电缆通过 PROFIBUS - DP 总线连接器分别与 S7 - 300 PLC 和 S7 - 200 PLC 连接，并将 PROFIBUS - DP 总线连接器上的拨码开关拨到 ON 状态。图 8-109 所示为 PROFIBUS - DP 总线连接器上的拨码开关向上拨为：ON；向下拨为：OFF。

图 8-109　PROFIBUS - DP 总线连接器上的拨码开关

第9章

西门子变频器控制技术及其应用

本章知识要点:

(1) 变频器的工作原理
(2) 通用变频器的基本结构
(3) 西门子 MM440 变频器结构和参数简介
(4) 西门子 MM440 变频器的外部运行控制
(5) 西门子 MM440 变频器的模拟信号操作控制
(6) 西门子 MM440 变频器的多段速运行控制
(7) 西门子 MM440 变频器的 PID 控制运行控制
(8) 西门子 S7 – 200 PLC 与 MM440 变频器的 USS 通信

9.1 变频器的工作原理

9.1.1 调速原理与调速方法

由三相异步电动机原理,我们知道三相异步电动机的转速 n(单位:r/min),可以通过下面公式求出:

$$n = (1 - s)\frac{60f}{p}$$

式中,n 为转速、f 为电源频率、p 为电动机极对数、s 为转差率,从上式可见,改变供电频率 f、电动机的极对数 p 及转差率 s 均可达到改变转速的目的。而转差率 s 一般比较小,在使用中常将以上公式直接简化为

$$n = \frac{60f}{p}$$

所以要改变三相异步电动机的速度,通常改变电源频率 f 和电动机极对数 p。而电动机的极对数 p 为 2、4、6、8、…极之分,所以改变极对数的调速范围比较窄。对于 1 对极对数电动机转速:3000 r/min;2 对极对数电动机转速:60 r/min × 50/2 = 1500 r/min;依次类推。改变极对数的调速方法,又称为有级调速。

如果可以改变电动机的电源输入频率 f，那我们就可以实现对电动机在额定转速范围内的任一转速控制。改变电源输入频率的调速方法，又称为无级调速。因此，以控制频率为目的的设备——变频器就出现了，变频器是作为电动机调速设备的优选设备。

9.1.2　交直交通用变频器工作原理与基本结构

变频器（Variable Voltage Variable Frequency，VVVF）是利用电力半导体器件的通断作用将工频电源变换为另一频率的电能控制装置。将三相工频（50 Hz，欧美国家为60 Hz）的交流电源或任意电源变换成三相电压可调、频率可调的交流电源，能够实现对电动机电压和频率的平滑变化，使电动机平稳起停。

变频器主要由整流（交流变直流）、滤波、再次整流（直流变交流）、制动单元、驱动单元、检测单元以及微处理单元等组成。通用变频器系统框架简图如图9-1所示。

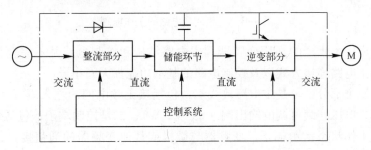

图9-1　通用变频器框架简图

交直交变频调速是变频器先将工频交流电整流成直流电，再在逆变器的控制下，将直流电逆变成不同频率的交流电。交直交电压型变频器因结构简单，功率因素高，目前被广泛使用。

整流器是将交流电变换成直流的电力电子装置，其输入电压为正弦波，输入电流非正弦，带有丰富的谐波。

逆变器是将直流电转换成交流电的电力电子装置，其输出电压为非正弦波，输出电流近似正弦。单相逆变电路的工作原理如图9-2所示。

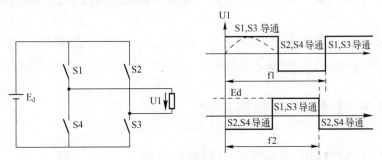

图9-2　单相逆变电路的工作原理

图9-2中，当开关S1、S3接通时，可以在负载上产生一个电压为U1的电压；而S2、S4接通时，则会产生一个方向相反的电压U1。因此，S1、S3与S2、S4开关组合使用时，会产生一个形状近似为正弦波的电压。当S1、S3与S2、S4开关频率改变时，就会产生不

同频率的电压，如图中所示的 f1 与 f2。由上分析得知，逆变器的主要功能为：通过改变开关管导通的顺序而改变输出电压的相序；通过改变开关管导通的时间而改变输出电压的频率。

由单相逆变电路的工作原理，可以得出三相逆变电路的工作原理，如图 9-3 所示。

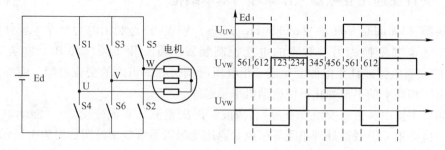

图 9-3　三相逆变电路的工作原理

虽然各生产厂家生产的通用变频器其主电路结构和控制电路并不完全相同，但基本的构造原理和主电路连接方式以及控制电路的基本功能都大同小异。

主要包括三个部分：一是主电路接线端，包括接工频电网的输入端（R、S、T），接电动机的频率、电压连续可调的输出端（U、V、W）；二是控制端子，包括外部信号控制端子、变频器工作状态指示端子、变频器与微机或其他变频器的通信接口；三是操作面板，包括液晶显示屏和键盘。

9.1.3　变频器分类

变频器的分类有许多种，下面为几种常用分类。

按主电路工作方法分：电压型变频器、电流型变频器。

按电压等级分：高压变频器：3 KV、6 KV、10 KV；中压变频器：660 V、1140 V；低压变频器：220 V、380 V。

按电压性质分：交流变频器：AC－DC－AC（交－直－交）、AC－AC（交－交）；直流变频器：DC－AC（直－交）。交直交电压型变频器因结构简单、功率因素高，目前广泛使用。

按工作原理分：U/f 控制变频器（VVVF 控制），SF 控制变频器（转差频率控制），VC 控制变频器（Vectory Control 矢量控制）。

9.2　西门子 MM440 变频器应用

9.2.1　西门子 MM440 变频器结构和参数设置

西门子变频器是由德国西门子公司研发、生产和销售的知名变频器品牌，主要用于控制和调节三相交流异步电动机的速度。西门子变频器有许多系列，MicroMaster MM4 系列为其中之一。MM4 通用型变频器系列包括 MM420 简易型、MM430 风机水泵型以及 MM440 矢量控制型。本章主要讲解 MM440 变频器。如图 9-4 所示为 MM4 系列变频器外形图。

图 9-4　MM4 系列变频器外形图

MM440 变频器按电源供电电压等级可分为单相（AC 220 V）与三相（AC 380 V），电动机与 MM440 变频器的电源接线如图 9-5 所示。在 MM440 变频器前面可以选择选件（电抗器、滤波器等），也可以不选择；变频器的电源进线与电源出线，一定不能接反，否则会损坏变频器。MM440 单相变频器的电源进线端为 L、N，出线端为 U、V、W 接电动机三相绕组；而三相变频器进线端为 L1、L2、L3，出线端同样为为 U、V、W。有的变频器的三相进线端为 R、S、T，使用时应注意。

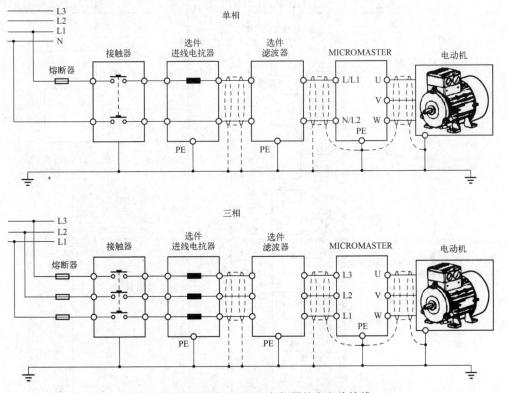

图 9-5　电动机与 MM440 变频器的主电路接线

在使用变频器时，一定要做好接地，否则有可能会发生触电。这是因为变频工作时，输出高频电压，电动机内部线圈形成绝缘空间，电动机外壳产生寄生电容，进而产生泄漏电流。如果不接地或接地不良，人手碰上去会触电。这也是为什么安装了变频器就不允许装漏电保护器的原因。

MM440 变频器的框架图如图 9-6 所示。

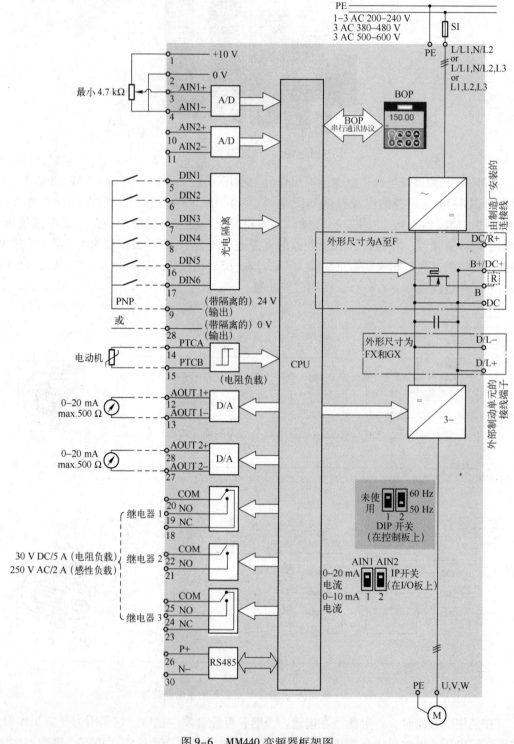

图 9-6　MM440 变频器框架图

MM440 变频器的控制端子如图 9-7 所示，控制端子的定义见表 9-1。

图 9-7　MM440 变频器的控制端子

表 9-1　MM440 变频器控制端子定义

端子序号	端子名称	功　　能	端子序号	端子名称	功　　能
1	–	输出 +10 V	16	DIN5	数字输入 5
2	–	输出 0 V	17	DIN6	数字输入 6
3	ADC1 +	模拟输入 1（+）	18	DOUT1/NC	数字输出 1/常闭触点
4	ADC1 –	模拟输入 1（–）	19	DOUT1/NO	数字输出 1/常开触点
5	DIN1	数字输入 1	20	DOUT1/COM	数字输出 1/转换触点
6	DIN2	数字输入 2	21	DOUT2/NO	数字输出 2/常开触点
7	DIN3	数字输入 3	22	DOUT2/COM	数字输出 2/转换触点
8	DIN4	数字输入 4	23	DOUT3NC	数字输出 3 常闭触点
9	–	隔离输出 +24 V/max. 100 mA	24	DOUT3NO	数字输出 3 常开触点
10	ADC2 +	模拟输入 2（+）	25	DOUT3COM	数字输出 3 转换触点
11	ADC2 –	模拟输入 2（–）	26	DAC2 +	模拟输出 2（+）
12	DAC1 +	模拟输出 1（+）	27	DAC2 –	模拟输出 2（–）
13	DAC1 –	模拟输出 1（–）	28	–	隔离输出 0 V/max. 100 mA
14	PTCA	连接 PTC/KTY84	29	P +	RS485 端口
15	PTCB	连接 PTC/KTY84	30	P –	RS485 端口

　　MM440 变频器是一个智能化的数字变频器，在操作面板上可进行参数设置，参数分为四个级别。

　　① 标准级，可以访问常用的参数。

　　② 扩展级，允许扩展访问参数范围。

　　③ 专家级，只供高级用户使用。

　　④ 维修级，只供授权的维修人员使用，具有密码保护。

　　一般的用户将变频器设置成标准级或扩展级，即满足使用要求。

　　MM440 的操作面板分为 BOP 基本操作面板和 AOP 高级操作面板，在使用中可以任意选用，也可不用，如图 9-8 所示。AOP 的特点是采用明文显示，可以简化操作控制、诊断和调试（启动）。

BOP

AOP

图 9-8　MM440 操作面板

操作面板（BOP/AOP）上的按键及其功能见表 9-2。

表 9-2　MM440 操作面板（BOP/AOP）上的按键及其功能

显示/按钮	功　　能	功能的说明
P(f) r 0000 Hz	状态显示	LED 显示变频器当前的设定值
Ⓘ	启动变频器	按此键启动变频器。默认值运行时，此键是被封锁的。为了使此键有效，应设定 P0700 = 1
⓪	停止变频器	OFF1：按此键，变频器将按选定的斜坡下降速率减速停车．默认值运行时，此键被封锁；为了允许此键操作，应设定 P0700 = 1 OFF2：按此键两次（或一次，但时间较长）电动机将在惯性作用下自由停车，此功能总是"使能"的
↻	改变电动机的旋转方向	按此键可以改变电动机的旋转方向。电动机的反向用负号（-）表示或用闪烁的小数点表示。在默认设定时，此键被封锁。为使此键有效，应先按"启动变频器"键
jog	电动机点动	在"准备合闸"状态下按压此键，则电动机启动并运行在预先设定的点动频率。当释放此键，电动机停车。当电动机正在旋转时，此键无功能
Fn	功能键	此键用于浏览辅助信息。变频器运行过程中，在显示任何一个参数时按下此键并保持不动 2 s，将显示以下参数值（在变频器运行中，从任何一个参数开始）： 1. 直流回路电压（用 d 表示，单位：V） 2. 输出电流（A） 3. 输出频率（Hz） 4. 输出电压（用 o 表示，单位：V） 5. 由 P0005 选定的数值（如果 P0005 选择显示上述参数中的任何一个（3、4 或 5），这里将不再显示） 连续多次按下此键，将轮流显示以上参数 跳转功能 在显示任何一个参数（rXXXX 或 PXXXX）时，短时间按下此键，将立即跳转到 r0000，如果需要的话，可以接着修改其他的参数。跳转到 r0000 后，按此键将返回原来的显示点
Ⓟ	访问参数	按此键即可访问参数
▲	增加数值	按此键即可增加面板上显示的参数数值

(续)

显示/按钮	功 能	功能的说明
▼	减少数值	按此键即可减少面板上显示的参数数值
Fn + P	AOP 菜单	调出 AOP 菜单提示（仅用于 AOP）

对于变频器的应用，必须首先熟练对变频器的面板操作，并根据实际应用，对变频器的各种功能参数进行设置。MM440 在默认设置时，用 BOP 控制电动机的功能是被禁止的。如果要用 BOP 进行控制，参数 P0700 应设置为 1，参数 P1000 也应设置为 1。用基本操作面板（BOP）可以修改任何一个参数。修改参数的数值时，BOP 有时会显示"busy"，表明变频器正忙于处理优先级更高的任务。

下面就以设置 P1000 = 1 的过程为例，来介绍通过基本操作面板（BOP）修改设置参数的流程，见表 9-3。

表 9-3　基本操作面板（BOP）修改设置参数流程

	操 作 步 骤	BOP 显示结果
1	按 P 键，访问参数	r0000
2	按 ▲ 键，直到显示 P1000	P1000
3	按 P 键，直到显示 in000，即 P1000 的第 0 组值	in000
4	按 P 键，显示当前值 2	2
5	按 ▼ 键，达到所要求的值 1	1
6	按 P 键，存储当前设置	P1000
7	按 Fn 键，显示 r0000	r0000
8	按 P 键，显示频率	50.00

以下举例介绍 MM440 变频器 BOP 调速的过程。

例 9-1　一台 MM440 变频器配一台西门子三相异步电动机，已知电动机的技术参数，功率为 1.5 kW，额定转速为 1420 r/min，额定电压为 380 V，额定电流为 3.4 A，额定频率为 50 Hz，试用 BOP 设定电动机的运行频率为 10 Hz。

（1）变频器的参数在出厂时已有出厂设置，不一定与所需要的参数一样，这就需要对其进行更改设置，尤其是电动机的额定参数。电动机的额定参数来自于电动机的铭牌，

如图9-9所示为一电动机的铭牌，从铭牌上可以得到电动机的基本额定参数。根据图9-9
得到的电动机的额定参数，如表9-4所示。

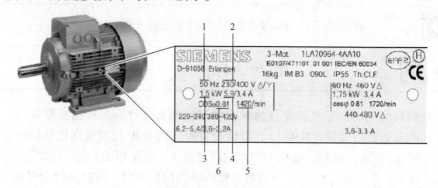

图9-9　电动机铭牌

表9-4　电动机的额定参数

图中位号	电动机额定参数	相关数据	对应 MM400 变频器参数
1	额定频率	50 Hz	P0310
2	额定电压	230/400 V（单相/三相电压）	P0304
3	额定功率	1.5 kW	P0307
4	额定电流	5.9/3.4 A（单相/三相电流）	P0305
5	额定转速	1420 r/min	P0311
6	功率因数	cosϕ0.81	P0308

（2）完整的设置过程

按照表9-5中的步骤进行设置。

表9-5　设置过程

步骤	参数及设定值	说　明	步骤	参数及设定值	说　明
1	P0003 = 2	扩展级	11	P1080 = 0	最小频率
2	P0010 = 1	为 1 才能修改电动机参数	12	P1082 = 50	最大频率
3	P0304 = 400	额定电压	13	P1120 = 10	从静止到达最大频率所需时间
4	P0305 = 3.4	额定电流			
5	P0307 = 1.5	额定功率			
6	P0308 = 0.81	功率因数	14	P1121 = 10	从最大频率到停止所需时间
7	P0310 = 50	最大频率（额定频率）			
8	P0311 = 1420	额定转速			
9	P0700 = 1	命令源（启停）为 BOP	15	P0010 = 0	运行时必须为 0
10	P1000 = 1	频率源为 BOP			

（3）启停控制。

按下基本操作面板上的⬤按键，三相异步电动机启动，稳定运行的频率为 10 Hz；当
按⬤按键时，电动机停机。

初学者在设置参数时，有时不注意进行了错误的设置，但又不知道在什么参数的设置上出错，这种情况下可以对变频器进行复位，一般的变频器都有这个功能，复位后变频器的所有参数恢复为出厂的设定值，但对于工程中正在使用的变频器要谨慎使用此功能。西门子 MM440 的复位方法是：先将 P0010 设置为 30，再将 P0970 设置为 1，变频器上的显示器中闪烁的"busy"消失后，变频器成功复位。

9.2.2　西门子 MM440 变频器的外部运行控制

变频器在实际使用中，往往通过 PLC 或上位机来控制变频器，从而实现电动机的启动/停止、正转/反转、给定频率运行、运行频率及其他参数反馈（如电压、电流、转速）等。而这些控制都是通过变频器的控制端子即变频器的外部运行操作实现的。

MM440 变频器的 6 个数字输入端口（DIN1 ~ DIN6），即端口"5"、"6"、"7"、"8"、"16"和"17"，每一个数字输入端口功能很多，用户可根据需要进行设置。参数号 P0701 ~ P0706 分别对应选择数字输入 1 至数字输入 6 的功能，每一个数字输入功能所能设置的参数值范围均为 0 ~ 99，各数值的具体含义见表 9-6。

表 9-6　MM440 数字输入端口功能设置表

参数值	意义	参数值	意义
0	数字量输入禁止	13	MOP 上升（增大频率）
1	ON/OFF1（接通正转、停车命令 1）	14	MOP 下降（降低频率）
2	ON/OFF1（接通反转、停车命令 1）	15	固定给定值（直接选择）
3	OFF2（停车命令 2），自由停车	16	固定给定值（直接选择 + ON）
4	OFF3（停车命令 3），快速斜坡下降	17	固定给定值（二进制码选择 + ON）
9	故障确认	25	DC 制动使能
10	点动，右（正转点动）	29	外部脱扣
11	点动，左（反转点动）	33	禁止附加频率给定值
12	反转	99	使能 BICO 参数设置
13	MOP 上升（增大频率）		

另外，要实现对 MM440 变频器的外部运行控制，参数号 P0700 与 P1000 也至关重要。P0700 为选择命令源，P1000 为选择设定值源。表 9-7 所示为 P0700 的参数含义，表 9-8 所示为 P1000 的常用参数含义，具体使用时请参考变频器使用手册。参数 P0700 和 P1000 的出厂默认设定为 P0700 = 2（端子排），P1000 = 2（模拟给定值）。

表 9-7　P0700 的参数含义

参数值	意义/命令源	参数值	意义/命令源
0	工厂默认	4	BOP 链路上的 USS
1	BOP	5	COM 链路上的 USS
2	端子排	6	COM 链路上的 CB

表 9-8　P1000 的常用参数含义

参 数 值	意　义	
	主给定源	附加给定源
0	无主给定值	—
1	MOP 给定值（电动电位计）	—
2	模拟给定值	—
3	固定频率	—
4	BOP 链路上的 USS	—
5	COM 链路上的 USS	—
6	COM 链路上的 CB	—
7	模拟给定值 2	—

例如：用数字量输入 DIN1 实现一个 ON/OFF1 命令，则只需要设置参数：

P0700 = 2，通过端子排（数字量输入）使能控制。

P0701 = 1，通过数字量输入 1（DIN1）的 ON/OFF1。

下面以一个实例来介绍变频器的外部运行控制。

例 9-2　现有一台 MM440 变频器，要求通过 CPU 226 CN 来控制变频器的正转启停、反转启停、正转点动以及反转点动，编写控制程序（变频以一固定频率运行）。

（1）主要硬件配置

① 编程软件 V4.0 STEP 7 – Micro/WIN SP9。

② CPU 226 CN 一台 + 一台 MM440 变频器。

③ PC/PPI 电缆 + 计算机。

④ 相关工具。

（2）步骤

1）硬件连接，其接线如图 9-10 所示。说明：在实际工业控制中，对电动机、阀门等执行机构的开关、启停等操作，多数通过 PLC 控制中间继电器，并通过中间继电器的辅助触点来控制执行设备的运行，主要目的是为了实现电气隔离，且便于实现集中控制。

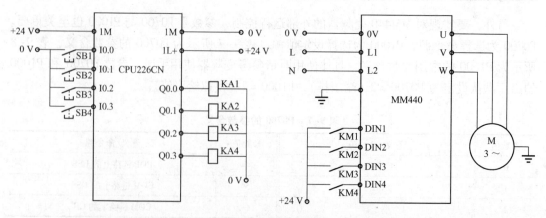

图 9-10　硬件接线图

2）I/O 分配，具体分配见表 9-9。

表 9-9 I/O 分配

符　号	地　址	说　明	符　号	地　址	说　明
SB1	I0. 0	正转启动按钮	KA1	Q0. 0	正转启/停输出
SB2	I0. 1	正转停止按钮	KA2	Q0. 1	反转启/停输出
SB3	I0. 2	反转启动按钮	KA3	Q0. 2	正转点动输出
SB4	I0. 3	反转停止按钮	KA4	Q0. 3	反转点动输出
SB5	I0. 4	正转点动按钮			
SB6	I0. 5	反转点动按钮			

3）变频器参数设置，在变频器通电的情况下，完成相关参数设置，具体设置见表 9-10。

表 9-10 变频器参数设置

序号	参数号	出厂值	设置值	说　明
1	P003	1	1	设用户访问级为标准级
2	P0004	0	7	命令和数字 I/O
3	P0700	2	2	命令源选择"由端子排输入"
4	P0003	1	2	设用户访问级为扩展级
5	P0004	0	7	命令和数字 I/O
6	*P0701	1	1	ON 接通正转，OFF 停止
7	*P0702	1	2	ON 接通反转，OFF 停止
8	*P0703	9	10	正向点动
9	*P0704	15	11	反转点动
10	P0003	1	1	设用户访问级为标准级
11	*P1080	0	0	电动机运行的最低频率（Hz）
12	*P1082	50	50	电动机运行的最高频率（Hz）
13	*P1120	10	5	斜坡上升时间（s）
14	*P1121	10	5	斜坡下降时间（s）
15	P0003	1	2	设用户访问级为扩展级
16	P0004	0	10	设定值通道和斜坡函数发生器
17	*P1040	5	20	设定键盘控制的频率值
18	*P1058	5	10	正向点动频率（Hz）
19	*P1059	5	10	反向点动频率（Hz）
20	*P1060	10	5	点动斜坡上升时间（s）
21	*P1061	10	5	点动斜坡下降时间（s）

4）编写程序，如图 9-11 所示。

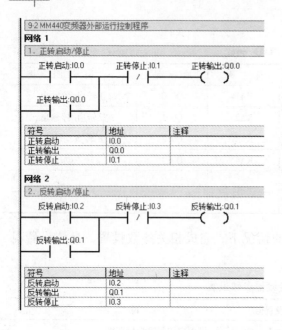

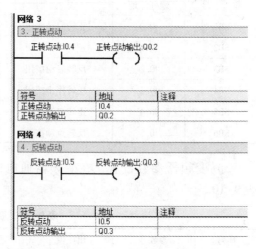

图 9-11　MM440 外部运行控制程序

9.2.3　西门子 MM440 变频器的模拟量调速控制

数字量多段调速可以设定的速度段是有限的，而且不能做到无级调速，而外部模拟量输入可以做到无级调速，且模拟量可以是电压信号或者电流信号，使用比较灵活，因此应用较广。但 S7 - 200 PLC（CPU224XP 除外）输出模拟量时需要配置模拟量输出模块（如 EM232），这增加了配置硬件的成本。

下面以一个实例来介绍变频器的模拟量调速控制。

例 9-3　现有一条流水输送线，传动电动机由 MM440 变频器拖动，变频器又由 CPU 226 CN + 扩展模拟量输出模块 EM 232 来控制，变频器的运行频率由触摸屏设定。工作过程：当此条流水输送线上的接近开关检测到有物体时，变频器根据设定频率运行；当在 120 s 内无物体经过时，变频器停止运行。根据要求，编写控制程序。

（1）主要硬件配置

① 编程软件 V4.0 STEP 7 - Micro/WIN SP9。

② CPU 226 CN 一台 + EM 232 一块 + MM440 变频器一台 + 触摸屏一块。

③ PC/PPI 电缆 + 计算机。

④ 相关工具。

（2）步骤

1）硬件连接，其接线如图 9-12 所示。说明：通过外部按钮 SB1、SB2 来控制变频器 MM440 的上电与断电；Q0.1 为变频器 MM440 外部启/停的控制点。

2）I/O 分配，具体分配见表 9-11。

3）变频器参数设置，查询 MM440 变频器的说明书，在变频器通电的情况下，依次在变频器中设定参数，完成相关参数设置，见表 9-12。具体电动机的参数，读者可根据自己所使用的电动机，查看电动机铭牌设置。

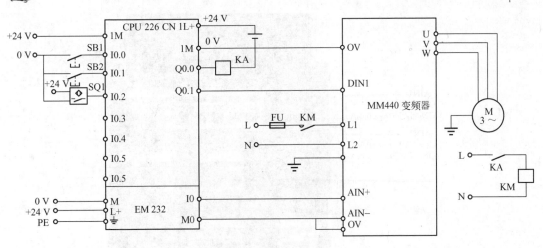

图9-12　硬件接线图

表9-11　I/O分配

符号	地址	说　明	符号	地址	说　明
SB1	I0.0	变频器上电	KA	Q0.0	上/断电继电器输出
SB2	I0.1	变频器断电		Q0.1	变频器外部启/停输出
SQ1	I0.2	物体检测开关		AQW0	模拟量输出通道0

表9-12　变频器参数表

序　号	变频器参数	出　厂　值	设　定　值	功能说明
1	P0304	230	380	电动机的额定电压（380 V）
2	P0305	3.25	0.35	电动机的额定电流（0.35 A）
3	P0307	0.75	0.06	电动机的额定功率（60 W）
4	P0310	50.00	50.00	电动机的额定频率（50 Hz）
5	P0311	0	1430	电动机的额定转速（1430 r/min）
6	P0700	2	2	选择命令源（由端子排输入）
7	P0756	0	3	选择ADC的类型（电流信号）
8	P1000	2	2	频率源（模拟量）
9	P701	1	1	数字量输入1

　　表9-12中，P0756设定成3表示模拟量输入信号为单极性电流输入，通过电流信号对变频器进行调速，这是容易忽略的。MM440变频器默认的模拟量输入信号为电压信号，也就是P0756这个参数的默认值为0。此外，为了从电压模拟输入切换到电流模拟输入，仅仅修改参数P0756是不够的。还要将I/O控制板上的DIP开关设定为"ON"，如图9-13所示。本例的调速模拟量为电压信号，故不需要进行以上设置。

　　通过第6章模拟量的学习，我们知道S7-200 PLC模拟量输出0~20 mA的电流信号，实际对应输出的是0~32000的数据。所以，如果变频器运行的频率为10 Hz，则变频器实际接收的模拟量电流的大小应为4 mA，对应PLC的模拟量输出的数据就为6400。用一个

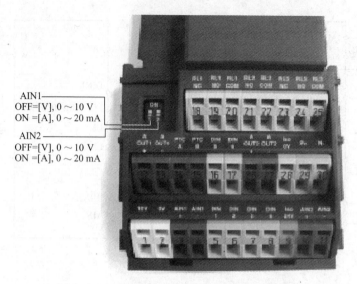

AIN1
OFF=[V], 0～10 V
ON =[A], 0～20 mA

AIN2
OFF=[V], 0～10 V
ON =[A], 0～20 mA

图 9-13　I/O 控制板上的 DIP 开关设定为 "ON"

表格说明则更加清楚，见表 9-13。默认变频器的频率为 10 Hz，可利用触摸屏设置不同的数值改变 VW0 的数值，从而达到调速的目的。

表 9-13　EM 232 模拟量模块和变频器对应关系

模拟量模块的数字量	模拟量模块输出的模拟量	变频器的频率
0	0 mA	0 Hz
6400	4 mA	10 Hz
32000	20 mA	50 Hz

4）编写程序，梯形图如图 9-14 所示。

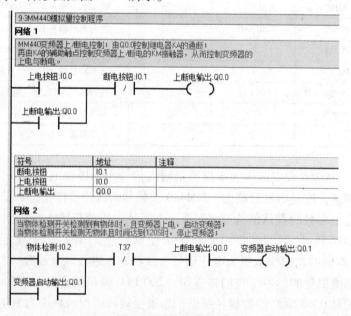

图 9-14　梯形图程序

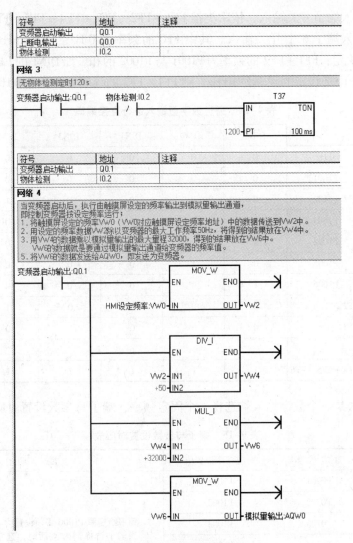

符号	地址	注释
变频器启动输出	Q0.1	
上断电输出	Q0.0	
物体检测	I0.2	

网络 3

无物体检测定时120 s

变频器启动输出:Q0.1　物体检测:I0.2

T37 IN TON 1200 PT 100 ms

符号	地址	注释
变频器启动输出	Q0.1	
物体检测	I0.2	

网络 4

当变频器启动后,执行由触摸屏设定的频率输出到模拟量输出通道,
即控制变频器按设定频率运行。
1. 将触摸屏设定的频率VW0(VW0对应触摸屏设定频率地址)中的数据传送到VW2中。
2. 用设定的频率数据VW2除以变频器的最大工作频率50Hz,将得到的结果放在VW4中。
3. 用VW4的数据乘以模拟量输出的最大量程32000,得到的结果放在VW6中。
    VW6的数据就是要通过模拟量输出通道给变频器的频率值。
4. 将VW6的数据发送给AQW0,即发送为变频器。

变频器启动输出:Q0.1

MOV_W EN ENO HMI设定频率:VW0 IN OUT VW2

DIV_I EN ENO VW2 IN1 OUT VW4 +50 IN2

MUL_I EN ENO VW4 IN1 OUT VW6 +32000 IN2

MOV_W EN ENO VW6 IN OUT 模拟量输出:AQW0

图 9-14　梯形图程序（续）

9.2.4　西门子 MM440 变频器的多段调速控制

数字量多段调速可以设定的速度段是有限的，而且不能做到无级调速，对调速范围要求不高的场合可以使用多段调速来实现。

1. MM440 变频器的多段速控制功能及参数设置

多段速功能，也称作固定频率，就是设置参数 P1000 = 3 的条件下，用开关量端子选择固定频率的组合，实现电动机多段速度运行。可通过如下三种方法实现：

（1）直接选择

在这种特定方法中，控制信号直接选用固定频率。此控制信号通过开关量连接器输入。如果几个固定频率同时激活，则所选用的频率被叠加。表 9-14 所示为通过数字量输入进行直接编码。

表 9-14 中的 FF0 表示 DIN1 ~ DIN6 数字量输入端子没有一个开关输入；FF1 表示

DIN1 数字量输入端子开关输入；依次类推 FF1 + FF2 + FF3 + FF4 + FF5 + FF6 表示 DIN1 ~ DIN6 数字量输入端子 6 个开关输入。其中 FF0 的频率为 0 Hz；FF1 ~ FF6 的频率由参数 P1001 ~ P1006 决定；FF1 + FF2 的频率为 P1001 与 P1002 的和。如 DIN1 的 P1001 设定频率为 5 Hz，DIN2 的 P1002 设定的频率为 10 Hz，则 FF1 + FF2 的频率为 5 Hz + 10 Hz = 15 Hz。

表 9-14　通过数字量输入进行直接编码

		DIN6	DIN5	DIN4	DIN3	DIN2	DIN1
FF0	0 Hz	0	0	0	0	0	0
FF1	P1001	0	0	0	0	0	1
FF2	P1002	0	0	0	0	1	0
FF3	P1003	0	0	0	1	0	0
FF4	P1004	0	0	1	0	0	0
FF5	P1005	0	1	0	0	0	0
FF6	P1006	1	0	0	0	0	0
FF1 + FF2		0	0	0	0	1	1
FF1 + FF3		0	0	0	1	0	1
⋮				⋮			
FF1 + FF2 + FF3 + FF4 + FF5 + FF6		1	1	1	1	1	1

　　直接选择法是一个数字输入端选择一个固定频率，端子与参数设置对应见表 9-15。

表 9-15　端子与参数设置对应表

端子编号	对应参数	对应频率设置值	说　明
5	P0701	P1001	
6	P0702	P1002	
7	P0703	P1003	1. 频率给定源 P1000 必须设置为 3
8	P0704	P1004	2. 当多个选择同时激活时，选定的频率是它们的总和
16	P0705	P1005	
17	P0706	P1006	

　　（2）直接选择 + ON 命令（P0701 ~ P0706 = 16）

　　在这种操作方式下，数字量输入既选择固定频率（表 9-15），又具备启动功能。

　　选用"直接选择 + ON 命令"的方式时，固定频率直接被选用，同 ON 命令的组合也被选中。即选择固定频率，又具备启动功能。当利用本方法时，不需要单独的 ON 命令。数字量输入所选择固定频率与表 9-15 相同。

　　（3）二进制编码选择 + ON 命令（P0701 ~ P0704 = 17）

　　选用本方法利用 4 个控制信号，可选用多达 16 个固定频率。每一频段的频率分别由 P1001 ~ P1015 参数设置。用二进制码可直接选择固定频率，也同时选择了同 ON 命令的组合，表 9-16 所示为通过数字量输入进行二进制编码。

　　二进制编码选择 + ON 命令方法中，电动机的转速方向是由 P1001 ~ P1015 参数所设置频率的正负决定的。

表 9-16　通过数字量输入进行二进制码

		DIN4	DIN3	DIN2	DIN1
0 Hz	FF0	0	0	0	0
P1001	FF1	0	0	0	1
P1002	FF2	0	0	1	0
P1003	FF3	0	1	0	0
…	…	…	…	…	…
…	…	…	…	…	…
P1014	FF14	1	1	1	0
P1015	FF15	1	1	1	1

2. MM440 变频器的多段速控制实例

例 9-4　对 MM440 变频器实现 3 段固定频率控制，运行频率分别为 15 Hz、25 Hz、45 Hz。

（1）主要硬件配置

① MM440 变频器一台 + 三相异步电动机一台。

② 相关元器件及工具。

（2）步骤

1）硬件连接，其接线如图 9-15 所示。

2）参数设置。检查线路正确后，合上变频器电源空气开关 QS。

恢复变频器工厂默认值，设定 P0010 = 30，P0970 = 1。按下〈P〉键，变频器开始复位到工厂默认值。

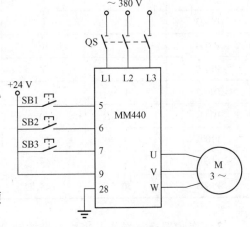

图 9-15　硬件接线图

设置电动机参数，见表 9-17。电动机参数设置完成后，设 P0010 = 0，变频器当前处于准备状态，可正常运行。

表 9-17　电动机参数设置

参数号	出厂值	设置值	说明
P0003	1	1	设用户访问级为标准级
P0010	0	1	快速调试
P0100	0	0	工作地区：功率以 KW 表示，频率为 50 Hz
P0304	230	380	电动机额定电压（V）
P0305	3.25	2.5	电动机额定电流（A）
P0307	0.75	1.1	电动机额定功率（KW）
P0308	0	0.8	电动机额定功率（COSφ）
P0310	50	50	电动机额定频率（Hz）
P03111	0	1430	电动机额定转速（r/min）

设置变频器 3 段固定频率控制参数，见表 9-18。

表 9-18　变频器 3 段固定频率控制参数设置

参 数 号	出 厂 值	设 置 值	说　　　明
P0003	1	1	设用户访问级为标准级
P0004	0	7	命令和数字 L/O
P0700	2	2	命令源选择由端子排输入
P0003	1	2	设用户访问级为拓展级
P0004	0	7	命令和数字 L/O
P0701	1	17	选择固定频率
P0702	1	17	选择固定频率
P0703	1	1	ON 接通正转，OFF 停止
P0003	1	1	设用户访问级为标准级
P0004	2	10	设定值通道和斜坡函数发生器
P1000	2	3	选择固定频率设定值
P0003	1	2	设用户访问级为拓展级
P0004	0	10	设定值通道和斜坡函数发生器
P1001	0	15	选择固定频率 1（Hz）
P1002	5	25	选择固定频率 2（Hz）
P1003	10	45	选择固定频率 3（Hz）

3）变频器运行操作。当按下带按锁 SB1 时，数字输入端口"7"为"ON"，允许电动机运行。

第 1 频段控制。当 SB1 按钮开关接通、SB2 按钮开关断开时，变频器数字输入端口"5"为"ON"，端口"6"为"OFF"，变频器工作在由 P1001 参数所设定的频率为 15 Hz 的第 1 频段上。

第 2 频段控制。当 SB1 按钮开关断开，SB2 按钮开关接通时，变频器数字输入端口"5"为"OFF"，"6"为"ON"，变频器工作在由 P1002 参数所设定的频率为 25 Hz 的第 2 频段上。

第 3 频段控制。当按钮 SB1、SB2 都接通时，变频器数字输入端口"5"、"6"均为"ON"，变频器工作在由 P1003 参数所设定的频率为 45 Hz 的第 3 频段上。

电动机停车。当 SB1、SB2 按钮开关都断开时，变频器数字输入端口"5"、"6"均为"OFF"，电动机停止运行。或在电动机正常运行的任何频段，将 SB3 断开使数字输入端口"7"为"OFF"，电动机也能停止运行。

频段的频率值可根据用户要求 P1001、P1002 和 P1003 参数来修改。当电动机需要反向运行时，只要将相对应频段的频率值设定为负就可以实现。

9.2.5　西门子 MM440 变频器的 PID 控制

在生产中往往需要有稳定的压力、温度、流量、液位或转速，以此作为保证产品质量、提高生产效率、满足工艺要求的前提，这就要用到变频器的 PID 控制功能。

所谓 PID 控制，就是在一个闭环控制系统中，使被控物理量能够迅速而准确地无限接近于控制目标的一种手段。PID 控制功能是变频器应用技术的重要领域之一，也是变频器发挥其卓越效能的重要技术手段。

1. PID 控制的实现

（1）PID 的反馈逻辑

各种变频器的反馈逻辑称谓各不相同，系统设计时应以所选用变频器的说明书介绍为准。所谓反馈逻辑，是指被控物理量经传感器检测到的反馈信号对变频器输出频率的控制极性。例如中央空调系统中，用回水温度控制调节变频器的输出频率和水泵电动机的转速。冬天制热时，如果回水温度偏低，反馈信号减小，说明房间温度低，要求提高变频器输出频率和电动机转速，加大热水的流量；而夏天制冷时，如果回水温度偏低，反馈信号减小，说明房间温度过低，可以降低变频器的输出频率和电动机转速．减少冷水的流量。由上可见，同样是温度偏低，反馈信号减小，但要求变频器的频率变化方向却是相反的。

（2）打开 PID 功能

要实现闭环的 PID 控制功能，首先应将 PID 功能预置为有效。具体方法有两种：一是通过变频器的功能参数码预置；二是由变频器的外接多功能端子的状态决定。大部分变频器兼有上述两种预置方式，但少数品牌的变频器只有其中的一种方式。

在一些控制要求不十分严格的系统中，有时仅使用 PI 控制功能、不启动 D 功能就能满足需要，这样的系统调试过程比较简单。

（3）目标信号与反馈信号

欲使变频系统中的某一个物理量稳定在预期的目标值上，变频器的 PID 功能电路将反馈信号与目标信号不断地进行比较，并根据比较结果来实时地调整输出频率和电动机的转速。所以，变频器的 PID 控制至少需要两种控制信号：目标信号和反馈信号。这里所说的目标信号是某物理量预期稳定值所对应的电信号，亦称目标值或给定值；而该物理量通过传感器测量到的实际值对应的电信号称为反馈信号，亦称反馈量或当前值。

（4）目标值给定

如何将目标值（目标信号）的命令信息传送给变频器，各种变频器选择了不同的方法，而归结起来大体上有如下两种方案：一是自动转换法，即变频器预置 PID 功能有效时，其开环运行时的频率给定功能自动转为目标值给定；二是通道选择法。

以上介绍了目标信号的输入通道，接着要确定目标值的大小。由于目标信号和反馈信号通常不是同一种物理量。难以进行直接比较，所以大多数变频器的目标信号都用传感器量程的百分数来表示。例如，某储气罐的空气压力要求稳定在 1.2 MPa，压力传感器的量程为 2 MPa，则与 1.2 MPa 对应的百分数为 60%，目标值就是 60%。而有的变频器的参数列表中，有与传感器量程上下限值对应的参数。目标值即是预期稳定值的绝对值。

（5）反馈信号的连接

各种变频器都有若干个频率给定输入端，在这些输入端子中，如果已经确定一个为目标信号的输入通道，则其他输入端子均可作为反馈信号的输入端。可通过相应的功能参数码选择其中的一个使用。

（6）P、I、D 参数的预置与调整

1）比例增益 P。变频器的 PID 功能是利用目标信号和反馈信号的差值来调节输出频率的。一方面，希望目标信号和反馈信号无限接近，即差值很小，从而满足调节的精度；另一方面，又希望调节信号具有一定的幅度，以保证调节的灵敏度。解决这一矛盾的方法就是事先将差值信号进行放大。比例增益 P 就是用来设置差值信号的放大系数的。任何一种变频器的参数 P 都给出一个可设置的数值范围，一般在初次调试时，P 可按中间偏大值预置或者暂时默认出厂值，待设备运转时再按实际情况细调。

2）积分时间。如上所述，比例增益 P 越大，调节灵敏度越高，但由于传动系统和控制电路都有惯性，调节结果达到最佳值时不能立即停止，导致"超调"，然后反过来调整，再次超调，形成振荡。为此引入积分环节 I，其效果是：使经过比例增益 P 放大后的差值信号在积分时间内逐渐增大（或减小），从而减缓其变化速度，防止振荡。但积分时间 I 太长，又会当反馈信号急剧变化时，被控物理量难以迅速恢复。因此，I 的取值与拖动系统的时间常数有关。拖动系统的时间常数较小时，积分时间应短些；拖动系统的时间常数较大时，积分时间应长些。

3）微分时间 D。微分时间 D 是根据差值信号变化的速率，提前给出一个相应的调节动作，从而缩短了调节时间，克服因积分时间过长而使恢复滞后的缺陷。D 的取值也与拖动系统的时间常数有关，拖动系统的时间常数较小时，微分时间应短些；反之，拖动系统的时间常数较大时，微分时间应长些。

4）P、I、D 参数的调整原则。P、I、D 参数的预置是相辅相成的，运行现场应根据实际情况进行如下细调：被控物理量在目标值附近振荡，首先加大积分时间 I，如仍有振荡，可适当减小比例增益 P；被控物理量在发生变化后难以恢复，首先加大比例增益 P，如果恢复仍较缓慢，可适当减小积分时间 I，还可加大微分时间 D。

2. MM440 变频器 PID 控制的实现

（1）MM440 变频器的 PID

西门子变频器的 PID 控制属于闭环控制，是使控制系统的被控量迅速而准确地无限接近目标值的一种手段。即实时地将传感器反馈回来的信号与被控量的目标值信号进行比较，以判断是否达到预期的目标，如未达到则根据两者偏差继续调整，直至达到预定的控制目标为止。

MM440 变频器内部有 PID 调节器，调节器将反馈信号与给定值进行比较运算，其结果作为变频器频率指令输送给变频器。利用 MM440 变频器很方便构成 PID 闭环控制，MM440 变频器 PID 控制原理简图如图 9-16 所示。

（2）MM440 变频器的 PID 设定值信号源（P2253）

PID 给定源如见表 9-19。

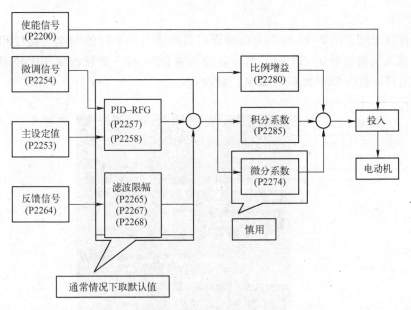

图 9-16　MM440 变频器 PID 控制原理简图

表 9-19　MM440 PID 给定源

PID 给定源	设 定 值	功 能 解 释	说 明
P2253	2224	固定频率值	通过改变 P2201 等改变目标值
	2250	BOP 面板	通过改变 P2240 改变目标值
	755.0	模拟量输入通道 1	通过模拟量大小改变目标值
	755.1	模拟量输入通道 2	

（3）MM440 变频器的反馈通道的设定（P2264）

通过各种传感器、编码器采集的信号或者变频器的模拟量输出信号，均可以作为闭环系统的反馈信号，反馈信号的设定同主通道相同。PID 反馈源见表 9-20。

表 9-20　MM440 PID 反馈源

PID 反馈源	设 定 值	功 能 解 释	说 明
P2264	755.0	模拟量输出通道 1	当模拟量波动较大时，可适当加大滤波时间，确保系统稳定
	755.1	模拟量输出通道 2	

3. MM440 变频器的 PID 控制实例

例 9-5　现有一条供水管道，由 MM440 变频器拖动水泵供水。要求：保持管道压力在 0.9 MPa，管道压力由一压力变送器检测，压力变送器的量程为 0 ~ 1.5 MPa，信号为 4 ~ 20 mA。根据以上说明，设置 MM440 变频器参数，实现控制要求。

（1）主要硬件配置

① MM440 变频器一台 + 一台三相异步电动机。

② 一支压力传感器。

③ 相关元器件及工具。

（2）步骤

1）硬件接线图。图9-17所示为面板设定目标值时的 PID 控制端子接线图，模拟输入端 AIN2 接入反馈信号 0～20 mA，数字量输入端 DIN1 接入带锁按钮 SB1 控制变频器的启/停，给定目标值由 BOP 面板（▲▼）键设定。

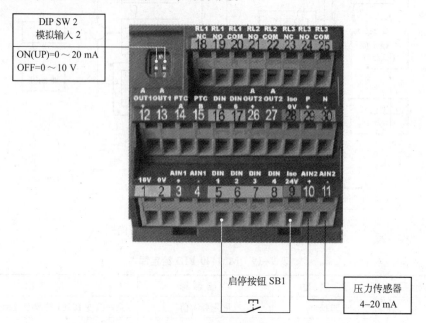

图9-17　硬件接线图

2）参数设置。检查线路正确后，合上变频器电源空气开关 QS。

参数复位。恢复变频器工厂默认值，设定 P0010 = 30 和 P0970 = 1，按下〈P〉键，开始复位，复位过程大约为 3 s，这样就保证了变频器的参数恢复到工厂默认值。

设置电动机参数，见表9-21。电动机参数设置完成后，设 P0010 = 0，变频器当前处于准备状态，可正常运行。

表9-21　电动机参数设置

参 数 号	出 厂 值	设 置 值	说　　明
P0003	1	1	设定用户访问级为标准级
P0010	0	1	快速调试
P0100	0	0	功率以 kW 表示，频率为 50 Hz
P0304	230	380	电动机额定电压（V）
P0305	3.25	5.5	电动机额定电流（A）
P0307	0.75	2.2	电动机额定功率（kW）
P0310	50	50	电动机额定频率（Hz）
P0311	0	1400	电动机额定转速（r/min）

设置控制参数，见表9-22。

表 9-22　控制参数表

参 数 号	出 厂 值	设 置 值	说　明
P0003	1	2	用户访问级为扩展级
P0004	0	0	参数过滤显示全部参数
P0700	2	2	由端子排输入（选择命令源）
＊P0701	1	1	端子 DIN1 功能为 ON 接通正转/OFF 停车
＊P0702	12	0	端子 DIN2 禁用
＊P0703	9	0	端子 DIN3 禁用
＊P0704	0	0	端子 DIN4 禁用
P0725	1	1	端子 DIN 输入为高电平有效
P1000	2	1	频率设定由 BOP（▲▼）设置
＊P1080	0	20	电动机运行的最低频率（下限频率）（HZ）
＊P1082	50	50	电动机运行的最高频率（上限频率）（HZ）
P2200	0	1	PID 控制功能有效

注：表 9-22 中，标"＊"号的参数可根据用户的需要改变，以下同。

设置目标参数，见表 9-23。

表 9-23　目标参数表

参 数 号	出 厂 值	设 置 值	说　明
P0003	1	3	用户访问级为专家级
P0004	0	0	参数过滤显示全部参数
P2253	0	2250	已激活的 PID 设定值（PID 设定值信号源）
＊P2240	10	60	由面板 BOP（▲▼）设定的目标值（%）
＊P2254	0	0	无 PID 微调信号源
＊P2255	100	100	PID 设定值的增益系数
＊P2256	100	100	PID 微调信号增益系数
＊P2257	1	1	PID 设定值斜坡上升时间
＊P2258	1	1	PID 设定值的斜坡下降时间
＊P2261	0	0	PID 设定值无滤波

P2240 参数设置说明：

因为要控制管道压力为 0.9 MPa，0.9 MPa 就为控制的目标值，而 0.9 MPa 对于压力变送器的量程 0~1.5 MPa 来讲，为 0.9/1.5 = 0.6，化为百分比为 60%。

P2240 参数功能为面板 BOP 键盘设定目标值，所以 P2240 参数就设置为 60，因为 P2240 的单位是%，所设置的 60 就是 60%

由于传感器的精度问题，计算值和实际值存在一定误差。最准确的方法是，当压力为 0.9 MPa 时查看参数 r2266 的值，此值就是 P2240 最准确的值。

P2280 和 P2285 的设定值很关键，维持罐内的压力始终是 0.9 MPa 基本上是不可能的，但是能不能稳定在 0.9 MPa 就要看这两个参数的设定了。

当 P2232 = 0 允许反向时，可以用面板 BOP 键盘上的（▲▼）键设定 P2240 值为负值。

设置反馈参数，见表9-24。

表 9-24　反馈参数表

参 数 号	出 厂 值	设 置 值	说　　明
P0003	1	3	用户访问级为专家级
P0004	0	0	参数过滤显示全部参数
P2264	755.0	755.1	PID 反馈信号由 AIN2 +（即模拟输入 2）设定
* P2265	0	0	PID 反馈信号无滤波
* P2267	100	100	PID 反馈信号的上限值（%）
* P2268	0	0	PID 反馈信号的下限值（%）
* P2269	100	100	PID 反馈信号的增益（%）
* P2270	0	0	不用 PID 反馈器的数学模型
* P2271	0	0	PID 传感器的反馈型式为正常

设置 PID 参数，见表9-25。

表 9-25　PID 参数表

参 数 号	出 厂 值	设 置 值	说　　明
P0003	1	3	用户访问级为专家级
P0004	0	0	参数过滤显示全部参数
* P2280	3	25	PID 比例增益系数
* P2285	0	5	PID 积分时间
* P2291	100	100	PID 输出上限（%）
* P2292	0	0	PID 输出下限（%）
* P2293	1	1	PID 限幅的斜坡上升/下降时间（S）

3）变频器运行操作。按下带锁按钮 SB1 时，变频器数字输入端 DIN1 为"ON"，变频器启动电动机。当反馈的电流信号发生改变时，将会引起电动机的速度发生变化。

若反馈的电流信号小于目标值 12 mA（即 P2240 值），变频器将驱动电动机升速；电动机速度上升会引起反馈的电流信号变大。当反馈的电流信号大于目标值 12 mA 时，变频器又将驱动电动机降速，从而又使反馈的电流信号变小；当反馈的电流信号小于目标值 12 mA 时，变频器又将驱动电动机升速。如此反复，能使变频器达到一种动态平衡状态，变频器将驱动电动机以一个动态稳定的速度运行。

如果需要，则目标设定值（P2240 值）可直接通过按操作面板上的（▲▼）键来改变。当设置 P2231 = 1 时，由（▲▼）键改变了的目标设定值将被保存在内存中。

放开带锁按钮 SB1，数字输入端 DIN1 为"OFF"，电动机停止运行。

9.3　西门子 S7－200 PLC 与 MM440 变频器的 USS 通信

9.3.1　USS 通信

1. USS 通信简介

USS（Universal Serial Interface，即通用串行通信接口）是西门子专为驱动装置开发的通信协议，多年来也经历了一个不断发展、完善的过程。最初 USS 用于对驱动装置进行参数化操作，即更多地面向参数设置。在驱动装置、操作面板以及调试软件（如 DriveES/STARTER）的连接中得到广泛的应用。近来 USS 因其协议简单、硬件要求较低，越来越多地用于和控制器（如 PLC）的通信，实现一般水平的通信控制。

USS 提供了一种低成本的、比较简易的通信控制途径。由于其本身的设计，USS 不能用在对通信速率和数据传输量有较高要求的场合。在这些对通信要求高的场合，应当选择实时性更好的通信方式，如 PROFIBUS－DP 等。在进行系统设计时，必须考虑到 USS 的这一局限性。

USS 协议的基本特点如下：

① 支持多点通信（因而可以应用在 RS 485 等网络上）。

② 采用单主站的"主－从"访问机制。

③ 一个网络上最多可以有 32 个节点（最多 31 个从站）。

④ 简单可靠的报文格式，使数据传输灵活高效。

⑤ 容易实现，成本较低。

USS 的工作机制是通信总是由主站发起，USS 主站不断循环轮询各个从站，从站根据收到的指令，决定是否以及如何响应。从站永远不会主动发送数据。从站在以下条件满足时应答：接收到的主站报文没有错误，并且本从站在接收到主站报文中被寻址。

上述条件不满足，或者主站发出的是广播报文时，从站不会做任何响应。

对于主站来说，从站必须在接收到主站报文之后的一定时间内发回响应，否则主站将视为出错。

2. S7－200 USS 编程步骤

S7－200 CPU 上的 RS－485 通信口可以编程为工作在自由口模式下，支持 USS 通信协议。S7－200 CPU 的通信口大多直接与驱动装置的 RS－485 通信接口连接。

S7－200 CPU 与驱动装置进行 USS 通信时，可以通过下面两种方法实现：

1）根据驱动装置的具体 USS 通信规范，用户自己编程实现 USS 通信。此方式可以保证该驱动装置的所有 USS 通信功能都得到使用。

2）使用西门子提供的 USS 通信指令库，实现与 MicroMaster 系列的 MM3/MM4 和 SINAMICS G110 的 USS 通信。此指令库只能有限地支持与其他驱动装置的 USS 连接。

使用西门子提供的 USS 指令库，用户不必自己配置复杂的 PKW/PZD 数据或者计算校验字节。但是能通信的驱动装置有局限性。

3. USS 字符帧格式

USS 的字符传输格式使用串行异步传输方式，USS 在串行数据总线上的字符传输帧为

11 位长度，见表9-26。

表9-26　USS 字符帧格式

起始位	数据位								校验位	停止位
1	0LSB	1	2	3	4	5	6	7MSB	偶 x 1	1

连续的字符帧组成 USS 报文。在一条报文中，字符帧之间的间隔延时要小于两个字符帧的传输时间（当然这个时间取决于传输速率）。

S7-200 CPU 的自由口通信模式恰好能支持上述字符帧格式。把 S7-200 的自由口定义为以上字符传输模式，就能通过编程，实现 USS 协议报文的发送和接收。主站控制器所支持的通信模式必须和所要控制的驱动装置所要求的一致，这是实现 S7-200 和西门子驱动装置通信的基础。

4. USS 报文帧格式与净数据区域

（1）报文帧格式

USS 协议的报文简洁可靠、高效灵活。报文由一连串的字符组成，协议中定义了它们的特定功能，见表9-27，每小格代表一个字符（字节）。

表9-27　报文帧格式

STX	LGE	ADR	净数据区					BCC
			1	2	3	…	n	

其中：

STX——起始字符，总是 02 h；

LGE——报文长度；

ADR——从站地址及报文类型；

BCC——BCC 校验符。

（2）净数据区域

在 ADR 和 BCC 之间的数据字节，称为 USS 的净数据。主站和从站交换的数据都包括在每条报文的净数据区域内。净数据区由 PKW 区和 PZD 区组成，见表9-28，每小格代表一个字（两个字节）。

表9-28　净数据区

PKW 区						PZD 区			
PKE	IND	PWE1	PWE2	…	PWEm	PZD1	PZD2	…	PZDn

1）PKW。此区域用于读写参数值、参数定义或参数描述文本，并可修改报告参数。其中：

PKE——参数 ID，包括代表主站指令和从站响应的信息，以及参数号等；

IND——参数索引，主要用于与 PKE 配合定位参数；

PWEm——参数值数据。

2）PZD。此区域用于在主站和从站之间传递控制和过程数据。控制参数按设定好的固定格式在主、从站之间对应往返。如：

PZD1——主站发给从站的控制字/从站返回主站的状态字；

PZD2——主站发给从站的给定/从站返回主站的实际反馈；

PZDn——……

根据传输的数据类型和驱动装置的不同，PKW 和 PZD 区的数据长度都不是固定的，它们可以灵活改变以适应具体的需要。但是，在用于与控制器通信的自动控制任务时，网络上的所有节点都要按相同的设定工作，并且在整个工作过程中不能随意改变。对于不同的驱动装置和工作模式，PKW 和 PZD 的长度可以按一定规律定义，一旦确定，就不能在运行中随意改变。

（3）PKW 与 PZD 的区别

PKW 可以访问所有对 USS 通信开放的参数，PKW 区主要用来读写 PZD 区无法读写的非连接器量，如：PI 参数、滤波时间以及斜坡上升下降等参数。而 PZD 仅能访问特定的控制和过程数据，PZD 区主要用于：发送控制字、接收控制字、发送给定值和接收实际值以及速度、频率、电流、电压、转矩和功率等参数。PZD 区的参数通常在标准报文中已经定义好，而 PKW 区传输的参数需要在参数报文中依次定义。PKW 在许多驱动装置中是作为后台任务处理，因此 PZD 的实时性要比 PKW 好。

5. S7‑200 的 USS 指令库

S7‑200 的 USS 指令库最初是针对 MicroMaster3 系列产品的，经过一段时间的发展，现在已经能够完全支持 MicroMaster 3 系列和 MicroMaster 4（MM4）系列产品，以及 SINAMICS G110 系列产品；目前此 USS 指令库还能对 MasterDrive 等产品提供有限的支持，这些产品包括 6SE70/6RA70 等。

西门子驱动装置支持多种通信方式（有些可能需要加装通信卡）。S7‑200 CPU 上的通信口在自由口模式下，可以支持 USS 通信协议。这是因为 S7‑200 的自由口模式的（硬件）字符传输格式，可以定义为 USS 通信对象所需要的模式；S7‑200 的自由口通信功能又非常灵活。因而可以实现 S7‑200 和驱动装置之间的 USS 通信控制。S7‑200 CPU 将在 USS 通信中作为主站。

S7‑200 的 USS 编程主要包括如下几个步骤：

1）安装 USS 指令库。

2）调用 USS 初始化指令。

3）调用驱动装置控制指令。

4）调用驱动装置参数读写指令。

图 9‑18　USS 指令库

安装完成后的 USS 指令库在 S7‑200 的编程软件 STEP 7‑Micro/WIN 指令树中的"库"指令分支，如图 9‑18 所示。

USS 指令库分为 Port 0 和 Port 1 两个端口的库文件，Port 1 的库文件其后有下标_P1。如 Port 0 的 USS 初始化指令为"USS_INIT"，而 Port 1 的 USS 初始化指令为"USS_INIT_P1"。在使用时，其设置定义均相同，下面以 Port 0 对 USS 指令进行讲解。

9.3.2　USS 指令

1. USS 初始化指令

西门子的 S7‑200 USS 标准指令库包括 14 个子程序和 3 个中断服务程序。但是只有 8 个指令可供用户使用。一些子程序和所有中断服务程序都在调用相关的指令后自动起作用。

每个 USS 库在使用前，都要先进行 USS 通信的初始化。使用 USS_INIT 指令，可以对 USS 通信进行初始化。打开 USS 指令库分支，像调用子程序一样调用 USS_INIT 指令。其输入/输出参数见表 9-29。

表 9-29　USS_INIT 指令的参数

子　程　序	输入/输出	说　　明	数据类型
	EN	使能，只需在程序中执行一个周期调用，因此可以使用 SM0.1 或者沿触发的接点调用 USS_INIT 指令	BOOL
USS_INIT EN Mode　Done Baud　Error Active	Mode	模式选择，执行 USS_INIT 时，Mode 的状态决定是否 Port0 上使用 USS 通信功能 =1，设置 Port0 为 USS 通信协议并进行相关初始化 =0，恢复 Port0 为 PPI 从站模式	BYTE
	Baud	波特率，可设置为 2400、4800、9600、19200、38400、57600 或 115200 bit/s	DWORD
	Active	此参数决定网络上的哪些 USS 从站在通信中有效	DWORD
	Done	初始化完成标志	BOOL
	Error	初始化错误代码	BYTE

USS_INIT 子程序的 Active 参数用来表示网络上哪些 USS 从站要被主站访问，即在主站的轮询表中激活。网络上作为 USS 从站的驱动装置每个都有不同的 USS 协议地址，主站要访问的驱动装置，其地址必须在主站的轮询表中激活。USS_INIT 指令只用一个 32 位长的双字来映射 USS 从站有效地址表，Active 的无符号整数值就是它在指令输入端的取值。从站地址映射见表 9-30。

表 9-30　从站地址映射

位号	MSB 31	30	29	28	…	03	02	01	LSB 00
对应从站地址	31	30	29	28	…	3	2	1	0
从站激活标志	0	0	0	0	…	1	0	0	0
取 16 进制无符号整数值	0				…	8			
Active =									16#00000008

在这个 32 位的双字中，每一位的位号表示 USS 从站的地址号；要在网络中激活某地址号的驱动装置，则需要把相应位号的位置设为二进制"1"，不需要激活 USS 从站，相应的位设置为"0"。最后对此双字取无符号整数，就可以得出 Active 参数的取值。

在表 9-30 的例子中，我们将使用站地址为 3 的 MM 440 变频器，则须在位号为 03 的位单元格中填入二进制"1"。其他不需要激活的地址 对应的位设置为"0"。取整数，计算出的 Active 值为 00000008H，即 16#00000008，也等于十进制数 8。

建议使用 16 进制数，这样可以每 4 位一组进行加权计算出 16 进制数，并组合成一个整数。当然也可以表示为十进制或二进制数值，但有时会很麻烦，而且不直观。

如果一时难以计算出有多个 USS 从站配置情况下的 Active 值，可以使用 Windows 自带的计算器。将其设置为科学计算器模式，可以方便地转换数制。

2. USS 驱动装置控制功能块（USS_CTRL）

USS_CTRL 指令用于对单个驱动装置进行运行控制。这个功能块利用了 USS 协议中的

PZD 数据传输，控制和反馈信号更新较快。

　　网络上的每一个激活的 USS 驱动装置从站，都要在程序中调用一个独占的 USS_CTRL 指令，而且只能调用一次。需要控制的驱动装置必须在 USS 初始化指令运行时定义为"激活"。

　　打开 USS 指令库分支，像调用子程序一样调用 USS_CTRL 指令。其输入/输出参数见表 9-31。

表 9-31　USS_CTRL 指令的参数

子　程　序	输入/输出	说　　明	数据类型
	EN	使能，SM0.0 使能 USS_CTRL 指令	BOOL
	RUN	驱动装置的启动/停止控制；此停车是按照驱动装置中设置的斜坡减速指电动机停止。=1，运行；=0，停止	BYTE
	OFF2	停车信号 2。此信号为 "1" 时，驱动装置将封锁主回路输出，电动机自由停车	BOOL
	OFF3	停车信号 3。此信号为 "1" 时，驱动装置将快速停车	BOOL
	F_ACK	故障确认，这是针对驱动装置的操作	BOOL
	DIR	电动机运转方向控制。其 "0/1" 状态决定运行方向	BOOL
	Drive	驱动装置在 USS 网络上的站号。从站必须先在初始化时激活才能进行控制	WORD
	Type	向 USS_CTRL 功能块指示驱动装置类型 =0，MM3 系列，或更早的产品 =1，MM4 系列，SINAMICS G 110	WORD
ETHO_XFR EN START Chan_ID　　Done Data　　　Error Abort	Speed_SP	（速度设定值）是驱动的速度，是满速度的百分比。Speed_SP 的负值使驱动反向旋转。范围：−200.0% ~ 200.0%	REAL
	Resp_R	从站应答确认信号。主站从 USS 从站收到有效的数据后，此位将为 "1" 一个程序扫描周期，表明以下的所有数据都是最新的	BOOL
	Error	错误代码。0 = 无出错。其他错误代码请参考使用说明书	BYTE
	Status	驱动装置的状态字。此状态字直接来自驱动装置的状态字，表示了当时的实际运行状态	WORD
	Speed	驱动速度，是满速度的百分比。范围：−200.0% ~ 200.0%	REAL
	Run_EN	运行模式反馈，表示驱动装置是运行（为 1）还是停止（为 0）	BOOL
	D_Dir	指示驱动装置的运转方向，反馈信号	BOOL
	Inhibit	驱动装置禁止状态指示（0 - 未禁止，1 - 禁止状态）。禁止状态下驱动装置无法运行。要清除禁止状态，故障位必须复位，并且 RUN，OFF2 和 OFF3 都为 0	BOOL
	Fault	故障指示位（0 - 无故障，1 - 有故障）。表示驱动装置处于故障状态，驱动装置上会显示故障代码（如果有显示装置）。要复位故障报警状态，必须先消除引起故障的原因，然后用 F_ACK 或者驱动装置的端子、或操作面板复位故障状态	BOOL

　　USS_CTRL 已经能完成基本的驱动装置控制，如果需要有更多的参数控制选项，可以选用 USS 指令库中的参数读写指令实现。

3. USS 参数读/写指令

（1）读/写指令

USS 指令库中共有 6 种参数读/写功能块，见表 9-32，分别用于读/写驱动装置中不同规格的参数，参数读/写指令必须与参数的类型配合，且同时只能有一个读（USS_RPM_x）或写（USS_WPM_x）指令激活。

表 9-32　USS 指令库参数读/写功能块

指令名称	读操作	数据类型	指令名称	写操作	数据类型
USS_RPM_W	读取无符号字参数	U16 格式	USS_WPM_W	写入无符号字参数	U16 格式
USS_RPM_D	读取无符号双字参数	U32 格式	USS_WPM_D	写入无符号双字参数	U32 格式
USS_RPM_R	读取实数（浮点数）参数	Float 格式	USS_WPM_R	写入实数（浮点数）参数	Float 格式

（2）读指令

以 USS_RPM_W 指令为例说明读参数的使用。USS_RPM_W 指令输入/输出参数见表 9-33。

表 9-33　USS_RPM_W 指令的参数

子 程 序	输入/输出	说　　明	数据类型
	EN	使能，要使能读指令，此输入端必须为 1	BOOL
	XMT_REQ	发送请求。必须使用一个沿检测触点以触发读操作	BOOL
USS_RPM_W EN XMT_~ Drive　　Done Param　　Error Index　　Value DB_Ptr	Drive	要读参数的驱动装置在 USS 网络上的地址。每个驱动的有效地址为 0～31	BYTE
	Param	参数号（仅数字）。此处也可以是变量	WORD
	Index	参数下标。有些参数由多个带下标的参数组成一个参数组，下标用来指出具体的某个参数。对于没有下标的参数，可设置为 0	WORD
	DB_Ptr	读指令需要一个 16 个字节的数据缓冲区，用间接寻址形式给出一个起始地址。此数据缓冲区与"库存储区"不同，是每个指令（功能块）各自独立需要的	DWORD
	Done	读功能完成标志位，读完成后置 1	BOOL
	Error	出错代码。0 = 无错误	BYTE
	Value	读出的数据值。要指定一个单独的数据存储单元	WORD

下面是一个读取实际电动机电流值（参数 r0068）的程序段，如图 9-19 所示。由于此参数是一个实数，因此选用实型参数读功能块。

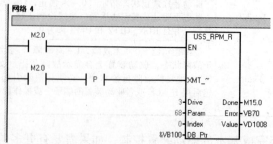

图 9-19　调用 USS_RPM_R 指令读取 MM440 的输出电流

（3）写指令

以 USS_WPM_W 指令为例说明写参数的使用。USS_WPM_W 指令输入/输出参数见表 9-34。

表 9-34　USS_WPM_W 指令的参数

子程序	输入/输出	说　明	数据类型
	EN	使能，要使能写指令，此输入端必须为 1	BOOL
	XMT_REQ	发送请求。必须使用一个沿检测触点以触发写操作	BOOL
	EEPROM	向 EEPROM 区写入，如果条件成立既向 EEPROM 又向 RAM 区写入设定参数。条件不成立，只向 RAM 区写入设定参数	
	Drive	要写参数的驱动装置在 USS 网络上的地址。每个驱动的有效地址为 0~31	BYTE
	Param	参数号（仅数字）。此处也可以是变量	WORD
	Index	参数下标。有些参数由多个带下标的参数组成一个参数组，下标用来指出具体的某个参数。对于没有下标的参数，可设置为 0	WORD
	Value	写出的数据值。要指定一个单独的数据存储单元	WORD
	DB_Ptr	写指令需要一个 16 个字节的数据缓冲区，用间接寻址形式给出一个起始地址。此数据缓冲区与"库存储区"不同，是每个指令（功能块）各自独立需要的	DWORD
	Done	写功能完成标志位，写完成后置 1	BOOL
	Error	出错代码。0 = 无错误	BYTE

（子程序框图）
USS_WPM_W
EN
XMT_~
EEPR~
Drive　　Done
Param　　Error
Index
Value
DB_Ptr

下面是一个向变频器写入参数 P1300 的程序段，如图 9-20 所示。由于此参数是一个整数，因此选用整型参数写功能块。

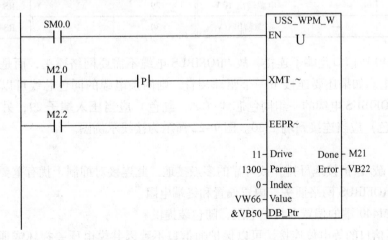

图 9-20　调用 USS_WPM_W 指令向 MM440 写入参数 P1300

在任一时刻 USS 主站内只能有一个参数读/写功能块有效，否则会出错。因此如果需要读/写多个参数（来自一个或多个驱动装置），必须在编程时进行读/写指令之间的轮替处理。

9.3.3　S7－200 PLC 与 MM440 的 USS 通信接线（MM440 的参数设置）

1. S7－200 和 MM440 变频器的 USS 通信接线

支持 USS 通信的驱动装置可能有不止一个 USS 通信端口，以 MicroMaster 系列的 MM440 为例，它在操作面板 BOP 接口上支持 USS 的 RS－232 连接，在端子上支持 USS 的 RS－485 连接。

S7－200 CPU 的通信端口就是 RS－485 规格的，因此将 S7－200 的通信端口与驱动装置的 RS－485 端口连接，在 RS－485 网络上实现 USS 通信，无疑是最方便经济的。

图 9-21 所示为 MM440 控制端子图，在 MM440 前面板上的通信端口是 RS－485 端口，与 USS 通信有关的前面板端子见表 9-35。

图9-21　MM440 控制端子图

表9-35　MM440 的 USS 通信相关端子

端 子 号	名 称	功 能	端 子 号	名 称	功 能
1	—	电源输出 10 V	29	P +	RS－485 信号 +
2	—	电源输出 0 V	30	P －	RS－485 信号 －

因 MM440 通信口是端子连接，故 PROFIBUS 电缆不需要网络插头，而是剥出线头直接压在端子上。如果还要连接下一个驱动装置，则两条电缆的同色芯线可以压在同一个端子内。PROFIBUS 电缆的一组同色芯线（如：红色）应当压入端子 29；另一组同色芯线（如：绿色）应当连接到端子 30。图 9-22 所示为接线示例图。

图中：

a——屏蔽/保护接地母排，或可靠的多点接地。此连接对抑制干扰有重要意义。

b——PROFIBUS 网络插头，内置偏置和终端电阻。

c——MM440 端的偏置和终端电阻，随包装提供。

d——通信口的等电位连接。可以保护通信口不致因共模电压差损坏或通信中断。M 未必需要和 PE 连接。

e——双绞屏蔽电缆（PROFIBUS）电缆，因是高速通信，电缆的屏蔽层须双端接地（接 PE）。

S7－200 CPU 和 MM440 通信端口都是非隔离型的，故西门子承诺的网络连接距离为

50 m，前提是使用西门子推荐的网络设备。如果有必要，也可以外接通信端口的信号隔离放大器件。

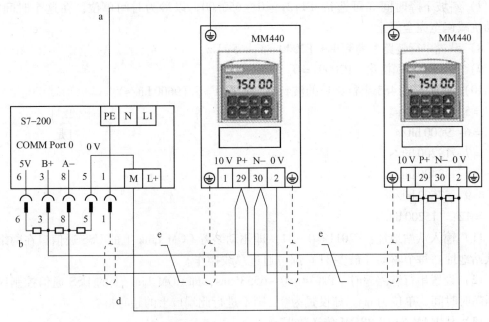

图9-22　MM440 与 S7 – 200 USS 通信接线示例图

2. MM440 变频器的 USS 通信参数设置

在将驱动连至 S7 – 200 之前，必须确保驱动具有以下系统参数。使用驱动上的按键设置参数：

1）将驱动器复位到出厂设置（可选）：P0010 = 30、P0970 = 1。如果跳过该步骤，则确保将下列参数设为如下数值：

USS 的 PZ 的长度：P2012 = 2，即 USS PZD 区长度为 2 个字长。

USS 的 PKW 的长度：P2013 = 127，即 USS PKW 区的长度可变。

2）启用所有参数的读/写访问（专家模式）：P0003 = 3。

3）检查驱动器的电动机设置：

P0304 = 电动机额定电压（V）。

P0305 = 电动机额定电流（A）。

P0307 = 电动机额定功率（W）。

P0310 = 电动机额定频率（Hz）。

P0311 = 电动机额定速度（r/min）。

这些参数的设置，因使用的电动机的不同而不同。要设置参数 P304、P305、P307、P310 和 P311，必须先将参数 P0010 = 1（快速调试模式）。当完成参数设置时，将参数 P0010 设为 0。只能在快速调试模式中更改参数 P304、P305、P307、P310 和 P311。

4）设置本地/远程控制模式：P0700 = 5，即 USS COM 链路上（通过控制端 29 和 30）。

5）根据 COM 链路上的 USS 设置选择频率设定值：P1000 = 5，即 USS COM 链路上（通过控制端 29 和 30）。

6）斜坡上升时间（可选）：P1120 = 0 ~ 650.00，以秒为时间单位，在这个时间内，电动机加速至最高频率。

7）斜坡下降时间（可选）：P1121 = 0 ~ 650.00，以秒为时间单位，在这个时间内，电动机减速至完全停止。

8）设置串行链路参考频率：P2000 = 1 ~ 650 Hz。

9）设置 USS 规格化：P2009 = 0。

10）设置 RS－485 串行接口的波特率：P2010 = 6（9600 bit/s）。

= 5：4800 bit/s。

= 6：9600 bit/s。

= 7：19200 bit/s。

= 8：38400 bit/s。

= 9：57600 bit/s。

= 12：115200 bit/s。

11）输入从站地址：P2011 = 0 ~ 31，即驱动装置 COM Link 上的 USS 通信口在网络上的从站地址。每个驱动（最多 31）都可通过总线操作。

12）设置串行链路超时：P2014 = 0 ~ 65535 ms，即 COM Link 上的 USS 通信控制信号中断超时时间，单位为 ms。如设置为 0，则不进行此端口上的超时检查。

13）从 RAM 向 EEPROM 传送数据：

P0971 = 1（启动传送）将参数设置的改变存入 MM440 的 EEPROM 中。

9.3.4 S7－200 PLC 与 MM440 变频器 USS 通信实例

例 9-6 现有一台 MM440 变频器与 S7－200 PLC 进行 USS 通信。要求：读取 MM440 实际频率值，并可以通过 USS 通信向 MM440 变频器写入频率，所写频率来自触摸屏设定，编写程序。

（1）主要硬件配置

① 编程软件 V4.0 STEP 7 – Micro/WIN SP9。

② 一台 CPU 226 CN + 一块 EM 232 + 一台 MM440 变频器 + 一块触摸屏。

③ PC/PPI 电缆 + 计算机 + DP 总线及总线连接器。

④ 相关工具。

（2）步骤

1）硬件接线图，如图 9-23 所示。

2）I/O 分配，具体分配见表 9-36。

表 9-36 I/O 分配

符 号	地 址	说 明	符 号	地 址	说 明
SB1	I0.0	起动按钮	SB5	I0.4	反转按钮
SB2	I0.1	自由停车按钮	SB6	I0.5	读使能按钮
SB3	I0.2	急停按钮	SB7	I0.6	写使能按钮
SB4	I0.3	故障复位按钮			

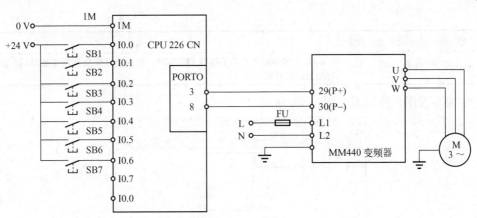

图9-23　硬件接线图

3）参数设置。检查线路正确后，变频器上电。

① 参数复位。恢复变频器工厂默认值，设定 P0010 = 30 和 P0970 = 1，按下〈P〉键，开始复位，复位过程大约为 3 s，这样就保证了变频器的参数恢复到工厂默认值。

恢复出厂设置后，参数 P2012 默认值 = 2；P2013 默认值 = 127；如果不恢复出厂设置只要保证 P2012 = 2，P2013 = 127 也可以。

② 设置电动机参数，见表9-37。电动机参数设置完成后，设 P0010 = 0，变频器当前处于准备状态，可正常运行。

表9-37　电动机参数设置

参 数 号	出 厂 值	设 置 值	说　　　　明
P0003	1	3	设定用户访问级为专家级
P0010	0	1	快速调试
P0304	230	380	电动机额定电压（V）
P0305	3.25	5.5	电动机额定电流（A）
P0307	0.75	2.2	电动机额定功率（kW）
P0310	50	50	电动机额定频率（Hz）
P0311	0	1400	电动机额定转速（r/min）

③ 设置控制参数，见表9-38。

表9-38　控制参数设置

参 数 号	设 置 值	说　　　　明
P0700	5	通过 RS-485 进行控制
P1000	5	通过 COM 联路的 USS 设定
P2000		基准频率
P2009	0	USS 不规格化，即设定为变频器中的频率设定范围的百分比形式
P2010	6	USS 波特，9600 bit/s
P2011	0	USS 地址，从站地址为 0
P2014	0	不进行此端口上的超时检查

（续）

参 数 号	设 置 值	说　　明
P0971	1	RAM 中的全部数据都传输到 EEPROM，在成功地完成数据传输以后，此参数自动复位为 0 默认值

④ 编写程序，梯形图如图 9-24 所示。

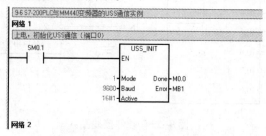

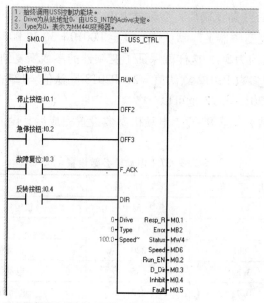

符号	地址	注释
反转按钮	I0.4	
故障复位	I0.3	
急停按钮	I0.2	
启动按钮	I0.0	
停止按钮	I0.1	

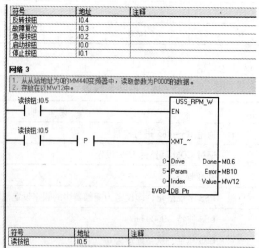

符号	地址	注释
读按钮	I0.5	

图 9-24　梯形图

参 考 文 献

［1］田淑珍．S7 - 200 PLC 原理及应用 ［M］．北京：机械工业出版社，2012.

［2］西门子（中国有限公司）．SIMATIC S7 - 200 可编程序控制器系统手册，2000.

［3］孙平．可编程序控制器原理及应用 ［M］．北京：高等教育出版社，2003.

［4］龚仲华．S7 - 200 系列 PLC 应用技术 ［M］．北京：人民邮电出版社，2011.

［5］周四六．S7 - 200 系列 PLC 应用基础 ［M］．北京：人民邮电出版社，2009.

［6］严盈富．西门子 S7 - 200 PLC 入门 ［M］．北京：人民邮电出版社，2007.

［7］向晓汉．西门子 S7 - 200 PLC 完全精通教程 ［M］．北京：化学工业出版社，2012.

［8］西门子（中国有限公司）．MM440 通用型变频器使用大全，2003.

［9］向晓汉．西门子 PLC 高级应用实例精解 ［M］．北京：机械工业出版社，2010.